知识就在得到

U0157959

王立铭
进化论
讲义

**LECTURES ON
EVOLUTION**

王立铭 著

新 星 出 版 社　NEW STAR PRESS

Life is never easy,
but life always finds a way.

名家推荐

本书将达尔文学说和分子生物学最新的研究成果融会贯通，以富有趣味的问题为导向，抽丝剥茧、深入浅出地阐明了进化论的内涵及其精髓。跟随作者的思路阅读此书，会是一场充满科学精神和科学方法的思想练习。

——韩启德，中国科学院院士，北京大学科学技术与医学史系系主任

能够把复杂的科学用通俗的语言讲明白，还能确保科学的严谨性，作者靠的绝不仅是语言的技巧，渊博的知识和科学的思维应当缺一不可。

——周忠和，古生物学家，中国科学院院士，中国科普作家协会理事长

理解自己所处的世界，是我们人类的本能需求。人类从哪里来？大千世界形形色色的生命体为何是现在这个模样？诚如杜布赞斯基（Theodosius Dobzhansky）所言，"若无进化之光，生物学毫无道理（Nothing in biology makes sense except in the light of evolution）"。本书从分子到个体，再到群体的层面，向读者呈现了环环相扣的生命进化的画卷。引人入胜，发人深思。我读完有一个强烈的感受：在进化过程中，占领和利用生存空间才是王道；拓展生命可利用的资源与空间，是生命形式复杂性演变的动力。

——王晓东，美国科学院院士，中国科学院外籍院士，
北京生命科学研究所所长

本书全面展示了生物进化论，对这个深刻影响人类思想的理论进行了严谨和深入的科学阐述。同时，作者用生动绚丽的笔触，描述了大量的生命进化的范例和场景，引人入胜。这40亿年的生命历程，是终极的传奇，其曲折与壮丽、宏伟与浪漫，让任何一首史诗相形见绌。本书在让我们了解生命的亿万年演进的同时，也让我们重新看待自己，让我们知道人生中每天经历和感受的这一切，在本源上来源于何处。

——刘慈欣，《三体》作者

这是一本野心勃勃但又异常谦逊的著作。作者以科普的名义写了一本讲义，不动声色地对进化论的理论体系进行了综合创新，厘清了整个学科的基础和脉络，描绘了这门科学的路线图。他的野心不止于此，这本书还试图打通进化论和社会科学的界限，让我们看到，自然界中物种的进化和人类社会中众人的纷扰互相映照、互为启发。读完这本书，敬佩之余，我更坚信：未来，经济学的基础不再是牛顿体系的物理学，而是历久弥新的进化论。

——何帆，上海交通大学经济学教授，《变量》作者

作者借助新近的前沿学术研究，精湛阐述了进化论本身的进化历史，继而探索自然进化与文化进化的复杂关联，力图建立理解生命起源、适应与演变的整全性理论框架，最终揭示作为思维方法的进化理论对于人类自觉的创造性活动具有何等丰富启示。在一部行文晓畅、书名朴素的讲义中，作者展现出令人惊叹的视野与雄心，远远超越了通常"科普读物"的意义。

——刘擎，华东师范大学教授

这几年我越来越意识到，对于个体、机构、国家、社会，市场、经济、政治、意识形态等而言，进化是唯一"正确"的路径。本书为这种模糊的感知提供了一个简明又宏大的框架。我从草稿跟到课程，再到书稿，每"刷"都有惊喜。作者也用这本书证明了"进化"的力量。

——香帅，金融学者

我一直在思考"秩序如何成为可能"的问题。小到公司、中到社会与国家、大到世界，皆摆不脱这个问题。进化论给了我一个重要的方法论，帮我"由小见大"地理解秩序如何生成、如何演化。阅读这本书，令我时时感到心有戚戚，由大见小、由小见大，殊途同归，两种视角不断地发生着共振。快哉！快哉！

——施展，外交学院教授

"进化"这个概念，早已突破生物学术语的范畴，成为一种思维范式或者认知世界的框架。当我们在日常会话里很自然地说出"文明如何进化""企业如何进化""个人认知如何进化"这类话时，代表我们已经全盘接受了这个术语背后的历史观、价值观和组织哲学。但这也对敢于书写"进化论"的作者提出了一个巨大的挑战，因为作者不仅得精通相关的生物学知识，还要有跳出生物学的视野和关怀，从"进化论"中透视"起源""竞争""增长""复杂"这些事关文明和宇宙秩序的法则才可以。

所幸，我们有王立铭这位作者，有他带我们走进去，再走出来。读完这本书，或许你看待这个世界的方式也能"进化"。

——张笑宇，青年政治学者，亚洲图书奖得主这本书写得太好了，好到对达尔文是不公平的。作者站在整个现代科学体系上重写进化论，是对学术界和大众认知的巨大贡献。

——刘润，润米咨询创始人

作者在本书中非常系统地解释，并且串联起来了很多我以前知道，但是不一定真正思考过的知识及概念。我在阅读过程中最大的感受是，生物的进化应该在最复杂的条件下经历了超长时间的检验和淘汰。所以，其中几乎所有的原因和规律都能对我们今天经历的很多困惑，提供一些思考或抽象答案的启发。这确实是本开卷有益的书籍。

——李丰，著名投资人，峰瑞资本创始合伙人

前言：进化论，地球上唯一的成功学

非常激动，也非常荣幸，能把这本《进化论讲义》带给你。很期待和你一起系统拆解这门对现代人类意义重大的科学理论，也很期待和你一起来看进化论会如何解释和预测人类世界的运行。

■　　　■　　　■

进化论这个名词你肯定不陌生。进化论学说里一些常见的概念，比如"适者生存""生存竞争""自然选择"，你在日常生活和工作中可能还时不时会引用。法国生物学家雅克·莫诺（Jacques Monod）曾说过一句很有意思的话："进化论有个奇怪的特点，就是每个人都以为自己懂进化论。"

但我必须得说，大多数人对于进化论的认知里充斥着过时的、存在争议的，甚至是已经被颠覆了的东西。比如"人是猴子变的""人只是基因的奴隶""自然界是战场，生存竞争一定要争个你死我活""生物一定会从低级进化到高级"等。有些人还会拿着各种质疑来挑战进化论。比如"人眼的结构那么复杂，不可能由进化而来""生物化石存在时间缺口，没法用进化论解释"等。

还有，很多人喜欢将进化思维迁移到其他领域，比如经济学、心理学、战争和商业。这本身是个很好的思考方向，但也恰恰因为存在上面这些认知上的偏差，在迁移的过程中容易对进化论本身进行过度简化，甚至陷入误用和乱用进化概念的陷阱。臭名昭著的社会达尔文主义就是一个例子。

自 1859 年《物种起源》一书出版至今，在一百多年的时间里，进化论已经从达尔文（Charles Darwin）个人的天才推想（其中还存在不少错误）变成了一门有坚实理论基础和大量实验证据支持的现代科学理论。今天，很多大学专门设有研究进化生物学的院系和专业。但如果你仅仅把它视为一种科学理论，视为生命科学领域的一个分支学科，那我必须说，你太低估进化论的价值和影响了。

在中学生物课的课堂上，你可能对它留下了这样的初印象：生物明明是所谓的"理科"，但它和数学、物理、化学似乎不太一样；课程里总是充满各种细碎的名词和知识点，彼此间好像还没什么逻辑和规律，例外情况也特别多。对很多人来说，遇到生物考试的时候，就只能死记硬背知识点。

虽然我自己是一名生物学家，但我不得不承认，你这个感觉挺真实的。光说一点就够了：学了牛顿力学，你可以从三大定律出发，推导各种物体的相互作用和运动规律（包括但不限于中学时代可能让你很头疼的杠杆、滑轮、斜面）；但学了生物学，你好像很难掌握什么放之四海而皆准的定律。

比如，绝大多数地球生物用 DNA 分子作为遗传物质，传递遗传信息；但确实也有不少 RNA 病毒（流感病毒、新冠病毒等）将 RNA 分子作为遗传物质。再比如，通常认为植物能进行光合作用，动物需要进食；但也有捕蝇草这种植物，能通过捕食获得部分能量和营养物质，以及海蛞蝓这种动物，能吸收海藻中的叶绿体让自己进行光合作用。

但是，这种对于生物学的真实感觉仍旧是片面的。这门学科的知识点看起来零碎杂乱，背后其实有一套清晰的逻辑脉络，也就是进化论。相信你会在这部讲义中找到很多验证。

请允许我做这样的声明：进化论是生物学领域的"大统一"理论，是整个生命科学的基础，是唯一一条能够把复杂生命现象串联起来的线索。如俄裔美籍生物学家杜布赞斯基所言，"若无进化之光，生物学毫无道理"。

- - -

在生物学这门科学之外，进化论其实发挥了更大的价值和影响。如果要从古往今来的人类科学思想里找出一个对人类（至少是现代人）影响最大的，我认为非进化论莫属。甚至可以说，我们现代人之所以能告别古典世界，成为现代人，进化论是这种转变背后最重要的思想发动机。

在我们的祖先眼里，世界充满秩序和美感，拥有极强的确定性和目的性。每种物质、每个生命、每个人类个体都在执行与生俱来的使命，实现某种神秘力量赋予的目的。但在进化之光的照耀下，我们开始理解生命的诞生不需要造物主的特殊安排，生命的发展路径上充满意外。即便我们把眼睛这种复杂精美的器官拆解开来，也会发现里面到处是涂抹和修补的痕迹。这种认知塑造了现代人的精神气质，也改变了现代人眼中世界的面貌。

我们最容易想到的应该是神创论和进化论的对抗。自文明诞生以来，地球生物和人类自身的来源问题长期困扰着我们。在进化论之前，这个命题讨论到最后总会归结为某种超过人类理解能力的超自然力量。它可以是基督教的上帝、印度教的梵天、中国民间传说里的盘古和女娲，也可以是具备超高智慧的外星生命，还可以是某种无形无质的神秘力量，比如道，比如气。而在进化论之后，人们普遍开始相信，所有生命形态（包括人类）的起源和变化都可以用朴素的科学规律来解释。

这种观念的变化经常被解释成科学对宗教的胜利，但进化论的作用可不仅仅是针对宗教的。事实上，从神创论到进化论的变化，对于人类的自我认知升级起到了极其关键的作用。

进化论破除了人类特殊论：我们不是上帝或者女娲按自己的

模样制造出来的宠儿。和其他生命，甚至和其他非生命物质一样，人类也是自然规律的产物。但与此同时，它又进一步强化了人类特殊论：你看，同为大自然的造物，谁也没有天赋的优越性，但只有我们人类发展出了智慧和文明，居然能反过来追问关于自然、关于自身的一系列问题。这种独特的自我认知——人类没有更高贵的血统（同时没有高贵血统带来的责任、约束、牵绊），但确实有最强大的能力——可能是现代人野心、欲望和责任感的基础。

除了影响了我们的自我认知，进化论还改变了我们对世界的认知。

你不妨在这里先停几秒钟，闭上眼睛，想象你身处的这个世界，到底有着一副怎样的面孔？

如果让我来描述，它可能有点像节假日的购物广场——有一座主体建筑物，有几个出入口，每层有基本的功能设计，人流的高峰和低谷也有大概的时间规律。但真要具体来看，秩序井然的广场里还是充满了各种意外。每个人为什么来、几点来、和谁一起来、来了做点什么再走、走的时候是打车还是搭乘地铁……这些都是变化多端、无法预测的。一个人原本计划晚上 7 点回家吃饭，路上看到某个店铺做活动挺便宜，打算多逛会儿再走；两个陌生人一前一后走路踩到脚吵起架来，周遭围观的人越来越多……这些情况都有可能发生。

你想象中的世界，是不是有点这个感觉？

但在古人看来，世界大概率不是这个样子的；他们眼里的世界可能更像一架结构精密、按某种规律持续运转的机器。这架机器里每个"零件"的存在都有其目的：男人的存在是为了耕战，女人则是为了生育；心脏的存在是为了安放灵魂，雨水的存在是为了浇灌庄稼；基督徒的出现是为了传播上帝的福音，帝王将相是为了治理世界……甚至很多自然规律，比如高处的石头为什么总会向下坠落，也能用目的论解释。比如在亚里士多德（Aristotle）看来，石头是四大元素之一的土元素构成的，而土元素存在的目的，就是向着宇宙中心——也就是地球中心——运动。

和古典世界的目的论相辅相成的，是古典世界的决定论。古典世界里每个"零件"都在恰到好处的位置上实现它与生俱来的目的，保证它所在的巨型机器能按照某个规律持续运转下去，整个过程中不会有任何意外发生。

著名数学家皮埃尔－西蒙·拉普拉斯（Pierre-Simon Laplace）有一个说法：只要把整个宇宙的初始值搞清楚，然后利用牛顿力学，他就可以推演出古往今来每个瞬间、宇宙的任何角落里发生的事情。这种言论听起来非常狂妄，但只要把世界想象成一台巨型机器，这种心态就完全可以理解了——我们能搞清楚一台风车、一台电脑的运行规律，为什么搞不定世界这个大号机器呢？

但进化论一锤定音地告诉我们，这个有明确目的和必然归宿的世界是不存在的。

我们看到的目的性，无非是复杂系统自身演化呈现出来的某种假象罢了。举个例子，只要我们假设长出眼睛的生物在阳光下能够更好地找到食物、发现天敌，更有机会生存和繁殖；很快，有眼睛的生物就能在生存竞争中战胜没有眼睛的同类。在整个过程里，不管是每个生物个体，还是整个生物群体，都不需要"长出眼睛、看见东西"这个目的。

我们默认的决定性也不存在。进化论的基本前提是，每一代生物繁殖的时候都会制造大量"可遗传的变异"，产生形形色色的存在微小差异的个体。数量过多的生物个体彼此竞争，争夺有限的生存和繁殖机会，这本身就是生物进化能够持续进行的基础。如果把生物进化过程推倒重来一次，哪怕地球环境条件完全不变，但因为变异是随机的、不可预测的，地球生物的进化路径、地球生物圈的整体面貌应该也会完全不同。

爱因斯坦有句名言"上帝不掷骰子",本来是嘲讽量子力学的。但现在我们知道,即便在宏观生物世界里,掷骰子(随机和概率)也是常规操作。

从机器视角到广场视角,从古典世界进入现代世界,这种世界观的变化,直接影响了现代人的思想。

一个有明确目的和必然归宿的古典世界的确能给人踏实感。想到我们所做的所有事情、我们所有的遭遇都有其目的和必然性,虽然不足以让我们在面对所有变故时都泰然处之,但至少能给我们巨大的心理安慰。你看,我所经历的这一切喜怒哀乐、幸运苦难,它们的出现都是有原因的,都是无可逃避的。既然如此,我也只能听天由命,随遇而安。

但在一个热热闹闹、混乱不堪的现代世界里,我们每个人固然拥有了更大的自由、更大的活动空间,但也需要自己为自己解答那些困难的终极命题:我是谁、我从哪里来、我要到哪里去,以及我怎么到我想去的地方。然后,我们还得为自己的回答和选择负最终责任。

现代世界里的很多重大挑战,现代人面临的普遍精神危机,或许都可以从进化论中找到线索。

▪   ▪   ▪

进化论还成了我们认知和改造世界的一把利器。

过去人们有一个朴素的认识,任何精良的秩序都不会无缘无故地出现,它需要一个设计者。18 世纪的英国神学家威廉·佩利(William Paley)提出过一个著名的"钟表匠比喻":你在荒山野岭中突然看到一块手表,看到它精美的花纹、精良的结构,你会立刻判断它不是天然存在的,背后必然存在一个设计者(也就是钟表匠)。生命的复杂程度远胜于钟表,既然如此,它显然也应该有一个设计者——在佩利看来当然就是上帝了。先不论这个观点的对错，它能出现，就说明当时人们普遍认为，秩序不会平白无故地产生。

这个看法本身是符合常识的。放眼望去，我们周围所有看起来精密的物件，从高楼大厦到手机、电脑，都是人造物。既然如此，想要从无到有地建立一种秩序，或者改变一种秩序，我们也只能把自己放到设计者的位置上。

相应地，日常生活中我们习惯的思维和行动方式往往是这样的：遇到难题要一层层分析拆解，找到最本质的原因，设计出一套逻辑严丝合缝、细节完美无瑕的行动方案。

事实上，人类历史上数不清的伟大头脑都是用这个思路来认知和改造世界的。他们为我们设计过各式各样的社会制度、经济制度、法律体系、语言和文字——但绝大多数类似思路的努力都彻底失败了，有的还带来了灾难性的后果。这正是因为，真实世界是一个无比复杂的系统，无法被拆解成几条简单的原则，并随意施加影响。

特别值得一提的例子是所谓"世界语"的发明。1887年，波兰籍犹太人路德维克·柴门霍夫（Ludwik Zamenhof）出版了《第一书》，正式向全世界宣告"世界语"这门人工发明的语言的诞生。他发明这门语言，是为了打破全世界人民语言交流的障碍，弥合因交流障碍而产生的误解和仇恨，这当然是一个非常伟大的愿景。由于柴门霍夫本人精通多国语言，他设计的语法和词汇系统融合了欧洲各国的语言传统，简单而富有逻辑，传说7天就能学会。20世纪初，世界各国不少知识精英，包括中国新文化运动的旗手蔡元培、鲁迅和钱玄同，都大力主张学习世界语，实现世界人民的大团结。

但很可惜，这项伟大事业最终还是走向了沉沦和失败。全世界人民至今还是操着各自流传千百年、早就打满了"补丁"的传统语言文字。这里面可能有很多原因，但我认为根本的原因在于，各国传统语言是在漫长历史长河里"进化"形成的，其中有很多我们今天都无法完全理解的复杂原因和历史积累，当然也就没有办法被人类的理性设计简单粗暴地取代。

面对复杂的真实世界，进化论指出了一条完全相反的改造路径。它告诉我们，复杂系统能够自发形成，复杂问题总能自己找到解决方案。哪怕本没有路，走的人多了，也便成了路。我们需要的无非是清晰的边界条件、持续的进化推力，以及足够的耐心。

它用生命现象证明了这条路径的巨大力量，同时也告诉我们这条路径有一些难以避免的麻烦，比如强烈的路径依赖、无可逃避的僵化和死亡，需要我们保持警惕。

以眼睛的出现为例。其实人类的眼睛经常被反进化论者用来作为证据攻击进化论，因为它具有所谓的"不可约分性"。具体来说，眼睛的功能需要诸多组件的精密配合：眼皮、睫毛、角膜、瞳孔、晶状体、视网膜、视神经、大脑皮层，等等。在生物进化过程中，这些组件如果分别出现则毫无用处，而恰好一起出现，且按照特定方式组装在一起的概率实在太低，所以只能是上帝或者其他超自然力量创造出来的。

但其实，现代人的眼睛在进化历史上并不需要一蹴而就地出现。科学家们早已说明，在视觉尚未出现的年代，生物只需要进化出一个感光蛋白质，让自己具备初步的感光能力，就可以寻找阳光、感受天敌阴影的出现，建立巨大的生存优势，从而有更大的机会繁殖后代。而这些具备初步感光能力的生物，可以在之后的进化历程中逐步获得光线定位能力、进光量调节能力、调节焦距能力、图像识别能力，逐步积累起更大的生存优势，直到形成人类的眼睛。

同时，眼睛的进化过程也积累了大量"历史遗留问题"。人类视网膜是反着倒扣在眼底的，负责接收光线的感光细胞朝向不是向外反而是向内的，光线需要穿过整个视网膜才能接触到感光细胞，这当然大大降低了我们的视觉敏锐度，同时增加了视网膜意外脱落的风险。还有，为什么有相当比例的人患有红绿色盲，为什么会出现白内障？这些问题也都能从眼睛的进化历史上找到解释。

在眼睛的进化历史上，不需要任何一个生物个体具备完整眼睛的设计知识和路线图，更不需要它们预测在自己身后，眼睛会向什么方向继续进化。它们只需要在繁殖后代的过程中持续通过基因变异产生不同的后代，让这些后代在大自然里物竞天择、适者生存，自然而然会呈现出眼睛的进化过程，同时背负进化过程中留下来的"历史包袱"。

请注意，进化论这套不需要设计者就能建立秩序的方法论，不仅仅适用于生物世界。我们甚至可以说，人类世界里的大多数秩序、组织、规范，都是遵循进化的逻辑自行演化而来的。经济学家哈耶克（Friedrich Hayek）有一个著名的"乡间小路"的比喻特别切题：最初田野间并没有路，但每个人穿过田野的时候自然而然会选择一条自己觉得最快、最安全、最舒服的路径来走。一个人如果顺利穿过了田野，他留下的脚印就很可能被别人跟随。如果一条路走的人实在很多，踏出的脚印和路线明晰，也就更容易吸引其他人走上来。正因为每个人都在用脚"投票"，田野中最终踏出的那条路，往往真的就是最好走的。在整个过程里，没有设计师精心的设计，也没有群众的共同讨论和商议。哈耶克认为，以此类推，市场的出现、语言的演化、人类法律条文和道德观念的形成，都不需要一个全知全能的设计者。

- - -

写到这里，我想做个简单的小结。

进化论作为一种科学理论，深刻地改变了现代生物学的面貌，把大量驳杂零散的生物学知识用统一的逻辑连接了起来。在今天的生物学研究中，科学家们会非常自然和熟练地用进化论的思想解释自己的研究结果。

但在生物学之外的领域，进化论的影响可能更为广阔和深远。它把人类从众神的世界中解放出来，让人类掌握了探索、改造、前进、反思的主动性；它让人类放弃了对机械世界的痴迷，不得不接受一个没有目的、没有确定性的混乱世界；它还成为现代人认识和改造世界的重要工具，让我们在蛮荒的乡野里，走出一条自己的乡间小路。人类祖先在 600 万年前就开始了直立行走，人猿相揖别；而只有在进化论之后，现代人才真正在精神上站了起来，把自己和客观世界摆在了对等的位置上。

进化论如此重要，但由于它的复杂性和跨界性，也由于我们知识更新的滞后性，想要把它彻底搞清楚、讲明白是很难的。也正因为如此，在我花了两年构思提纲、动笔写作、完成初稿的那一天，我的脑子里居然蹦出了一个有点无厘头的念头：我终于把进化论的事情说明白了，这辈子，值了。

我自己的野心是，我完成的这份作品，不是进化论的科普，也不是进化生物学的快速入门，更不是单纯为了告诉你"为什么进化论是对的，而神创论是错的"（这是西方世界里进化论作为一种大众读物最重要的价值，但对我们中国人似乎没那么重要。大概很少有现代中国人真的相信人是神创造的）。我真正想做的，是为各行各业的人准备一份理解复杂系统、解决复杂问题的思想工具。

我特别喜欢一个说法，"进化论可能是地球上唯一可靠的成功学"。这是因为，在 40 亿年的进化历程中，生命应该遭遇过我们能设想和不能设想的所有类型的挑战；而一代代生命前赴后继，进行了天文数字的随机试错和路径选择，也应该遍历了所有我们能设想和我们不能设想的解决方案。从进化当中，我们可以找到我们需要的成功案例和失败教训，找到面向未来的指路明灯和交通工具。

也因为我的这种野心，这本《进化论讲义》，大概会和你之前接触到的所有进化论书籍和课程不太一样。

在书的第一部分，我会先建立进化论的"公理体系"。你会看到，在"生物的扩张性和环境资源的匮乏性"这一对矛盾的推动下，进化履带上的四根链条——可遗传的变异、生存竞争、自然选择和生殖隔离——持续滚动，在混乱的大自然中建立生命的秩序，从一颗种子长成枝繁叶茂的生命之树。

书的第二部分将讨论这棵生命之树的基本面貌：它的树根在哪里、它的生长方向是怎样的、它的生长速度有多快；以及这棵生命之树在成长过程中必然会遭遇的一些系统性风险，比如为什么路径依赖无法克服、为什么到处都是补丁和历史包袱、为什么死亡和灭绝难以避免。

书的第三部分到第六部分，我将基于进化公理体系，拆解进化历程中重要的、概念性的节点。在生命的起点，进化是如何从无到有地构造出生命的秩序，并且保证秩序的稳定传承的？在生命诞生之后，进化又如何推动生命现象在数量、多样性和互动方式上持续增长？面对变化无常的环境，进化如何帮助生命应对环境变化，储备应急方案？还有，伴随着生命现象越来越复杂，在复杂系统内部又进化出了什么组织和合作的规律？

在书的第七、第八部分，我还会讨论进化思想在生物世界之外的影响和价值。特别是它如何潜移默化地改造人类思想，以及它在商业世界中的应用场景。我们会看到，在处理人类世界中与道德、文化、竞争、创新等相关的问题时，进化论思想也有巨大的力量。

谢谢你的阅读，请正式接受我的邀请，开始一场 40 亿年进化历程的华丽冒险。

目录

第七部分　进化论与人类

第八部分　进化论与商业

第一部分

进化论的公理体系

进化的根源：扩张性和匮乏性

在本书第一部分，我们先来系统整理进化论思想的公理体系，然后再借由这套体系，一起去看看在漫长的时空尺度上，地球生命到底是如何进化的。

简单来说，进化论的公理体系由四大环节组成，分别是可遗传的变异、生存竞争、自然选择、生殖隔离。这四个首尾相连、像坦克履带一样持续滚动的环节，解释了生物体是如何从一致当中产生差异，这些差异又是如何被固定下来，逐渐形成地球上千变万化的生物特性的。

我们在这一节要解决的问题是，进化的四大环节为什么能够出现，并且推动生物进化持续进行了 40 亿年？我的看法很简单，因为在它背后有一对永恒的矛盾：扩张性和匮乏性。

扩张性这个词，在这里指的是任何一个活着的地球生物，都有一种最大化它的生存和繁殖机会，尽可能地扩大子孙后代数量的本能冲动。

关于这一点，达尔文在《物种起源》里就有非常具体的讨论。他做了个简单的推算，哪怕是被当时的人们认为生殖能力很弱的大象，在理想条件下，一对大象在短短 500 年内就可能繁殖出接近 1500 万头大象。作为对比，今天世界上存活的全部大象（包括非洲象和亚洲象），加起来也就 50 万头左右。

我想专门强调的是，扩张性这个词还有一个常用的表述是"自私"。但"自私"这个词的主观色彩太强，在这里使用并不特别准确。毕竟，绝大多数地球生物并没有发展出道德观念，它们的行为输出也没有什么主观性和自由度。在我们关于进化论的讨论里，扩张性描述的则是一种客观现象——只要条件合适，地球生物会尽可能地活下去、尽可能多地生产后代。同一物种其他个体的利益、其他物种的利益、地球环境和资源的承载能力，都不在它的考虑范围内。在后文中你还会看到，无限扩张和同类互助也并不矛盾。试图无限扩张的生物同样能展开细致的分工和紧密的合作——只要这些分工合作对生物自身有利。

怎么证明所有生物都有无限扩张的属性呢？虽然我们很难拿不同的生物分别去验证，但可以反过来推演一下：如果真的出现了在扩张的时候自我设限的生物，它总是能够为别人的利益考虑——吃东西时考虑要不要给同伴留一点；生孩子时考虑环境是否能承受，有没有给别的同伴留出生存和繁殖空间——这样的生物会怎么样？

答案很简单，这样的生物会被快速淘汰掉。

假设有两个同种的生物，一个扩张性无限，每一代都争取多生，生 10 个后代；另一个比较克制，生育前要做点规划，生怕生多了造成环境灾难或者挤占了同类的生存空间，每一代生 1 个后代。那么只需要一代时间，后者个体的占比就会从一开始的 50% 下降到不到 10%，二代后就会下降到不到 1%。这个时候，如果环境出现了一次异常的动荡，随机杀死了一小部分生物（这在自然界出现得非常频繁），后一类生物可能就会被彻底扫荡干净。

我们甚至可以做一个更加极端的假设：假如地球上从来就只有会对自身的扩张性设限的生物，会怎么样？它们彼此之间能和谐相处吗？

结果还是一样的，无非是要多花点时间。我们完全可以想象，这些无私生物在繁殖后代的过程中，或早或晚会通过基因变异产生出具备无限扩张性的后代；这些后代同样能够通过毫无节制的繁殖，成为最终的胜利者。

事实上，人体中出现癌细胞的逻辑就和这个道理类似。我们甚至有理由相信，只要人的寿命足够长，身体细胞就会有足够多的机会积累基因变异，癌细胞就一定会出现——它也是人体细胞扩张性本能的产物。

如果你接受了"生物都带有扩张性"的基本假设，那么你会马上意识到，人们对生命现象的很多流行的理解，其实都是错误的。比如，有人认为，出现衰老和死亡的现象，是老一代生物主动给后一代生物腾出生存空间。还有人认为，工蜂和工蚁自己不产卵，还努力寻找食物、修筑巢穴、抵抗外敌，是一种纯粹的利他主义行为。

实际上，达尔文在写《物种起源》的时候也曾因这些问题而困惑。当然，到了现在，针对上述两种现象，生物学家们早就给出了很有说服力的解释，完全不需要假设它们是大公无私的。后文我们会对这些解释展开详细的讨论。

这里我们不妨先做一个简单的思想实验：如果生物衰老和死亡，真的是为了给后代腾出生存空间，会出现什么结果呢？结果是，这样的生物也会很快灭绝。因为在它们主动选择死亡的时候，它们那些保持扩张性的同类会继续生存和繁殖，并且很快抢占那些空余的生存空间。只需要几代生物繁衍的时间，群体里大公无私提前死亡的个体比例就会清零。

同理，如果工蜂和工蚁真的是大公无私地照顾蜂后、蚁后，主动放弃了繁殖机会，那么蜜蜂窝和蚂蚁洞里早晚会出现具备无限扩张性的"叛徒"——它们通过基因变异重新获得了无限扩张的能力，开始大量繁殖后代，并快速破坏蜜蜂窝和蚂蚁洞原有的社会结构，将其中无私的生物淘汰掉。

请注意，扩张性作为生物的根本属性，与环境中资源的分布形成了天然的矛盾。不同于无限制的繁殖和扩张，环境中任何资源都是相对不足的。这就是匮乏的概念，也是推动进化的第二个根源。

匮乏这个概念在经济学里有一个类似的表述，叫稀缺。经济学家们认为，人类的一切经济活动，包括生产、交易和竞争，都是从稀缺（也就是资源不能满足人类需求）这一点上生发出来的。而生物学意义上的匮乏，范围要比经济学意义上的稀缺还大，它包含了你能想到的所有环境因素。

比如在经济学范畴里，人们会默认，阳光、空气、水这些环境因素触手可及，不会出现稀缺。但在进化论视角下，它们同样是匮乏的。从总量上看，这些要素也许是充足的；相比地球生物消耗掉的能量，地球环境里的能量来源几乎可以说是无穷无尽的。每小时照射到地球上的太阳光能量就高达 4.3×10^{20} 焦耳（4.3 万万万亿焦耳），其中只有大约 1%～2% 的能量会被地球生物以各种形式——主要是光合作用——加以利用和储存。人类固然在史无前例地大规模使用（或者说浪费）能源。但即便如此，当下人类每年使用的总能量，还不到太阳光照射地球 1 小时带来的总能量多。

但是请注意，资源匮乏和总量充沛是可以同时存在的。对于地球生物来说，即便环境中能量总量充沛，在特定的时间地点场合，能够被它们利用的能量仍然非常有限。

这里面有三层原因。

第一，总量够用，但资源的时空分布可能不均匀。举个例子，因为地球自转和天气变化的原因，地球上任何一个地方都会周期性地出现没有阳光或者阳光比较弱的时段。直接利用阳光的生物，比如植物，它们就因此发展出了储存能量物质（淀粉）的能力，供阳光匮乏的夜晚使用。还有，对于大多数种子植物来说，在生命周期中有一个阶段——种子在土壤里萌发——无法接触阳光、无法进行光合作用。因此，它们也需要为了这个阶段性的匮乏储备营养物质。这些事例看起来平淡无奇，事实上，人类之所以能够发展出农业，滋养整个人类文明，就是因为我们发现并利用了植物应对资源匮乏的这种能力。

第二，在某时某地，生物对资源的利用能力是有上限的，而且这个上限还不是特别高。我们继续围绕阳光来讨论。虽然阳光当中蕴含的能量很大，但从生命在 40 亿年前诞生后，一开始并没有"生物利用阳光能量"一说，阳光主要变成热量散失掉了。过了十几亿年，当能够进行光合作用的蓝细菌出现之后，生命才第一次具备了高强度地利用阳光推动化学反应、生产能量货币 ATP，以及储存能量的碳水化合物的能力。又过了几亿年，蓝细菌被另一种单细胞生物吞噬进入细胞体内，从此寄生定居下来，进化成细胞内部的叶绿体。在这一次生物界的重大事件之后，藻类和绿色植物才真正出现。而植物的光合作用对阳光能量的利用率有多高呢？其实最高也只有 5% 左右——这还是亿万年进化过程优化出来的结果。想要提高阳光能量的使用效率，只能等待下一次史诗级别的进化事件或者科技革命。

第三，从进化的时间尺度看，环境中资源的分布也会出现剧烈的波动，甚至超越了生物体能够快速适应的程度。这方面最经典的例子莫过于引发恐龙灭绝的事件，学名叫作白垩纪 - 古近纪灭绝事件。关于这次灭绝的原因，科学界尚有一些争论，一种意见认为它和发生在 6500 万年前的一次小行星撞击地球有关，还有一种意见认为它主要因全球火山的剧烈活动而起。小行星撞击事件，或者全球范围的大量火山喷发，让烟尘遮天蔽日，显著降低了地表获得的阳光强度，从而导致藻类和陆地植物大规模死亡，以它们为食的动物也因此受到牵连。哺乳动物的祖先们也恰恰在恐龙大规模灭绝后摆脱了这些巨大捕食者的阴影，开始回到地面和阳光下生活。从这个角度说，人类的诞生还要归功于小行星撞击地球及其连带的阳光强度的巨大变化。

正因为这三层原因，即便在科幻级别的科技力量的支撑下，某个物种在一段时间内实现了环境资源的取之不尽、用之不竭

（在很多人眼里，可控核聚变可能就是这样一种力量），匮乏依旧存在。因为总量充沛的环境资源，也仍然会有时空波动；更重要的是，在扩张性本能的驱动下，它仍然会在生物个体之间出现分布不均，也同样会出现生物个体利用资源能力的差异。一个活生生的例子就是，我们相信人类生产的粮食总量未来能够填饱100亿人的肚子，而在每年超过10亿吨的粮食被损失或浪费的同时，还有接近10亿人在挨饿！

生物的扩张性本能和环境资源的匮乏，构成了一对永恒的矛盾，这是生物进化现象能够持续发生的根本驱动力。扩张性和匮乏性的矛盾一方面驱动生物彼此之间出现各种形式的竞争，塑造了生机勃勃的地球生物圈；另一方面，它还驱动生物不断进化出全新的特性，比拼谁能够更好地利用自然资源、谁能够挖掘出原本无法利用的资源，从而书写出波澜壮阔的自然历史。

如果扩张性和匮乏性的矛盾发展到极致，会呈现出什么样的景象呢？我们继续用生物对阳光的利用能力来开开脑洞。美国著名物理学家弗里曼·戴森（Freeman Dyson）曾在1959年提出过一个思想实验：如果人类文明能够持续发展足够长的时间，对能量的需求也会持续增大，最终会大到需要来自整个太阳的能量才能维持的地步。到这个时候，人类就不得不建造一个彻底包围太阳的巨大的飞行器，拦截和收集太阳发射出的所有能量。这个包围太阳的巨型飞行器，就是非常著名的"戴森球"（当然，这个飞行器在物理上能不能实现是另一个问题）。

戴森甚至提出，可以反过来利用这个原理，在宇宙中寻找高等级文明存在的线索——这些可能存在的文明只要有类似的能量需要，就会制造足以显著遮挡恒星光线的巨大飞行器，我们从遥远的地球上也能观测到。

这个像是从科幻小说里走出来的概念，鲜明地展现了扩张性和匮乏性的矛盾最终可能推演出的某种极致。

进化的起点：可遗传的变异

从这一节开始，我们来分步拆解"进化履带"上首尾相连的四大环节。

第一个环节是，可遗传的变异。它说起来似乎有点拗口，这个词来自达尔文在《物种起源》里使用的一个表达方式，"heritable variations"。生物体的特征能够比较稳定地代代相传，同时还会持续出现微小的改变；更重要的是，这些改变本身一旦出现，还可以继续稳定地传承下去——这就是可遗传的变异。

对于今天的人来说，理解可遗传的变异并不是一件难事。因为我们已经知道，生物性状在很大程度上由生物的基因组 DNA 序列所决定。在生物繁殖过程中，基因组 DNA 需要完成自我复制，再从上一代传递到下一代。虽然复制的精确度很高，但是仍然会出现少数错误。也正因如此，后代才会在很大程度上和上一代相似的同时，又有一些微小的新特征。这些序列错误一旦被固定下来，又会在下一轮的 DNA 复制过程中被精确地记录和传递下去。这就是可遗传的变异的本质。

达尔文是怎么提出可遗传的变异的

但在达尔文的时代，人们还不知道遗传物质是怎么回事，更不知道 DNA 是什么东西。达尔文犯过的最严重的科学错误，就集中在这个问题上——他一度认为生物全身会产生一种叫作"泛生子"（gemmules，后人称为 pangene）的东西。在繁殖过程中，上一代生物的身体各个部位都会产生携带信息的泛生子，汇总之后输入生殖细胞，再传递给下一代。下一代混合了来自父母双方的泛生子，从而体现出与父母相似的特征。

但如果这个理论是正确的，达尔文自己提出的进化论就压根不可能实现了。因为生物体任何一点微小的变异都会在泛生子混合的步骤里被稀释，不可能稳定地遗传下来。打个比方，如果生物的正常特性是蓝墨水，那么就算某一代生物的某个个体突然变异出了红墨水的特性，它也会被迅速淹没在蓝墨水的"汪洋大海"里，不留一点痕迹。

所幸，达尔文并没有被自己错误的遗传学理论带偏。他明智地选择在讨论进化时，暂且搁置这个遗传物质的来源问题。事实上，达尔文是通过观察在家养状态和自然状态下生物的微小变化，提炼出"可遗传的变异"这个要点的。这个过程非常精彩，我们一起来还原一下。

英国人素有养鸽、赛鸽的爱好，养鸽俱乐部遍布英国本土。人们饲养着二十几种不同的鸽子，比如英国信鸽、短面翻飞鸽、喇叭鸽、扇尾鸽，等等。这些鸽子从嘴巴的形状、羽毛的样式、骨骼的结构到叫声和性格，差异都挺大。当时人们普遍认为这些不同种类的鸽子古来如此，都是独立的物种。但达尔文认为，这些鸽子其实是同一个物种的后代，只是在人工培育的漫长过程中出现了稳定的、可遗传的变异。

他的判断主要基于这样几个因素：首先，这些家养鸽子彼此之间能自由交配，产生后代，后代还能继续生育。当时人们已经知道，不同物种是不能交配繁殖的；即便能够交配繁殖，后代一般也没有生育能力了，马驴杂交的后代骡子就是如此。其次，在英国的野外只能找到一种野生鸽子，就是所谓原鸽（达尔文在《物种起源》中使用的表述为岩鸽）。如果真要说上述二十几种家养鸽子都是独立的物种，那就得假定它们各自都有不同的祖先，但这些祖先在自然界都已经灭绝了，只剩下养鸽俱乐部里的这些家养鸽子，这个未免也太凑巧了。最后，这些家养鸽子固然彼此差异不小，但还是有一些共同的特点，比如它们有和原鸽类似的青色羽毛，等等。

如果我们相信这些鸽子真的都是同一祖先原鸽的后代，那它们丰富多样的特征又是怎么来的呢？达尔文认为，这是一代代人工挑选培育的结果。

以扇尾鸽为例，这种鸽子有三十支甚至四十支尾羽，数量要比别的鸽子多几倍。这些羽毛整齐地展开树立，像一把小扇子插在鸽子尾巴上，非常美观（图1-1）。

图1-1　扇尾鸽

达尔文猜测，人们最开始培育鸽子的时候，鸽子的尾巴可能并不引人注目。但某一天，鸽群里偶然诞生了一只鸽子，尾巴比别的鸽子要大、要漂亮。养鸽子的人注意到了它，专门把它挑出来给它配种繁殖后代，然后一代代挑选尾巴羽毛更多、更漂亮的后代，最终培育出了外表非常美观的扇尾鸽。

不过，上述还只是达尔文的猜想，毕竟他没有亲眼见证一代代鸽子的培育过程。但他也确实挖掘到一些身边的案例，证明在短短几十年的时间里，英国的牧民可以通过定向培育，快速改变牛、马、羊的某些特性。既然如此，同样的事情理应也会发生在鸽子身上。

在扇尾鸽的这个案例里，更大、更茂密的尾羽就是一个典型的可遗传的变异。首先，它和祖先、和别的鸽子长得不一样，当然是一种生物特性的变异。其次，因为这只大尾巴的鸽子生出来的后代也同样有大尾巴，说明这种变异是可以遗传的。再次，这不是扇尾鸽身上特有的现象；达尔文在家养和自然环境中，找到了更多可遗传的变异的例子。

说到这里，你可能会觉得很奇怪——大家早就知道"龙生九子，子子不同"。就日常经验来说，只要是种过庄稼、养过牛羊的人，肯定早就注意到了生物的后代并不总是一模一样的。可遗传的变异这件事，根本轮不到达尔文去重新发现啊？

在我看来，为什么可遗传的变异这个概念，一直到达尔文的时代才被明确地提出来，这个问题的价值可能比可遗传的变异本身还要更大一些。它代表着人类世界观的一次重大升级。

为了更好地理解这个观点，我们得先从古希腊哲学说起。在柏拉图的《理想国》中，有一个非常著名的"洞穴比喻"：一群囚犯自打出生起就被关在一个黑暗的洞穴里，从未见过洞穴外的世界。他们被五花大绑，连脖子也不能转动，睁开眼就只能盯着洞穴中的一面墙看。囚犯背后点着一堆火，一些人拿着各种道具在火堆前面手舞足蹈。他们的影子就会投射在洞穴的墙上，被囚犯们看到。这是囚犯们了解身后世界的唯一方式。至于洞穴外面那个真正的大世界，囚犯们连间接了解的机会都没有（图1-2）。

图1-2　"洞穴比喻"

这个故事生动地说明了古希腊哲学家们对世界的看法。他们认为，虽然世界的真相是确实存在的，但人类就像洞穴里的囚犯，永远无法真正走近和触碰真相。我们看到的，不过是真相经过几次处理之后产生的粗糙的、扭曲的投影。

这种看待世界的方式，被称为"本质主义"的世界观，影响了人类世界两千多年。一直到今天，在我们的思维方式里还能找到本质主义的影子。比如，很多人挂在嘴边的话，"你这个看法没有触及问题的本质""你要透过表象看本质"，它们背后的思想基础就是所有复杂现象背后都应该存在一个简单的、纯粹的、本质性的解释。先不论凡人能不能看透这个本质，我们至少要向着这个方向努力才对。

这种本质主义的世界观发展到后世，自然就产生了物种不变的观念——地球上的生物要么是按照某种自然存在的顺序排列（比如亚里士多德提出的"存在之链"的概念），要么是按照某种超自然力量创造的顺序出现（比如《圣经》第一卷书《创世纪》描述的现象）。彼此各安其位、永不变化。

我们从本质主义的世界观出发，回到鸽子的事例中去。本质主义者会认为，存在一种真实的、纯粹的、本质的鸽子。我们看到的这么多奇奇怪怪的鸽子后代，无非是这只"本质鸽子"在现实世界里不完美的投影罢了。或者反过来说，所有这些形形色色的鸽子背后，其实都是同一只不变的"本质鸽子"。既然如此，鸽子身上的差异就根本不值得关注了。充其量人们会说："哦，或许是'本质鸽子'在投影成现实世界里一只只具体鸽子时，因为各种原因，比如出生时候的气温、孵蛋的环境、出生后食物的区别等，呈现出了一些差异罢了。"我们人类就像是"洞穴比喻"中提到的囚徒，只能，也只配和这些不完美的"具体鸽子"为伍。

在这个意义上，可遗传的变异是一个石破天惊的认识——达尔文不仅提出了一个生物学理论，还对整个本质主义的世界观发起了宣战——根本不存在什么"本质鸽子""理念鸽子""纯粹鸽子"，每种鸽子、每只不同的鸽子，都代表一种真实存在的生物学特征。这些千奇百怪的特征就是这些鸽子固有的属性，能够代代相传，还能持续发生更多变化。

这是一种有别于本质主义的全新世界观：我们身处的世界就是这么热热闹闹、复杂多样，不是几个简单概念就可以概括和推演出来的。著名的科学哲学家卡尔·波普尔（Karl Popper）曾表示，整个西方世界的思想，要么是柏拉图式的，要么是反柏拉图式的。从这个意义上说，达尔文的进化论思想，就是反柏拉图式思想的代表作。

可遗传的变异从哪里来

我们已知生物的很多特性可以一代代稳定相传，也可以在这个过程中发生变化，这就是可遗传的变异。那么接下来我们要处理的一个关键问题是，这些可遗传的变异是怎么出现的？

达尔文对此有非常坚定的主张。他认为可遗传的变异是在生物的生殖细胞中产生的。换句话说，两只鸽子交配生出了一只尾羽更大、更茂密的后代，这种生物特征的变化，应该发生在鸽子父母的精子或者卵子当中，并伴随着交配过程进入后代体内。鸽子父母本身不会有什么异样，也不会对此事产生什么影响。

与之针锋相对的"用进废退"和"获得性遗传"的观点，来自比达尔文年长的法国博物学家拉马克（Jean-Baptiste Lamarck）。拉马克是生物进化思想的第一个提出者，他也反对物种不变的观点。但拉马克认为，可遗传的变异来自生物的整个身体，然后汇聚到精子或者卵子当中，传递给后代。还是以鸽子为例：在拉马克看来，应该是先有一只鸽子父亲或者母亲，在飞翔或者觅食的过程中，因为总是用到尾巴的羽毛，长期锻炼，使得羽毛变得更多、更密。然后它才把这种变异信息通过精子或者卵子汇总起来，传递给自己的后代。

关于二人观点的分歧，我们还可以借由著名的长颈鹿的例子来强化记忆。按照达尔文的观点，长颈鹿的脖子之所以会比它的祖先更长，是因为长颈鹿父母的每个生殖细胞都存在微小的差异，生出来的长颈鹿天生就高低有别，但只有那些脖子长、能吃到高处树叶的后代才能活下来；而拉马克则认为，这种变化的根源是长颈鹿父母一辈子都在拼命伸长脖子够高处的树叶，使自己的脖子越来越长，也把这个特征遗传给了后代。①

顺便插句话，很多现代生物学家认为长颈鹿的长脖子和吃高处的树叶没什么关系，而是性选择的结果——雄性长颈鹿为了争夺配偶，彼此间激烈斗争，脖子长的打架更有力量。但无论如何，在上述争论中我们可以看到，达尔文和拉马克其实都承认生物的特性能够发生变化，并且也都承认这种变化是可以遗传的。只是他们对于这些可遗传的变异的来源有分歧。

今天，我们知道达尔文是对的，后天获得的经验无法遗传，只有生殖细胞内部携带的变异才可以。关于这一点，苏联物理学家朗道（Lev Landau）有过一个特别尖刻的比喻：如果"获得性遗传"的理论是对的，那世界上就应该没有处女了，因为每一个妈妈在生孩子的时候都不是处女嘛。

对此，19 世纪德国的科学家魏斯曼（August Weismann）做过实际的验证工作，他发起了一个有点血腥的试验：将雌、

---

① 一段很有趣的历史是，在《物种起源》再版的过程中，达尔文的主张越来越向着拉马克的主张妥协了。这可能是因为，他提出的错误的泛生子理论，让他自己也无法理解可遗传的变异是如何产生的。

雄老鼠的尾巴剪短，让它们交配生育后代，再把它们后代的尾巴剪断，让它们继续交配。这个实验做了 21 代，老鼠后代的尾巴也没有因此消失或者变短。魏斯曼试图用这个实验说明，后天获得的特性根本无法遗传。①

到这里，我们能认识到，可遗传的变异是一个很合理，也很有革命性的理论。但在达尔文的时代，这套关于可遗传的变异的解释虽然说服了大量的科学家，但它并没有被任何实验证据支持，也算不上是一个实实在在的科学理论。

请注意，达尔文的这些论证，不自觉地运用了你可能非常熟悉的"奥卡姆剃刀"（Occam's Razor）的思想工具：当有好几个理论都能解释同一个现象时，应该选择其中需要假设最少的那个，"如无必要，勿增实体"。

比如，"所有家养鸽子都来自一个共同祖先"这个观点，其实并没有特别严格的证据支持。但它却是需要假设最少的一个。反过来，如果假设这些鸽子都是不同的物种，我们就得假设它们都有野生的祖先，而且恰好都灭绝了；还得假设这些物种因为某种不明原因出现了某种共同的特征，比如青色的羽毛；并假设它们碰巧因为某种不为人知的原因能跨越物种屏障、彼此交配繁殖，而不是像其他物种一样彼此无法产生后代……

相比之下，"同一祖先 + 定向培育"的理论，只需要一个假设就可以了，也就是这些鸽子都是原鸽的后代。

再比如，"可遗传的变异只能产生在生殖细胞里"这个观点，也没有什么严格的证据支持。达尔文确实做过一番推测，认为在

---

① 当然这个实验本身是有漏洞的。拉马克从未说过一种被外力施加的、有害的特性也能遗传。

第一部分 进化论的公理体系

015

生物身体中，生殖系统往往是最容易受到环境影响而出现异常的。他举了一个例子：人工饲养的很多生物明明活得不错，却很难繁殖后代。这一点在今天的动物园里表现得特别明显。很多时候，动物园的动物们生育后代还能上当地的新闻。达尔文据此推测，生物的变异真要出现，也应该最容易出现在生殖系统里，影响了生殖细胞，进而影响了后代的特性。

你看，这个猜测其实也不怎么靠谱，但是相比拉马克那一套还是简单多了。如果拉马克那套是对的，我们就得假设生物所有器官的使用状态都要通过某种神秘机制实时汇总到生殖细胞里，被忠实地记录下来，再传给下一代才行。这个过程未免也太复杂了。

但是话说回来，一个理论优美简洁，并不说明它就一定是对的。科学史上有很多案例——托勒密的地心说、亚里士多德的五种元素学说、牛顿的绝对时空观、爱因斯坦的"上帝不掷骰子"，它们也都非常优美简洁，但事后都被证明是错的。既然进化论是一个科学理论，它最终还是得靠证据说话。

两个关键的科学实验

从科学意义上来说，一直要到 20 世纪中期，可遗传的变异才最终得到证明。我们接下来看两个特别重要的实验证据。

第一个实验来自美国科学家赫尔曼·穆勒（Hermann Muller）。在 1926—1927 年，他发现如果用一定剂量的 X 射线照射果蝇，虽然这些果蝇本身看起来一切正常，但它们生出的后代有很大比例会出现各种变异。有些变异是致死的；有些变异虽不致死，但会让后代变得非常怪异——它们眼睛的颜色、翅膀的大小、体毛的形状，都会变得很不一样。穆勒还证明，X 射线照父母当中的哪一方，哪一方的性状在后代里就会更容易变异。

穆勒的发现以一种非常暴力的方式证明了达尔文的推测——在特定的环境刺激下，生物果然会生育出大量存在变异的后代，而且这些变异还能稳定地遗传下去。请注意，既然被 X 射线照过的果蝇看起来没出现什么异常，这些变异只是出现在它们的后代当中，这就说明可遗传的变异确实发生在生殖细胞，而不是拉马克所说的全身。

值得一提的是，在穆勒的研究之后，人们开始意识到 X 射线会对人体产生潜在的影响，特别是影响后代的健康。现在去医院做 X 射线检查，医生会问你最近有没有生孩子的打算，给你穿上能阻挡 X 射线的铅衣。这么做的根源就在穆勒这里。

第二个实验是生物学家卢利亚（Salvador Luria）和德尔布吕克（Max Delbrück）于 1943 年合作完成的，这项研究真正就达尔文和拉马克的矛盾给出了一锤定音的结论。

卢利亚和德尔布吕克先培养出一管大肠杆菌，再把富含大肠杆菌的液体平均分配到多个新试管里，然后在每一管都加入更多的培养液，让这些大肠杆菌在新管子里继续分裂繁殖一段时间。然后，他们把每一管大肠杆菌（可以认为它们的数量应该基本相同）都分别倒进不同的培养皿里。这时真正的挑战来了——每个培养皿里，都已经事先准备好了一种能够入侵和杀死大肠杆菌的病毒——T1 噬菌体。绝大多数大肠杆菌就会被立刻杀死，只有极少数能够抵抗 T1 噬菌体的大肠杆菌才能活下来。

这个实验非常简单，但根据达尔文和拉马克的理论，会得出完全不同的预测。拉马克认为生物的特性是"用进废退"的结果，是生活环境逼出来的。既然如此，面对噬菌体的巨大威胁，也许会有个别细菌战士能发展出抵抗噬菌体的能力，血战到底，免于一死。这是一个拼概率的事件。那既然每一个培养皿里的细菌数量是相同的，每个培养皿里留下的、能抵抗噬菌体的细菌数量也应该相近。可能每个培养皿里都留下那么两三个细菌。

相反，如果达尔文是对的，可遗传的变异是自发形成的，和上一代的生活经历毫无关系，那我们就不能指望噬菌体诱导出细菌的抵抗力。就算真有一些细菌有抵抗力，也是细菌因为基因变异自发形成的，在遭遇噬菌体之前就已经存在了。这样的话，不同培养皿里的细菌在加入培养皿之前就已经不一样了，能够抵抗噬菌体的细菌数量也应该差别很大——有的培养皿里可能特别多，有的可能一个也没有。

两种理论的根本区别是，如果细菌出现了抵抗噬菌体的变异，这个事件是发生在遭遇噬菌体之后（"用进废退"，即拉马克的主张）还是发生在遭遇噬菌体之前（随机变异，即达尔文的主张）。实验结果又一次证明了达尔文的猜测，不同培养皿里剩下的细菌战士的数量，差别还真的很大。

至此，可遗传的变异才算是被比较严格地证明了。

你可能会觉得卢利亚和德尔布吕克的实验有点烧脑，因为它需要一些数学和统计学的基础才能更透彻地理解。而在 1952 年，美国生物学家莱德伯格夫妇（Esther and Joshua Lederberg）用一项更简单的实验，再次证明了达尔文理论的正确。他们培养了一堆大肠杆菌，星星点点地分布在培养皿里，形成了多个独立的克隆。然后他们用一块灭菌的绒布"印章"摁在这些大肠杆菌上，粘上一些大肠杆菌，再像盖章一样，把这些大肠杆菌安放到几个新的培养皿里。这样一来，几个培养皿的同样位置上，就有了同一群大肠杆菌的后代。

这时，莱德伯格夫妇在其中一个培养皿里倒入青霉素。不出所料，绝大多数大肠杆菌被杀死了，但会留下几个细菌克隆还活着。可想而知，它们携带了能够抵抗青霉素的基因变异。那问题就来了：如果在另外几个培养皿里也加入青霉素，留下来的会是同样位置的那几个细菌克隆吗？

按照拉马克的看法，不一定。因为抵抗青霉素的变异是因"用进废退"而产生的，哪个大肠杆菌在和青霉素的搏斗中发展出了这种抵抗力，是一个概率事件，没有道理恰好出现在同样的位置上。但根据达尔文的看法，则肯定是同样的位置。因为抵抗青霉素的变异是随机自然产生的，早在没有遭遇青霉素的时候就已经在那里了。既然如此，几个培养皿里同一来源的细菌，自然是在同样的位置上出现抵抗力（图1-3）。

实验结果证明，达尔文又一次对了。

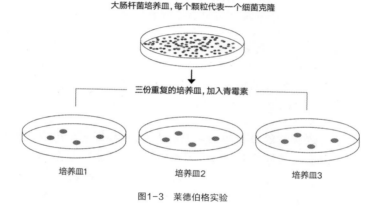

大肠杆菌培养皿，每个颗粒代表一个细菌克隆

三份重复的培养皿，加入青霉素

培养皿1   培养皿2   培养皿3

图1-3 莱德伯格实验

可遗传的变异位于DNA分子之上

在可遗传的变异得到严格证明的基础上，我们还要解决一些问题：所谓可遗传的变异的物质基础是什么？它们产生在哪里？又是如何被稳定继承的？

受时代所限，达尔文只能把可遗传的变异出现的范围限定在生殖细胞，没能继续推进他的研究。当然，今天我们已经知道，可遗传的变异存在于生物的基因组DNA上。那么这个结论是如何产生的呢？

科学史上，有三个重要的研究接力完成了这次认识的飞跃。

第一个研究出现在 20 世纪 10 年代，穆勒的博士生导师、美国科学家托马斯·摩尔根（Thomas Morgan）把基因变异定位在细胞内部的染色体上。和穆勒研究辐射诱变时一样，摩尔根也将果蝇作为研究对象。1910 年的某一天，他偶然发现了一只白色眼睛的雄性果蝇，而正常果蝇眼睛的颜色是鲜红色的。摩尔根把这只得来不易的变异果蝇和正常的雌性果蝇杂交，发现它们的第一代后代全都是红色眼睛的——白色眼睛的变异消失了。但是这些后代再次杂交之后，情况又不一样了——雌性仍然都是红色眼睛的，但雄性当中红眼和白眼的比例差不多是一半一半。

如果我们把白色眼睛所代表的变异想象成一种能够自由扩散的颗粒（类似达尔文说的泛生子），能汇聚进入生殖细胞代代相传，那摩尔根发现的现象——果蝇的第一代后代没有白色眼睛，第二代只有雄性果蝇有白色眼睛——是不可理喻的。

对于这些现象最简单的解释就是，决定白色眼睛的变异信息，不能在繁殖过程中自由扩散和稀释，它有着严格的行动规律（图 1-4）。更具体地说，摩尔根认为，白色眼睛的信息定位在第一只白眼果蝇产生的精子的 X 染色体上。

和人类一样，雄性果蝇只有一条 X 染色体，雌性则有两条。白眼雄蝇和正常雌蝇杂交之后，第一代后代当中，雄性的那条 X 染色体来自母亲，所以眼睛颜色正常；而雌性的 X 染色体分别来自父亲和母亲，而来自父亲的白色眼睛变异被掩盖了（"隐性"变异）。因此第一代后代的眼睛都是正常的红色。但是在第二代后代当中，因为染色体的随机分配，有一半的雄性继承了携带白色眼睛变异的 X 染色体，另一半继承了正常 X 染色体。所以出现了刚刚我们描述的现象。

第二个研究出现在 20 世纪 40 年代。人们这时已经进一步证明，可遗传的变异确实定位在染色体上，而染色体主要的成分

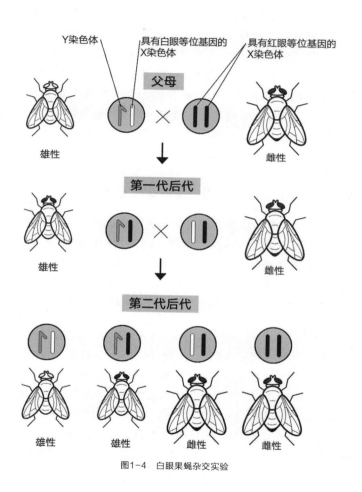

图1-4 白眼果蝇杂交实验

就是蛋白质和 DNA。那它到底定位在哪里，是在蛋白质还是在
DNA 呢？

美国科学家奥斯瓦德·艾弗里（Oswald Avery）在研究肺炎
链球菌时发现，遗传信息的载体只能是 DNA 分子。具体来说，
肺炎链球菌有两种，表面光滑的 S 型危害大，能感染并杀死老
鼠；表面粗糙的 R 型危害小。艾弗里发现，把光滑细菌杀死之
后，和粗糙细菌混合，就能把粗糙细菌"转化"成光滑的致病
菌。这就说明在混合过程中，光滑 / 致病的遗传信息能从前者传
递到后者。这个信息的物质载体是什么呢？他们进一步发现，如
果把光滑细菌当中的 DNA 分子单独提取出来，和粗糙细菌混
合，也能起到同样的"转化"效果。换句话说，代表外表光滑、
能够致病特性的信息，一定记载在肺炎链球菌的 DNA 分子上。

值得一提的是，在艾弗里之前，人们普遍不太相信化学结构
简单的 DNA 是遗传信息的载体，认为蛋白质是更可能的候选。
艾弗里的研究把科学家的注意力重新拉回到了正确的轨道上。所
以在今天的科学界有一个压倒性的意见，就是艾弗里的工作值得
一个诺贝尔奖，而这个缺失是诺贝尔奖委员会 20 世纪犯下的最
大错误之一。

第三个研究则是我们非常熟悉的 DNA 双螺旋。1953 年，两
位年轻科学家，弗朗西斯·克里克（Francis Crick）和詹姆斯·沃
森（James Watson），根据女科学家罗莎琳·富兰克林（Rosalind
Franklin）获得的 DNA 结构数据，提出了 DNA 分子的结构模
型。他们认为，DNA 分子是由两条 DNA 长链首尾相对拧成的一
根螺旋，每根长链都是由 A、T、C、G 四种碱基按照特定的顺
序排列组合而成的。生物体的遗传信息，就记录在这四种碱基的
排列顺序之中。

最值得注意的是，两条 DNA 长链上的碱基有非常专一的
配对关系：A 只能对应 T，C 只能对应 G。如果一根链条是

AAACC，另一根链条就是 TTTGG。这也意味着两根 DNA 链条虽然看起来化学组成完全不同，但携带的信息却是严格等价的。这样一来，当生物需要繁殖后代的时候，DNA 双螺旋一拆为二，两条单链分别再组装出一条相对应的链条，重新拧成 2 个独立的双螺旋，就能保证遗传信息能够忠实地被复制和传递到后代当中（图 1–5）。

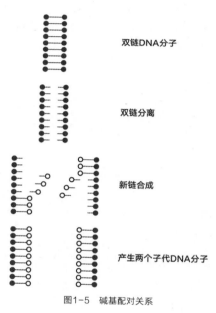

双链DNA分子

双链分离

新链合成

产生两个子代DNA分子

图1-5 碱基配对关系

不管是白眼睛的果蝇还是尾巴更大的鸽子，这些变异所对应的，其实就是 DNA 分子上碱基排列顺序的错误。这种错误可以很微小，比如某一个碱基从 A 变成了 C；也可能非常明显，比如一长串碱基消失、换位和重新组合。而变异一旦出现，就有可能从此伴随着 DNA 的复制，一代代被忠实地传递下去，直到下一次变异出现。至此，达尔文提出的可遗传的变异才真正找到了坚实的物质基础，而我们关于这个话题的讨论也就基本完成了。

正如我们在这一部分开头提到的，可遗传的变异是进化履带上的第一个环节；有了它，生物在繁殖后代的过程中就会时不时地出现五花八门的差异。这些差异为生存竞争和自然选择提供了舞台。

但是，就在达尔文的可遗传的变异理论大获全胜之后，拉马克理论还获得了一次重生的机会，让我们对何谓可遗传的变异有了更全面的理解。这一点，我们放在下一节细说。

拉马克"复兴"：变异必须通过 DNA 吗

按照前文的讨论，对于可遗传的变异观点的论证可以分成两个阶段：在达尔文的时代，他通过观察和逻辑分析，提出了生物在世代繁殖的过程中会出现变异，这种变异应该出现在生物的生殖细胞内，可以继续遗传给后代。而在分子生物学的时代，人们通过严格的实验证据，证明了 DNA 分子在复制过程中随机出现、难以避免的碱基序列变化，能够产生可遗传的变异。

这套简洁优美的解释体系，很好地说明了遗传和变异这两种相伴而生又相互对立的现象是如何出现的。再往前推演一步，这套解释体系还将一个完整的复杂生物分成了带有不同生物学功能的、泾渭分明的两部分。

以人体为例，根据上述讨论，你可以把构成人体的几十万亿个身体细胞，包括皮肤、肌肉、骨骼、免疫、神经细胞，等等，看作一大类。它们的作用是维持人体的生存，但这些细胞自身并不会繁衍后代，人体死亡的时候它们也会随之死亡。你还可以把人体中孕育的那么区区几个精子或者卵子看作另一大类，它们能幸运地找到另一半，从而产生新的后代。只要它们能把携带的 DNA 序列信息传递到后代体内，就有机会长久地传递下去。从这个角度说，和寿命有限的身体细胞相比，我们可以认为生殖细胞是有机会实现永生的。

沿着这个思路，把人体理解成一个为了照顾几个精子和卵子而存在的大号活体培养皿，其实也没什么问题。但我想你可能会有这样的疑惑：这么一个复杂精密的活体培养皿，在几十年的时间跨度里，真的就不会对它小心呵护的精子、卵子产生任何有意义的影响吗？

荷兰大饥荒和前世的"恐惧记忆"

从某种程度上说，达尔文和拉马克在一个多世纪前争论的，就是你的这个疑惑。

根据拉马克"用进废退"的理论，生物体作为一个大号活体培养皿，确实会影响其中的精子和卵子。还是以长颈鹿为例：长颈鹿长期伸着脖子吃高处的树叶，把自己的脖子拉长了，结果子孙后代脖子也变长了。这个过程之所以发生，就是因为长颈鹿这个大号培养皿发生了变化，它体内的精子卵子和也因此受到了影响。

而在达尔文进化论"封神"，特别是 DNA 参与遗传变异的现象在 20 世纪被发现以后，拉马克这套理论基本就被主流科学界放弃了。这主要是因为，人们无法想象拉马克的理论到底是怎么实现的——如果"用进废退"和"获得性遗传"是真的，就意味着长颈鹿父母把自己的脖子锻炼长了以后，这个新获得的特性会通过某种方式从脖子部位"跑"到精子、卵子那里，还会通过某种方式改变精子、卵子的 DNA 序列——这个过程未免太魔幻了。

但是到了最近一二十年，拉马克理论居然有了"起死回生"的迹象。虽然科学界并不认为它真的可以取代达尔文理论，但在某些特定的场合，它确实发挥了一定的作用——"活体培养皿"的生活经历的确会影响到其中的精子和卵子，还会对子孙后代产生持久性的影响。

这方面最有启发性的例子是针对"二战"末期荷兰大饥荒的研究。1944 年冬，为了惩罚荷兰境内的抵抗运动，纳粹军队切断了荷兰全国的粮食供应，让数百万荷兰人陷入饥荒当中。这场大饥荒一直持续到 1945 年春盟军解放荷兰，造成了数以万计的人死亡。

更可怕的是，饥荒还产生了长久的影响。几十年后人们发现，那些在大饥荒当中诞生的孩子，长大以后普遍身体素质较差，很多人出现了肥胖、2 型糖尿病、心血管疾病等代谢疾病。而且，这些孩子的后代——也就是大饥荒后的第三代——同样延续了这些疾病特征。这就不能简单地用小时候营养不良来解释了。毕竟大饥荒第三代一般出生在 20 世纪 70 年代以后，已经远离饥荒年代很久了。

2008 年，这个现象背后的秘密终于开始被人们所理解。一群荷兰科学家研究发现，在饥荒期怀上的孩子，身体中一个名叫 IGF2 的基因序列上，DNA 碱基的甲基化水平要比他们没有遭遇饥荒的兄弟姐妹低大约 5%。IGF2 这个基因的全称叫作"胰岛素样生长因子 2"，它的活动对于孩子的生长发育、能量储存和消耗都很重要。大饥荒的经历会通过影响基因序列的甲基化（$-CH3$），提高 IGF2 基因的活性，从而让这些孩子长大后更容易吸收能量、更少地消耗能量，所以更容易发胖、更容易受到代谢疾病的困扰。

在那之后，科学家们也发现，除了人类之外，实验室饲养的果蝇和小鼠也有类似的表现。而且很有意思的是，这些变化是通过父亲的精子传递下去的。换句话说，准爸爸挨饿，孩子和孙子（女）都会更容易肥胖。

我们抛开这些技术细节，重新来捋一下这些发现背后的生物学意义。

假设一个男人准备和太太要孩子的那段时间，常常忍饥挨饿，按照达尔文的理论，这件事是他这个大号活体培养皿自己的事情，与他体内的精子无关。但事实上，精子也实实在在地受到了影响——毕竟它成熟、分裂所需的能量是这个男人的身体间接提供的。因此，精子内部 DNA 序列上的化学修饰出现了变化，某些特定基因被打开或关闭。在这枚精子找到卵子与之结合、孕育新生命的整个过程里，精子携带的这一份 DNA 被复制传播了亿万次，这些化学修饰的变化也在孩子的每个细胞里保留了下来——包括他体内的下一代精子。这样一来，他的孩子、他的孩子的孩子，体内都携带着来自大饥荒的"记忆"，也因此产生了相应的影响。这种影响能够长期跨越代际传递下去，直到这些"记忆"被子孙后代的生活经历"擦除"。

在过去一二十年的时间里，科学家们又陆续发现了不少类似的现象：父母营养不良或者营养过剩、母亲是不是愿意照顾婴儿，都会产生跨越几代人的长久影响。这些似乎相对容易理解，而有些影响可能会让你觉得匪夷所思。2013年，美国科学家发现特定的恐惧似乎也能跨代遗传。他们给雄性老鼠闻一种有山楂香味、名为苯乙酮的气体，并在它们闻时予以电击。久而久之，老鼠们形成了对这种气味的恐惧，一闻苯乙酮就会瑟瑟发抖。结果，这些雄性老鼠的儿子甚至是孙子，鼻子里负责闻苯乙酮的嗅觉感受器天生就更大，它们生来就对苯乙酮充满恐惧！

远比我们想的更复杂的可遗传的变异

上面这些研究帮我们在原本针锋相对的达尔文理论和拉马克理论之间找到了一条缝隙。并且，一门早在1939年就诞生的古学科——"表观遗传学"（epigenetics），也因此重新迎来了一轮高速发展。它专门研究那些不影响DNA序列本身，但却同样可以在子孙后代中长久存在的影响。

一方面，可遗传的变异主要还是依靠生殖细胞DNA序列的改变实现的，和父亲、母亲的生活关系不大，达尔文是对的；另一方面，拉马克提醒我们，不能把父亲、母亲的身体简单地理解成精子和卵子的大号培养皿。他们的某些重大生活经历——比如遭遇饥荒，或其他不可磨灭的创伤和恐惧——也会通过某种方式影响精子和卵子，从而将某些长久的变化传递给下一代甚至下几代。他的理论（至少在某些情况下）也是对的。

事实上，拉马克式的影响不是通过改变精子和卵子的DNA

序列来实现的，而是通过一些更温和、更模糊的手段。比如前文提到的 DNA 序列的甲基化修饰，就是在一段 DNA 分子的某些碱基（胞嘧啶，C）上加上一个甲基。一段 DNA 上的甲基越多，这个基因的活动性相对就越差。这种影响方式没有直接改变基因的 DNA 序列来得直截了当，也不太会彻底破坏或者改变一个基因的功能，但它还是可以稳定地存在相当长的一段时间，甚至跨越几代生物的生命历程。在这个意义上，它当然也是一种可遗传的变异。

还有，DNA 分子在细胞内并不是四处自由飘荡的，它被紧紧缠绕在一个个微小的蛋白质核心上，就像毛线卷在线筒上一样。这个叫作"组蛋白"的蛋白质核心，它的化学组成和化学修饰也会间接影响 DNA 分子的结构和基因的活动能力。父母的生活经历也能够产生对组蛋白的化学修饰，从而长久地影响子孙后代的生物学特征。

另外，不管是精子、卵子还是受精卵中，DNA 分子都浸泡在一大堆化学物质构成的"分子浓汤"里。DNA 分子要想变成蛋白质，还需要合成 RNA（即转录）和合成蛋白质（即翻译）两个步骤。"分子浓汤"里的各种化学成分也都可能会对 DNA 分子、RNA 分子或者作为最终产品的蛋白质持续产生影响。也就是说，这些微观机制都有可能成为父母生活经历到后代生物特性之间的媒介。

和 DNA 序列的变异——也可以叫它达尔文式的变异——一样，拉马克式的变异对子孙后代的生存是有意义的。我们还是以荷兰大饥荒的研究为例：当这些大饥荒的第二代、第三代长大以后，虽然他们自身从未体会过饥荒，但他们的身体天生带有一点点来自祖先关于大饥荒时期的"记忆"。这种"记忆"会让他们的身体更适应饥饿环境，更容易多吃、储存能量。换句话说，祖辈饥荒的经历传递下来，让他们的身体提前做好了应对饥荒的准备。①

从某种程度上看，达尔文式的变异和拉马克式的变异都是生物体适应环境变化的方式——前者精确，后者模糊；前者可以长久持续，后者往往只能持续几代时间。两者甚至可以看成是互补的：在环境快速变化时，拉马克式的变异让生物体的后代能够快速对环境产生一定程度的适应，为耗时更长、但应对环境变化能力更强的达尔文变异争取到了时间。

最后我们还可以切换视角，从子孙后代的角度来理解可遗传的变异。

就拿人类来说，每一个人类个体其实都可以看成是活生生的生命编年史——决定我们大多数重要特性的DNA分子，是从我们无数代祖先那里遗传下来的。我们的每一代祖先都在上面添加了新的变异，也就是写进了新的信息。与此同时，我们的每一代祖先，也都把他们生活经历的一小部分，通过一种模糊和温和的方式，传递给子孙后代。从理论上说，如果有一天我们掌握了解读所有这些信息的能力，也许我们就能推演出我们历代先祖一部分的生命历程，看到他们继承了什么、遭遇了什么，又继续传递了什么。

这个过程有点像人类学家们研究一处人类活动的遗址，还原远古人类祖先的生活变迁；也有点像历史学家们考证一本古籍的文字变化，还原这本书在历史长河中如何被修改、增删。我们每个人此时此刻的观念、思想和行为，可能也是如此演进而来的。

---

① 虽然在真实的历史上，荷兰大饥荒不是天灾而是人祸，第二代、第三代孩子在成长过程中已经不再需要忍饥挨饿；好事（他们的身体更适应饥饿环境）反而变成了坏事，他们也因此更容易受到肥胖等代谢疾病的困扰。

生存竞争：被误解最多的进化论思想

前文介绍的可遗传的变异，是达尔文进化论中最核心的概念之一，也是整个生物进化过程的基础。它像是一条"状况百出"的生产线，源源不断地向自然界供应大同小异的生物个体。这一节我们讨论进化履带上的第二个环节——生存竞争，来看看不同生物个体之间的竞争、合作和互动，是如何推动地球生物的持续进化，并塑造出生机勃勃的地球生物圈的。

我认为，生存竞争作为"进化履带"上的重要环节，可能是被人们误解最多的进化论思想。

生存竞争的含义本身很简单：因为可遗传的变异，大自然里有一群存在差异的生物个体，它们当然要繁衍生息。按照我们在前文讨论的，扩张性和匮乏性的矛盾，导致生物彼此之间一定会出现激烈的竞争，竞争阳光、空气、水、食物、安全的栖息地和交配对象，等等。

达尔文能够提出生存竞争这个概念，受到了他上一代的英国人口学家托马斯·马尔萨斯（Thomas Malthus）的深刻影响。1798年，马尔萨斯出版巨著《人口原理》，提出了对后世影响深远的概念"马尔萨斯陷阱"。他认为，在人类历史上，只要有一段时间的太平日子，人口增长就会超越食物供应，导致人均占有食物的减少。这是因为人口呈指数式增长（如2，4，8，16，32，64，128……），而食物供应呈线性增长（如1，2，3，4，5，6，7……），前者的增速远远大于后者。当人口数量和食物的生产水平不相适应时，诸如战争、瘟疫、饥荒的巨大灾难就会发生，将人口降低到食物能够承载的水平（图1-6）。

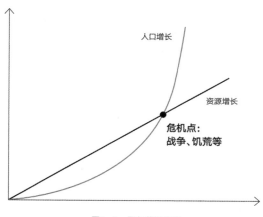

图1-6 马尔萨斯陷阱

今天看来，马尔萨斯的担心其实已经被证伪了。科技进步让人类的粮食产出增速大大提高，总产出未来将超过人口的总需要（当然，分配不平衡问题尚且存在）；与此同时，人口的增速却在不可逆转地放缓。相比担忧人口爆炸，人口老龄化反而成了更普遍的麻烦。[1]但在当时，马尔萨斯的理论为进化论思想提供了一个现成的驱动力：物种总是倾向于过度繁殖，过多的个体争夺有限的资源，从而带来生存竞争和优胜劣汰。

这种竞争具体是怎么进行的呢？

你可能很容易联想到自然界里那些血淋淋的斗争场景：非洲草原上两只羚羊彼此相对，低下头颅，随时准备用尖角刺穿对方的咽喉；热带雨林里几只大猩猩大声嘶吼，捶胸顿足，声张对同一块领地的主权。

---

① 在本书第七部分，我们还会详细讨论马尔萨斯理论的问题。

人类世界也不乏这种场景：强国对弱国的入侵、先进文明对落后文明的屠杀、种族之间千百年的仇恨和战争……历史的巧合是，严复先生翻译的《天演论》①在19世纪末正式出版的时候，正是甲午战败，一代精英知识分子忧心于国土沦丧、民族危亡，担心中国无法自立于世界民族之林的时候。严复先生把赫胥黎的思想总结为醒目的八个大字"物竞天择，适者生存"，直戳痛点。大家马上联想到人类世界弱肉强食的场面，联想到中国救亡图存的迫切需求。

这种联想也反过来影响了我们对进化论意义上的生存竞争的理解。一提到生存竞争，我们就习惯性地把它理解成血淋淋赤裸裸的对抗。这其实是对生存竞争的误解，而这种误解还带来了相当严重的后果。

那正确的理解应该是什么样的呢？

达尔文固然是受到马尔萨斯的启发才提出生存竞争的，但达尔文的视野要比马尔萨斯更加广阔。他在《物种起源》里明确指出：生存竞争的含义很宽泛，不光只有这一种血淋淋赤裸裸的形态。甚至达尔文都避免使用"竞争"这个感情色彩比较强烈的词，他原文的说法是"struggle for existence"，可以直译为"为了生存而努力"。

在达尔文看来，生存竞争有三种形态：种内竞争、种间竞争和环境竞争。

种内竞争是我们最熟悉的那种赤裸裸的、马尔萨斯式的竞争关系。你可能听说过一个笑话：两个人到非洲草原旅行，突然后

---

① 翻译自英国进化生物学家赫胥黎（Thomas Huxley）的名作《进化论与伦理学》。

面出现了一只狮子，两个人撒腿就跑。一个人气喘吁吁地问另一个人，你跑那么快干嘛，你就是再快还能比狮子更快不成？另一个人说，我不需要比狮子快，我只需要比你快就可以。

这当然是个笑话，但它特别准确地抓住了种内竞争的特点。同一物种的两个个体，因为居住环境、能力禀赋、生存压力几乎完全一样，导致它们的生存空间是高度重叠、甚至很可能是非此即彼的。正因如此，个体间的竞争非常激烈。这种激烈可能表现为直接的对抗，比如我们讲过的羚羊和猩猩个体间的争斗，成王败寇；也可以表现为间接的争夺，比如生物个体争夺有限的资源（像是阳光、栖息地），先到先得。

到了种间竞争的层次，也就是两个物种之间的竞争，面貌就完全不同了。这一层次的竞争关系非常复杂，甚至还很隐秘。捕食和被捕食、寄生和被寄生，都可以是不同物种相处和竞争的模式。特别值得一提的是所谓共生关系。比如海洋里，鲫鱼可以靠头顶的吸盘吸附在鲨鱼、鲸鱼等海洋生物身体上，跟着它们潜入深海，吃它们捕食剩下的残羹剩饭，这是一种利己不损人的偏利共生关系。再比如，生长在高山和极地的地衣，其实是藻类和真菌的共生体。藻类为真菌提供养料，真菌为藻类提供保护，两者的合作保证了地衣在恶劣环境中的生存，这就是一种你好我也好的共利共生关系。

环境竞争是什么呢？宽泛地说，影响一个具体生物个体生存的所有外部因素，都是环境的一部分，包括同一物种内部其他的个体，不同的物种，环境中的阳光、空气、水、温度、湿度、降雨量等。这里我们把它限定在物种和它所处的，没有生命的自然环境之间的关系上，这样它更容易和种内以及种间竞争区分开来。比如达尔文就提到，沙漠边缘的一株植物（比如仙人掌），就在和干旱环境进行生存竞争。

和种间竞争类似，环境竞争的表现形式往往也是多元和复杂的。同样在天寒地冻的北极地区，动物适应寒冷环境的方式仍然是多种多样的。有的长出厚厚的皮毛来防止热量流失，比如北极熊；有的发展出在地下冬眠躲避严寒的技能，比如北极黄鼠；还有的干脆在北极的冬天，长途飞翔上万公里到南极去避寒，比如北极燕鸥。

当然，这么分别介绍种内竞争、种间竞争和环境竞争的定义，其实还没有触及三者的核心。我们不妨先来思考一个问题：既然都是为生存而奋斗，那为什么种内竞争，相比种间竞争和环境竞争，表现方式会有那么大的区别呢？

这里面有三个重要的原因。

第一，竞争的同质化程度不同。

同一物种的个体之间，各种特征的相似程度很高，对环境资源的需求也基本一致。这样一来，任何一个特征的一丁点差异——动物捕食的时候谁能多冲刺一次、植物生长的时候谁能高零点几米、细菌分裂的时候谁能快零点几秒——就可能决定生死存亡。所以，在头对头的种内竞争中，生物个体互相比拼的方式就只能是简单粗暴的，而结果大概率也非此即彼。

而到了种间竞争的范畴中，竞争对象之间的差异就很明显了，更不要说环境竞争压根儿就发生在物种和非生命的环境之间。在这个时候，竞争的核心不再是效率的比拼，而是能不能分化出独特竞争力的比拼。

"生态位"（niche）这个概念，能帮助我们理解种间和环境竞争的核心。这个名词的中文翻译我觉得不够好，它给人一种错误印象，好像生存空间的差异，仅仅是地理位置的不同。实际上，这个概念的含义要丰富得多。你可以把它理解成一个非常高维的空间，一个物种生存所需的各种外部条件的集合。它包含了地理因素、气候因素、食物因素、竞争因素，等等。

在种间和环境竞争中，不同物种哪怕一开始住在同一个区域、吃同样的食物、生态位高度重叠，也会逐渐脱离接触，占据各自独特的生态位，在某种程度上实现和平相处。

我们用具体的例子进一步来阐释这种生态位相互分离的现象：斑马和瞪羚这两种食草动物都生活在非洲草原上，生活习惯类似，也共享着相同的食物来源。加上"非我族类，其心必异"，直觉上说它们的竞争应该非常激烈。但事实上，它们井水不犯河水，和平相处。这正是因为它们成功实现了生态位的分离——斑马主要啃食草原表面的嫩草叶子，取食容易，但是纤维太多，营养不丰富；而瞪羚主要啃食青草的根部，吃起来比较费劲，但是营养成分更足。这两种生物也分别进化出了和采用的策略相对应的能力——斑马发展出了发达的消化系统来帮助它们吸收青草叶子的营养，而瞪羚的嘴巴和牙齿构造方便它们挖掘草根。

这样一来，看起来生活在同一块物理空间里的两种生物占据了不同的"生态位"，彼此之间并没有直接的竞争关系。我们完全可以假设，在两个物种种间竞争开始的时候，两者的生态位是高度重叠的；但是在彼此竞争的压力下，两个物种分别进化出不同的生存能力，占据不同的生态位。相反，在生态位重叠的部分，两个物种因为高强度的同质化竞争，反而可能活得都不好。两个作用叠加，从而形成了尽管仍然存在竞争、但更多时候可以和平共处的局面。

第二，竞争的载体不同，导致竞争的持续时间不同。

种内竞争的载体就是一个个具体的生物个体，竞争时间长度最长也不会超过生物个体生存的总时间，而且一般都要比这个时间短得多。在这么狭窄的时间窗口里，同一物种内部高度相似的生物个体来不及发展出什么独特的竞争优势，只能比拼现有能力的微小差异，而且主要是效率方面的微小差异。

你应该还记得我们前面提到的两个人拼命逃脱狮子的笑话。在这个笑话里，种内竞争可能只会持续几秒钟时间，很快分出胜负，或者说分出死活。

而种间竞争和环境竞争的载体是一群生物甚至整个物种，竞争可以持续成千上万年甚至更长的时间。在这么漫长的时间窗口里，物种可以一代代繁殖，积累微小的可遗传的变异，逐渐发展出独特的生存优势，找到和其他物种、和自然环境的独特相处方式。

这样一来，我们自然就可以想象，在任何一个时间断面观察，比如此时此刻，我们看到的往往就是种间竞争和环境竞争的结果，即物种之间，物种和环境之间相互适应、和平相处，甚至是相互依赖的状态。

第三，竞争争夺的资源总量可能会发生变化。

在种内竞争中，因为竞争的同质化程度很高，也因为没有足够的时间允许生物个体发展出新的生存技能，竞争的默认前提是资源就这么多，总量有硬性限制。通俗地说，蛋糕不会变大，生物竞争的目标就是如何分蛋糕。

而在种间竞争和环境竞争的场合里，生物有机会发展出新的生存技能，从而开拓新的生存空间，利用之前无法利用的资源。就拿刚才讨论的斑马和瞪羚来说，可能恰恰是两者之间的长期竞争，才让两个物种得以发掘和利用全新的食物来源（比如原本难以被挖掘出来的草根）。

还有很多类似的案例：鸟类发展出了翅膀和飞行能力之后，脊椎动物才得以利用天空这片广阔的生存空间；人类发展出了智慧之后，灵长类动物才得以通过缝制衣服、建造房屋、制造复杂工具等，占领原本根本无法生存的严酷自然环境……既然蛋糕能够持续做大，分蛋糕的竞争压力就被大大减轻了。

介绍完进化意义上的三种生存竞争的核心后，我们回到前文遗留下来的问题：我们对生存竞争这个概念，到底存在怎样的误解？

　　刚刚说过，在进化论刚刚进入中国的时候，它讲述的生存竞争，被当时的中国精英们狭隘地理解成了"弱肉强食，丛林社会"的种内竞争关系，并且推广至国家之间、民族之间的竞争之上。不光中国精英有这个误解，在 19 世纪末 20 世纪初，这种片面强调种内竞争的理解方式，也就是所谓"社会达尔文主义"，曾经给整个世界带来深重的灾难。它为入侵弱小国家、屠杀落后民族、歧视残障人士等恶劣行为提供了思想基础。

　　一直到今天，在我们周围，类似的思想仍然有顽强的生命力。我想你肯定注意到了，在今天中国的商业世界，商界精英对于竞争的理解，往往还停留在种内竞争的层面。他们习惯于把一切新入局的公司看成潜在的竞争对手，强调狼性文化、效率第一，掀起了一场又一场以资本为武器的商业"种内战争"。

　　而通过这一节关于生存竞争的介绍，希望你能看到，赢得种内竞争固然是生物个体生存的基础，但任何一个想要长期生存和繁荣的物种都有一个更重要的使命，就是寻找独特的生态位、发展独特的生存技能，并找到和自然环境长期共处的策略。

自然选择 I：如何定义胜利者

接下来要讨论的是进化履带上的第三个环节，自然选择。

如果把可遗传的变异、生存竞争和接下来这两节讨论的自然选择结合起来看，类似一个开口大、出口小的漏斗——可遗传的变异提供了大量存在差异化特征的生物个体和物种，像倒水一样倒进漏斗的开口；在漏斗内部，这些生物展开生存竞争，争夺通往漏斗出口的一线生机；而在漏斗的出口，决定谁能出去谁出不去的，就是自然选择。

达尔文的追随者、英国思想家赫伯特·斯宾塞（Herbert Spencer）用更加直白的语汇来描述这个千军万马抢渡独木桥的过程——自然选择，就是适者生存（survival of the fittest）。

适合度：自然选择的胜败标准

你应该还记得前文扇尾鸽的例子：在把野生鸽子的祖先培育成扇尾鸽的过程中，一些专业的养鸽人一代代地从鸽子的后代中挑选尾羽越来越长的鸽子，逐渐培育出了尾巴像一把小扇子的鸽子。养鸽人在这个过程中只是用一个单一的标准进行选择：谁的尾羽越长，就把谁留下继续繁殖下一代。

在这个过程中，"站"在漏斗出口的，是人类自己的一套美学标准。这种看起来很有观赏性的鸽子，运动能力极差，飞不高也飞不远，在自然界根本没有生存能力，但这并不妨碍它们成为这场人工选择的胜利者。

人类筛选鸽子品种，使用的是非常单一的标准，但自然选择考核的是综合实力。用达尔文的话说："保存有利的变异以及消灭有害的变异的现象，我称之为'自然选择'。"

　　在现代生物学里，人们使用一个叫作"适合度"（fitness）的概念来描述自然选择的结果，也就是漏斗出口的设置标准。"适合度"定义的是生物有多大机会能够繁殖后代，将自己携带的可遗传的变异传递下去。这个定义能让你清楚地看到自然选择的几个重要特性，从而帮助你在面对"什么样的生物会成为适者""适者可能会有什么特征"等问题时，做出一定程度的预测。

自然选择筛选的是什么

　　首先，自然选择筛选的是结果，而不是过程。自然选择就像一位不太细心的数学老师，出了一道数学应用题。他只关心你最后给的答案对不对，只要对就得满分。至于你的推导过程——是一步步严格推导出来的，还是掰手指头做出来的，甚至是碰运气蒙对的，他完全不介意。而且，这个数学老师还不怎么抠字眼，比如一道题目的答案是 3，如果你写 2.9 或者 3.1，大概率也能过关。

　　比如，对于非洲草原的食肉动物来说，自然选择考核的是生物能不能保证自身充足和稳定的能量供应，直到繁殖出下一代。至于这些生物是像老虎一样独自觅食，还是像狮子一样成群结队地行动；是像猎豹一样喜欢抓活物，还是像鬣狗一样喜欢抢现成的动物尸体，都不重要，只要这些生物能填饱自己的肚子繁殖后代，自然选择根本不介意猎食过程是如何发生的。

　　从这个角度说，"适者生存"其实不如"适者繁殖"更能揭示自然选择的本质。只有能成功活到顺利完成繁殖的那些生物，才是自然选择眼中的适者。[1]

---

[1]　反过来说，繁殖完成之后的生物个体就不会再被自然选择所影响。

其次，自然选择筛选的是符合特征的生物，而不是生物带有的特征。这句话听着估计有点绕口，我简单打个比方：有一筐大小、材料、颜色都不一样的皮球。这时来了一个人说："我要买所有红色的球，只要是红球我都要。"假如筐里所有的红球碰巧都是乒乓球，那么这个人走的时候就提了满满一兜红色乒乓球。从旁观者的视角看，他看上去就像是专门来买乒乓球的，但事实并非如此——他要的是所有符合"红色"特征的球，而乒乓球这个特征是"搭车"被挑中的。

同理，能够通过自然选择的生物当然是适者，但并不是适者身上所有的特征都一定很成功。就拿人类来说，直立行走和巨大的脑容量让我们获得了明显的生存优势，但难产、痔疮、静脉曲张、椎间盘突出这些常见的健康问题却不是被自然选择特意挑中的，它们只是直立行走和大脑袋这两个特征的副产品而已。自然选择这个老师，眼睛只盯着繁殖这个答案，至于解题过程是好是坏，它从不过问。

如果不同的特征总是倾向于同时出现在一个生物身上——这种现象学名叫作"连锁"——那么它们也就倾向于同时被选择。

再次，自然选择的筛选标准可能也会随时发生变化。这一点比较容易理解。在不同的时间、地点、场合，适合生存和繁殖的生物会有不同的能力需要，自然选择的漏斗也会朝不同的方向打开。以恐龙灭绝事件为例：6500万年前，小行星撞击地球（或者全球范围的大量火山爆发），激起了遮天蔽日的烟尘，让到达地表的阳光强度大受影响。在这种剧烈的环境变化之后，依靠光合作用生存的陆地植物大量死亡；以这些植物为食的食草恐龙和以食草动物为食的肉食恐龙也因此大量灭绝。而原本被恐龙牢牢压制在洞穴里和地面下，基本只能夜间出来偷偷活动的哺乳类动物的祖先，反而侥幸生存了下来。

哺乳类动物的祖先生活环境的剧烈变化，也带来了自然选择筛选标准的变化。一个很有意思的例子就是对色彩的感知。在长期的穴居和夜间生活环境中，哺乳类动物的祖先们更需要对微弱光线的检测能力，分辨色彩的能力则显得有些多余（在暗处很难分辨色彩）。这样一来，哺乳类动物的色彩感知能力在整个脊椎动物世界都是比较差的。一直到今天，老鼠、兔子、山羊的眼睛里也只有 2 种色彩感受器，分别对应偏蓝和偏绿的色彩。相比之下，鱼类、两栖类、爬行类、鸟类的很多动物有 4 ~ 5 种色彩感受器，它们眼里的世界要比哺乳类动物看到的世界更加色彩斑斓。

　　事实上，哺乳类动物当中只有包括人类在内的一小部分灵长类动物获得了第 3 种针对红色的色彩感受器。这种变化正是生活环境变化，自然选择筛选标准随之变化的结果。不少科学家们认为，灵长类动物需要在白天的丛林中活动，红色感受器能够帮助它们更好地分辨树叶和果实，区分成熟和未成熟的果实，从而提高他们的"适合度"。

　　当然，自然选择的筛选标准不仅会被非生物的自然环境影响，还会被生物环境的变化影响，后者往往表现得更加剧烈。一个著名的例子是大约 24 亿年前发生的"大氧化"事件。在那个时段，地球上出现了第一批能够进行光合作用的生物——蓝细菌。这些生物利用能量来源，也就是阳光，将空气中的二氧化碳合成葡萄糖这样的碳水化合物，储存起来供自己使用。

　　但这个化学反应有一个对蓝细菌来说无关紧要的副产品，就是由水分子分解而来的氧气。人类的生存依赖于充足的氧气，所以我们大概无法想象当高浓度的氧气第一次在地球出现时造成了多么巨大的破坏——氧气分子是一种腐蚀力很强的化学物质（想象一下金属生锈的过程），能够通过氧化反应破坏生物 DNA 分子的结构。因此在"大氧化"事件之后，地球生物圈中习惯于无氧环境的所谓厌氧生物大量灭绝。这场灭绝的规模甚至要大于小行星撞击地球带来的影响，有人认为当时超过 99.5% 的地球生物都因此灭绝了。

广义适合度：笨蛋，是基因！

介绍完自然选择的三大特性后，还有一个悬而未决的问题等待着我们：如果说自然选择的标准就是谁能生更多的孩子，"适者繁殖"，那为什么还会有像工蜂、工蚁这样没有繁殖能力的生物出现呢？

这个问题曾经也困扰过达尔文。他在《物种起源》里给出了一个今天看来完全错误的"集体主义"解释：这些昆虫虽然自己不会生育，但对整个群体的生存有利，因此被自然选择所青睐。

我们来看看"适合度"的概念能不能帮助我们解决这个问题。

20 世纪中期，英国人威廉·汉密尔顿（William Hamilton）对这个概念做了一次扩展。他认为，所谓繁殖后代，无非是生物个体把自己的基因传递到下一代的过程。既然如此，只要同样的基因能够传下去，不管是自己亲自传，还是自己的近亲帮助传，对生物来说并没有什么区别。这就是"广义适合度"（inclusive fitness）的概念。

我们可以试着应用一下这个概念。对于大多数生物个体来说，生一个孩子，能传递自己 50% 的遗传物质，孩子另外 50% 的遗传物质来自配偶。而在蚂蚁和蜜蜂这类所谓的真社会性昆虫那里，有一个奇异的生物学设计，导致同一只蚁后所生的工蚁之间，基因的相似程度可高达 75%。这样一来，对于工蚁、工蜂来说，照顾蚁后、蜂后，帮助它繁殖更多的工蚁和工蜂——也就是自己的妹妹，传递遗传物质的效率要超过自己生孩子。于是，合乎逻辑的选择当然是放弃自己繁殖，专心照顾蚁后和蜂后了。

更具体地说：蚁后和人类一样，有两套 DNA（分别来自自己的父亲和母亲），但雄蚁只有一套 DNA（所以它被称为单倍体生物）。蚁后在没有雄蚁的时候也可以自己繁殖，这种被称为"孤雌生殖"的方式生下的都是只有一套 DNA 的雄蚁。而如果蚁后和雄蚁交配后繁殖，生下的都是拥有两套 DNA 的雌性，它们长大以后就是蚂蚁窝里的工蚁。

这种奇怪设计的根源在于，蚂蚁世界里决定性别的不是性染色体（比如，对人类来说，Y 染色体决定了雄性性别），而是染色体的数量。体内有两套染色体的蚂蚁就是雌性（蚁后和工蚁），只有一套就是雄性（雄蚁）。

这种特殊的性别决定方式，带来了一个影响深远的后果。工蚁之间互为亲姐妹，但它们之间的亲戚关系要比人类的亲姐妹更深。人类的亲姐妹之间共享 50% 的遗传物质，这是因为她们每人会从父母双方各获得 50% 的遗传物质，但获得的是父母哪 50% 遗传物质是完全随机的（50%×50%+50%×50%=50%）。工蚁同样会继承来蚁后母亲的 50% 遗传物质，但因为它们的父亲只有一份 DNA，繁殖中只能全部传递给后代，因此工蚁彼此间共享了 75% 的遗传物质（50%×50%+50%×100%=75%）。对于一只工蚁来说，每帮助蚁后繁殖一个后代，也就是孵育一个新妹妹，就能传递自己 75% 的基因；而如果选择自己繁殖后代，却只能传递自己 50% 的基因（另外 50% 来自父亲那边）（图1-7）。

回到关于"广义适合度"的讨论上。这个概念的引入，完成了对自然选择理论的一次重要升级。在传统的自然选择理论中，作用对象是一个个生物个体，成败标准是"适合度"，也就是能生几个孩子。而在"广义适合度"引入之后，自然选择的对象，至少在某些特例中（比如工蜂、工蚁），就变成了生物个体体内的遗传物质，成败标准变成了这些遗传物质能复制几份到后代体内。而生物个体的命运根本不重要。

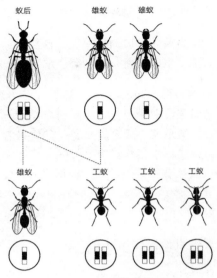

图1-7 蚂蚁的生物学设计

你可能听说过理查德·道金斯（Richard Dawkins）的名著《自私的基因》，他的核心观点就是如此：生物个体是基因的载体、附属品和工具。只要基因能传下去，自然选择完全不在意生物个体怎么办。

醉汉回家：除了自然选择，还有遗传漂变

说到这里，我还想提醒你注意，适者生存，但生存的并不一定都是适者。

人们通常默认，只有生存竞争的胜利者才有可能繁殖更多的后代，传递更多拷贝的遗传物质。我们也比较习惯从结果倒推原因：如果一种生物能持续繁殖扩张，那我们潜意识里一般就会认为，它们是生存竞争的胜利者，一定有生物学上的过人之处。

但很多时候，偶然因素也会影响生物繁殖后代的机会。

打个比方，作为漏斗出口的把关人，自然选择偶尔也会打盹偷懒。趁机偷偷溜出来的生物，不见得一定有什么惊人的能力。

假设非洲草原有两只雄性狮子，狮子 A 各方面都要比 B 优秀，跑得快、力量强、眼神也好，也更讨雌性狮子喜欢，怎么看怎么碾压狮子 B。结果这一天草原来了一些偷猎者，一枪打死了狮子 A，带回去做成标本打算卖个好价钱。草原上就只剩下了狮子 B 可以踏踏实实活着，繁殖后代。根据"适合度"的定义，狮子 B 躺赢成了胜利者。但显然，它的胜利和自然选择没什么关系，纯粹是因为运气。

类似的情况在自然界比比皆是，它有个学名叫作"遗传漂变"（genetic drift）。

人类世界有一个著名的例子，出现在西太平洋的平格拉普环礁上。那里有接近 10% 的居民是全色盲，完全失去了分辨颜色的能力，他们眼中的世界是黑白色的。这个患病比例远远高于人类世界的平均水平（三万分之一）。这并不是因为那个岛屿的环境特别"青睐"色盲患者，所以自然选择起了作用。它仅仅是一场意外的结果。人们推测，在 18 世纪晚期，这个岛屿曾遭受海啸侵袭，居民死伤惨重，仅仅有约 20 人侥幸活了下来。而这群人里恰好有一个人是全色盲患者。在过去 100 多年里，他们彼此通婚繁殖，重建了平格拉普的人类社群。这样一来，全色盲的比例就因为这次偶然的天灾而变得非常高。

类似地，在美国宾夕法尼亚州生活的阿米什人 [①]，罹患先天遗

[①] 阿米什人属于基督教的一小支教派，以拒绝现代科技、过简朴生活著称。

传病的概率很高。这并非因为遗传病给阿米什人带来了什么独特的生存优势，而是因为这一人群的祖先从欧洲迁居美国的时候数量很少，并且长期内部近亲通婚，导致遗传病基因缺陷在群体里长期存在、无法被排除。

"遗传漂变"本身是一种持续出现的随机现象。生物的规模越小，就越容易受到意外事件的干扰，奇奇怪怪的基因变异就越容易被固定下来，生物特性受"遗传漂变"的影响也就越大。生物学家们推测，人类的祖先在进化过程里也经历过类似的规模瓶颈：在 10 万年前，人类的整体规模曾经被环境危机压缩到只有几百到几千人，他们是今天 75 亿人口的共同祖先（图 1-8）。

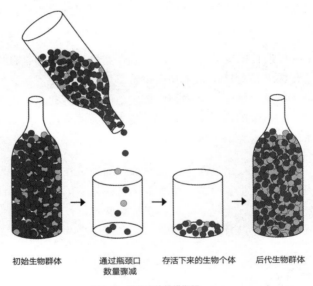

初始生物群体　　　通过瓶颈口　　　存活下来的生物个体　　　后代生物群体
　　　　　　　　　数量骤减

图1-8　进化中的规模瓶颈

这解释了人类个体之间为何如此相似，也解释了为什么濒危生物的保护非常困难——不光因为濒危生物数量稀少，更因为当一种生物的数量变得非常稀少时，它就可能像平格拉普人和阿米什人一样，把各种各样有害的变异随机保留下来。这样一来，这些生物及其后代的生存能力可能就会大大下降，想要给它们在自然界重新创造生存空间也就更难了。

在生物进化的过程中，自然选择和遗传漂变都起到了重要作用。大家的争议点主要在于，两者谁的重要性更大。也许，我们可以把生物的进化过程理解成醉汉回家的路线：醉汉大致知道回家的方向，脑子稍微清醒一点的时候，他就会主动往家的方向走；但有时候被风一吹，脑子迷糊了，就会走到岔路上，甚至走回头路。至于这个醉汉到底喝了多少酒——是一斤二锅头下去，几乎无法认路，还是就小酌了半瓶啤酒，基本知道路线——每天晚上可能都有所不同。类似地，在不同的时间、地点、场合，有时是自然选择对生物进化的影响更大，有时则是遗传漂变的影响更大。

有可遗传的变异作为输入、生存竞争作为过程、自然选择或者遗传漂变作为输出，生物进化就可以开始运转了。它们三者的结合还能充分解释一个物种内部发生的变化。比如，人类进化过程中人脑容量的增大、对奶制品耐受能力的提高、高原人群对低氧条件的耐受力，等等。

但是，在进化过程中，自然选择到底是在什么层面发挥作用的呢？到底是生物个体、生物群体，还是基因呢？这个话题不光在公众当中，在生物学家群体里也引起过广泛的误解和争论。下一节我们就花点时间来讨论它。

自然选择 II：作用单元是个体、群体还是基因

这一节我们要解决前文遗留下来的问题：自然选择这个把关人，在决定是手起刀落还是高抬贵手的时候，眼睛盯着的到底是什么东西？

事实上，连达尔文自己也没太想明白这个问题，他大部分时间都默认自然选择的单位是生物个体。这一点很好理解，毕竟生物个体是生命现象最自然的存在单元，类似数学里的自然数、化学中的元素。可遗传的变异也好，生存竞争也好，本来就发生在生物个体之间。

但针对蜜蜂、蚂蚁这样的真社会性昆虫，达尔文自己也有点动摇了。如果说自然选择的单位是生物个体，那么工蜂、工蚁这样彻底失去繁殖能力的生物个体就不该存在。所以，达尔文不自觉地靠近了另一种解释。他是这么说的：

> 倘若这类昆虫……每年生下一些能工作但却不能生殖的个体，反倒会对这个群体有利的话，那么，我认为不难理解为，这是由于自然选择所产生的作用而致。

也就是说，面对工蜂、工蚁时，达尔文又觉得自然选择的单位是生物群体——只要一个群体能够兴旺发达，生物个体的利益是可以被牺牲的。

群体选择为什么不成立

这个解释看起来既符合常识，又很方便。然而，一旦我们同意自然选择的单元不一定是生物个体，潘多拉的盒子就算是彻底地打开了。因为在"个体—群体"之外，这个问题还可以继续拓

展下去。向上看，群体之上还有物种，物种之上还有生态系统；向下看，个体之下还有细胞，细胞之下还有基因。自然选择是不是也有可能发生在这些层面呢？直到今天，这些问题都仍然在专家和公众中引发着普遍的争论和误解。

我们先来看发生在生物个体之上的自然选择，也就是所谓群体选择。

我猜你肯定看到过这样的说法："生物衰老死亡是为了给后代腾出生存空间""食物匮乏了就会有很多生物排队集体自杀以维护生态平衡""病毒为了保证自己这个物种能生存下去，得慢慢降低毒性，防止把宿主都杀光了自己也没地方寄生"……这些说法中蕴含的观点是，自然选择的对象不是生物个体，而是个体组成的群体，甚至是更大尺度的生态系统。

当然，在学术界内部，这种思路已经很少有人支持了。前文提到，生物有普遍的扩张本能，所有生物个体的核心诉求，就是把自己的生存和繁殖机会尽可能地最大化。倒不是说这个诉求本身有多重要，而是因为不拼命扩张的生物很容易被淘汰掉。

还有一个很容易理解的技术原因可以解释，为什么自然选择的作用单元不会是个体之上的群体、物种和生态系统。在进化历史的绝大多数时间，一个群体、一个物种，乃至一个生态系统的存续时间很长、变化节奏很慢。相比之下，生物个体的寿命是极其短暂的。这样一来，如果一个个体出现的某个特征可能有利于群体，但不利于自己，那么这个特征还没等扩散到更大的群体中，对群体产生有益影响，就已经因为对个体本身不利而被淘汰了。

更重要的是，生物学家发现：曾经让人们困惑不解的、似乎只有群体选择才能解释的很多现象，其实可以用生物个体层面的自然选择来说明。我们刚刚详细讨论过的工蜂、工蚁的例子就是如此。既然如此，我们实在没有必要再引入一个本身就缺乏证据支持的概念了。

"自私的基因"又有什么问题

我们再来讨论发生在生物个体之下的选择，比如作用在细胞、基因层面的选择。针对这个问题，要属道金斯提出的"自私的基因"影响最大。从前面的章节里，甚至翻开这本书之前，你应该对它有一定的了解了。

这里重温一下：如果我们从可遗传的变异这个角度来理解生物的生存和繁衍，可以粗糙地把多细胞复杂生物的整个身体理解成生殖细胞的载体和容器——生物体存在的唯一目的是保证精子和卵子能够顺利诞生和存活，直到幸运地找到另一半形成受精卵，孕育出下一代。而我们又可以把这些生殖细胞进一步理解成它们内部遗传物质，也就是基因组 DNA 的载体和容器。它们存在的唯一目的是保证这一套遗传物质能够在子孙后代的体内继续传递和扩增下去。

基于这种理解方式，道金斯认为，生物个体其实是基因的奴隶，是基因为了实现自己的生存繁殖而开发出来的工具。既然如此，自然选择的单位其实是基因——它真正在意和筛选的，是哪些基因能够开发出帮助自己繁殖的载体和容器。只要基因成功实现了复制繁殖，自然选择并不在意个体到底是不是有所成就。

说白了，道金斯这个基因中心论的解释和上一节汉密尔顿的"广义适合度"理论是同一回事，只是换了一种更吸引眼球的表达方式。它最成功的应用，就是解释了蜜蜂和蚂蚁这些真社会性昆虫的存在。站在个体的角度，工蜂和工蚁完全失去了繁殖后代的能力，似乎应该立刻被自然选择淘汰。但如果站在基因的角度，工蜂和工蚁虽然自己没生孩子，但它们通过帮助蜂后、蚁后生育后代，间接实现了自己基因的高效传递，因此仍旧被自然选择所青睐。

到此为止，这套理论还没啥问题。但道金斯自己也始料未及的是，《自私的基因》这本书和"自私的基因"这个词彻底火出了圈，甚至成了半个多世纪以来最为公众熟悉的生物学概念。知道的人多了，误解自然也是层出不穷。

比如，很多人把这个概念理解为基因和生物个体的对立——生物体无非是自私基因为了给自己多创造几个"拷贝"而开发出来的行尸走肉而已，甚至因此开始怀疑生存和人生的意义。也有很多人把关注点放在"自私"这个词上——既然生命的本质是传递基因，而基因的本质是自私的，那么，当我们撕开文明温情脉脉的面纱，整个生物世界就是所有人对所有人的战争，是你死我活的修罗场。一切规则、道德、秩序，都只是遮掩和粉饰。

这些理解错得离谱。

当然，这口"锅"道金斯本人也需要背上一点。尽管他在书里花了很长的篇幅来讨论"自私"这个词，说明它的用法没有道德色彩，和人们常用的意思不一样，但毕竟是道金斯自己把这个很有"标题党"嫌疑的概念给释放出来的。在《自私的基因》发行30周年的一次采访上，道金斯曾提到，这本书也许叫《永生的基因》会更准确一些。只是，《永生的基因》这么平淡的题目大概不会热卖，平行世界里的道金斯说不定还会后悔自己起名字太保守了呢。

我们试着把这个问题来理清楚。

需要明确的一点是，"自私的基因"这个提法确实是很有问题的。就拿我们人体来说，每当我们生育一个子女，从个体层面看，我们获得了一个后代；而从基因层面看，我们的基因传播出去了一个自己的拷贝。个体层面和基因层面获得的好处是完全等价的。我们自己说"看，我创造了自己的一个后代"，或者我们的基因默默地"说""看，我扩散了自己的一份拷贝"，本质上没有区别，只是对同一个现象不同角度的描述。我们其实没法指控我们的基因有什么自私的"嫌疑"。

更大的问题在于，因为道金斯对"自私的基因"的阐述影响之大、之深，很多人没有继续探索这个概念真正的含义到底是什么。我们可以设想，如果自私的基因真的存在的话，它应该有一个特质——对自身拷贝数的传播，超过对生物个体数量的提升。比如生一个后代，基因直接增加 200 个拷贝。而且在进化过程里，这类基因的利益和个体利益确实不一致。这样我们就可以说"这个基因很自私"。

有没有这样的基因呢？还真有，比如人类基因组的 LINE1 基因就是如此。它们的存在对人体没有什么特别的生物学意义，甚至可能还有害；但它们却可以在人类繁殖的时候"搭便车"，在生殖细胞里疯狂扩张自己的拷贝数量。这个问题，我们在后文介绍组织内部的利益分歧时还会详细讨论。

除了这些自私的基因，还存在"自私的细胞"。一个著名的例子是在犬科动物中流行的犬类生殖器传染性肿瘤。这种肿瘤区别于我们熟悉的、来自自身细胞基因突变的各种癌症，可以直接在个体之间传染。它生长在狗的生殖器附近，在狗交配的时候，极少量肿瘤细胞剥落脱离，在亲密接触中直接附着到另一只狗的生殖器上，分裂、繁殖、继续传播。这些肿瘤细胞最初也是源自狗的身体细胞，但它们的利益，显然和狗个体的利益不一致。

自然选择的单元：俄罗斯套娃

问题到这里已经不言自明了：自然选择的作用单元还是生物个体，达尔文从一开始就是对的。个体层面之上的群体选择，逻辑上没有必要性，也缺乏证据支持；而个体层面之下的基因选择，在绝大多数时候和个体选择是同一回事，只是表述方式不同。因为在绝大多数时候，子孙多一个，基因的拷贝就多一套，两者的收益完全等价；自然选择淘汰掉一个个体，这个个体携带的基因也就消失了一个拷贝，两者的损失也完全等价。这时候，讨论自然选择到底是盯着谁，已经不是科学问题了。

只有在少数情况下，比如观察蚂蚁、蜜蜂这类真社会性昆虫，还有真正的自私基因，比如 LINE1 基因时，我们才需要比较严格地区分个体和基因到底谁才是自然选择的单元。

同理，我们也可以说，在绝大多数时候，"基因—细胞—个体—群体"层面的利益和损失是深度一致的。套用哈佛大学教授大卫·威尔逊（David Wilson）的比喻：自然选择真正选择的，其实是一个俄罗斯套娃，最外面是生物群体，里面依次是生物个体、细胞、基因。自然选择看上一个套娃，从基因到群体都因此受益，反之则都因此受害。这个套娃作为整体，才是自然选择的真正作用单元。

生殖隔离：新物种如何形成

在这一节开始前，我想重复一下前文强调的观点：可遗传的变异、生存竞争和自然选择结合在一起，构成了一个巨大的漏斗。可遗传的变异源源不断地制造各异的生物个体，生存竞争和自然选择则从它们当中挑选一小部分能够适应环境、持续生存繁衍的胜利者。只是，这些胜利者连口气都来不及喘，就会立刻被转移到漏斗的入口，进行新一轮的变异、竞争和选择。

这还没完，这个大漏斗的形状和筛选标准还会持续发生变化。要是发生"大氧化"事件、小行星撞击地球这样的环境巨变，生物代代积累出来的传统生存智慧可能瞬间就会失去价值，一切都只好重新洗牌。

从逻辑上说，这三个环节就足以推动生物进化的持续进行了。但如果你足够敏锐，你马上会意识到一个问题：地球上为什么会出现这么多独立的物种，为什么不能只有一个物种？

这个提问初看起来有点可笑，但仔细想想其实还挺深刻的。假设在生命出现之初，地球上只有一种生物，这种生物周而复始地通过由"可遗传的变异—生存竞争—自然选择"三个环节构成的漏斗，会发生什么变化呢？

我们说得更具体一点。这种祖先生物的某个个体在某一次进入漏斗的时候，通过基因突变，获得了一个可遗传的变异，让这个个体获得了超越同类的生存和繁殖优势。这样一来，等这批生物再一次通过漏斗的时候，这种基因变异在生物群体中的比例就提高了一些。与此同时，通过彼此间的杂交，这种基因变异还能传播到同种生物的其他个体。只要给定足够长的时间，我们有理由相信，这种有利的基因突变将扩散到所有个体当中。

在我们身边，这样的过程随时都在发生。比如你可能某一天因为细菌感染发烧，去医院看病。医生给你开了某种抗生素，叮嘱你按时服用以杀死身体里的致病细菌，治疗疾病。吃药几天过后，你身体里的致病细菌应该已经被清除了；如果这时候还有致病细菌，那它们肯定携带了某种耐药基因突变。这种基因突变原本就存在于细菌群体中，只是比例很低，可能还有生存劣势（耐药机能本身往往会干扰细菌的正常生存和繁殖）。抗生素的存在让它突然获得了巨大的生存优势，在短时间内扩散到了整个细菌群体中。

既然一种有利的基因变异能够快速扩散到所有生物个体中，我们可以想象，生物个体之间的差异将会一直保持在一个恒定的低水平。一方面，差异不会完全消失，因为在生物繁殖过程中，随机的基因变异理论上是无法避免的；但另一方面，差异也不会积累得特别大，因为一种基因变异如果真的有利，它将会很快扩散到全部个体中。

也就是说，如果地球生命起源的时候只有一种生物，那就会一直只有一种生物，更多种类的生物实际上是无法出现的。打个可能不那么恰当的比方，你把一群智商在线的学霸学生关在一个房间里学习，听同一个数学老师上课，还允许他们互相抄作业，看笔记。那么可以预料的结果是，这群学霸会在竞争、合作、模仿的过程中总结出一套最高效的解题思路，而且每个人掌握的都是同一套思路。

而现实是，我们知道地球上有数以百万计的物种，进化历史上曾经存在过的物种更是百倍于此。有些物种之间的相似度很高，同时也有大量物种彼此的差距惊人。如果没有足够的知识储备，我们大概很难想象沙漠边缘生长的带有尖刺的仙人掌、深海游动的安康鱼、哺乳类动物肠道里寄生的大肠杆菌其实是同一个生态系统里的伙伴，而且它们共享着同一个共同祖先。

那么，我们就得回头审视刚才的讨论，看看到底哪里出了问题。

事实上，"可遗传的变异—生存竞争—自然选择"这三个环节都没问题，问题在"基因变异可以很快扩散到整个生物群体"这个假设上。如果自然界存在一个障碍，让基因变异不能自由扩散，那么在同一种生物内部，就有可能分裂出几个不同特征的亚群——这就是物种形成的起点。还是沿用刚才那个学霸做题的例子：如果你希望学霸们各自动脑筋提出不同的解题思路，你首先得把他们分开，阻止他们之间的自由交流。

在地球环境中，最常见的阻止基因变异自由扩散的障碍，是地理空间的阻隔，也就是所谓的"地理隔离"。它往往是物种形成的必经步骤。

这方面最著名的例子，出现在达尔文曾经详细考察过的南太平洋的加拉帕戈斯群岛。这些距离大陆大约1000公里的小岛上有不少特别的鸟类，比如后世鼎鼎大名的达尔文雀；还有对达尔文本人启发很大，但后世籍籍无名的嘲鸫（也叫反舌鸟）。

达尔文发现，加拉帕戈斯群岛一共有三种不同的嘲鸫，分别是加岛嘲鸫、圣岛嘲鸫和查尔斯岛嘲鸫，它们分别生活在三个独立的岛屿上，而且它们和南美大陆上的嘲鸫还不一样（后来人们在加拉帕戈斯群岛还发现了另一个嘲鸫物种——冠嘲鸫，这是后话）。

这种现象就可以用地理隔离来解释。可能在百万年前，一个偶然的机会让几只南美大陆上的嘲鸫被狂风卷到了远离陆地的加拉帕戈斯群岛。一开始，两边的鸟没有什么区别，属于同一个物种。但是群岛环境和大陆环境总是有差异。这两群鸟，从此就被放到了两个不同的自然选择漏斗当中反复接受筛选。慢慢地，两个群体就会积累一些适应当地环境的基因变异。有些基因变异可能是相同的，有些可能不同。但重要的是，上千公里的海洋构成了一道天然的地理屏障，让群岛的嘲鸫和大陆的嘲鸫再也没有机会相互交配繁殖。这样，两群鸟产生的基因变异就无法相互扩散，只能各自独立积累了。

我们完全可以想象，只要给定足够长的时间，两群鸟积累的基因变异就会越来越不同，这样它们就会呈现出显著的生物学特征差异，表现在体型大小、嘴巴形状、行为习惯等方面。当这些差异大到一定程度时，即便两群鸟再有机会相遇，他们可能也没有能力顺利交配和繁殖后代了。这个时候，新的嘲鸫物种就算正式形成了。加拉帕戈斯群岛内部的四个嘲鸫物种，也应该是经由类似的过程出现的。

这里稍做总结：新物种的形成需要经过地理隔离、独立进化、生殖隔离三个阶段。地理隔离阻止了基因变异的自由传播扩散，两个生物群体因此可以分别独立进化；独立进化的时间足够长，彼此间的差异大到无法交配繁殖，就形成了新物种。考虑到地球上地理环境异常丰富多彩，彼此间又被山川河流阻隔，出现那么多五花八门的物种也就不奇怪了。

也正是因此，工程师和建筑工人们修建青藏铁路的时候，隔一段距离就会修建一个涵洞或者桥梁，让铁道两边的野生动物可以自由穿越。这个举措也是为了防止上千公里的铁道形成了一个全新的地理屏障，阻止铁道两边的生物的交配繁殖，从而人为催生出新的物种。

当然，也不是只有天堑一般的地理屏障才能阻挡基因变异的扩散，形成新物种。比如，加拉帕戈斯群岛上生活的达尔文雀，就不像嘲鸫一样以岛屿为界，往往在一个岛上同时生活着好几种不同的达尔文雀。再比如，东非马拉维湖，这个寿命可能只有几百万年的年轻湖泊里居然同时存在着几百种丽鱼。换句话说，在不存在严格意义上的地理屏障的岛屿和湖泊里，新的物种也能形成。

这又是怎么回事呢？一个解释是，即便生物生活在同一个地理环境中，它们也可以选择在不同的微观环境（也就是生态位）中生存。比如，同一个岛屿上的达尔文雀可以选择不同的树木栖息、吃不同的果实；同一个湖泊里的丽鱼也可以选择在不同的深度生活，选择不同颜色的鱼类求偶和交配。这些看起来不起眼的生活环境的细微区分，也能起到地理隔离的效果，推动新物种的形成。

在人体内也有这样的案例。人体内寄生的虱子分为头发里的头虱、衣服里的体虱和阴毛里的阴虱，它们有一个共同的祖先。上百万年前，人类祖先褪去了厚厚的体毛，在身体大多数部位的虱子无法生存，而寄生在头发和阴毛里的虱子因为各自不同的生存环境，也因为彼此隔绝，无法传播基因，分化成了两个独立的物种。到了十几万年前，人类发明了衣服御寒保暖，又有一部分虱子在衣服的缝隙里找到了新的栖息地，进化出了第三个虱子物种。就这样，人体有限的表面成了虱子可以大展拳脚、开枝散叶的生存空间。

实际上，就算完全不存在任何地理屏障，只要基因的自由扩散能够被隔绝，新的物种也能形成。

我用一个假想的例子来说明一下这个过程。假设在某一个丽鱼物种内部，有一小部分个体出现了一个新的基因变异。这个基因变异有两方面的作用：一方面，对于携带该突变的丽鱼来说，它能扩展这些鱼的食谱——本来只能吃小虾米，现在也可以吃水藻了，这算是个好的基因变异；但另一方面，如果基因变异的携带者和正常鱼类杂交，杂种后代连小虾米都不吃了，更别说水藻了，那么它反而成了不利于杂种后代生存的坏消息。

我们推测一下这种吃水藻的基因突变的命运。因为它的好作用，它能够在一部分鱼类当中保留下来；同时因为它的坏作用，它阻止了这部分鱼类和别的同种鱼类交配繁殖。因此很可能出现的结果是，携带这个基因突变的鱼和不携带这个基因突变的鱼，彼此间出现了交配繁殖的障碍，最终形成了两个独立的物种。哪怕这两个物种的生存空间完全重叠，没有任何地理阻隔。

其实说到底，地理隔离也好，生态位隔离也好，基因变异导致的隔离也好，本质是一样的。只要有一个办法能够让两群生物彼此间的基因交流变少、变难，物种就有可能分别形成。

在介绍完进化的最后一个关键环节后，我们重新回到那个关于漏斗的比喻：

漏斗的入口是可遗传的变异，批量制造各个不同的生物个体；漏斗的中间是生存竞争，生物个体彼此竞争合作争取生存机会；漏斗的出口是自然选择，通过了它的考核，生物就拥有了生存和繁殖后代的机会，可以立刻进入下一轮的漏斗筛选。而这一节介绍的生殖隔离起到的作用是，它创造了大量不同的漏斗，给生物提供了一个分流机会，形成数以百万计的新物种。

我还想特别提醒你的是，隔离之后的物种分化，其实并不需要两边的生物有什么主动的彼此脱离的欲望。因为只要没有顺畅的基因交流，两边生物积累的变异总会或多或少地不完全一致。给定足够长的时间，等这种不一致积累到阻断基因交流的程度，新物种就形成了。

这一原理不仅仅适用于生命世界，人类世界里的语言、文化、传统、思维方式、法律和道德系统，也大体遵循类似的变化规律——它们在人类世界中传播扩散，在传播扩散中持续变化和选择；一旦这种传播扩散被阻断，不同人群就会各自独立发展自身的文化特征，直到彼此再也无法交流和理解。比如，中国南方地区方言众多，甚至往往十里不同音、百里不同俗；而北方地区虽然也有方言，但差异化程度就没有这么大。这背后的原因可能是南方地区水网密布，山川阻隔，人员和信息的交流比较困难。

我们说过，今天生活的七十多亿人类个体，在几万年前都还亲如一家，肩并肩走出非洲探索世界。但到了地理大发现的年代，这些人类后代再次相遇的时候，却往往彼此视若仇雠，甚至都不再把对方看作同类。我们经常强调在人类世界中对话、交流、沟通的必要性，其实也能在这里找到原因。人类未必天然互相敌对，但隔离一定会造就隔阂。

盖楼与放羊：进化论是怎样的科学理论

到这里，进化论的公理体系我就为你介绍完了。这套优美的理论体系得到了大量观察和实验的支持，也确实能用来理解纷繁复杂的地球生命现象。

但我猜想你或多或少会有这样的感觉：这种科学理论和很多你熟悉的科学理论，比如牛顿力学、电磁感应、元素周期表、原子核结构模型，好像长得有点不一样？这些科学理论都是非常简单和精致的。更重要的是，我们可以从这些理论的基本假设出发，一步步推导出其他复杂的推论，而且这些推论还和我们在真实世界里的观察相吻合。

相比之下，进化论好像完全不同。就拿"适者生存"这句话来说（甚至一直有人拿这句话来嘲笑进化论），你先说，只有适者才能活下来、生孩子，可到底什么是适者呢？你接着说，适者就是那些能活下来、生孩子的生物。这不就是一句循环论证的废话吗？它并没有告诉我们到底什么样的生物才能成为适者，也没有告诉我们想要成为适者的生物需要做什么样的准备啊！

如果这样的理论也能叫科学理论，那么我们还可以编出来好多类似的理论。比如心诚则灵，你心诚了，拜佛求仙才会灵。要是不灵呢？就说明你拜佛的时候想了不该想的东西。难道这也是个科学理论吗？

当然，我得替进化论说句公道话，这种指责本身是不成立的。对于什么样的生物能成为适者、适者又是如何产生的，进化论其实给出了很多有说服力的解释，我们在前文也已经讨论了不少。但无论如何，上述这段嘲弄也确实反映了进化论和很多科学理论的差异。

一门看起来似乎建立在循环论证之上的、充满例外的理论，到底算什么样的科学理论呢？再退一步问，它真的算科学理论吗？

我的看法是，进化论当然是科学理论，它符合我们对科学理论的一切要求，比如要符合逻辑、要有预测性、要可证伪、要可重复、要能够解释并且预测符合实际观察的结果，等等。这些特点，在我们后面的讨论里会反复被证明。但是，进化论确实和刚才提到的那些科学理论有本质的不同。

用一个比喻来说明一下：我把刚才提到的那些科学理论叫作盖楼型理论，它主要有四个特征——先验性、确定性、还原性、建构性。

这几个词看起来比较抽象，但我们想想盖楼的过程就好理解了。

什么是盖楼型理论

先验性和确定性是一对概念。试想：要盖一座摩天大楼，得先画图纸，再照着图纸施工。先建立基本理论框架，再利用基本理论解决具体问题，这就是所谓的"先验性"。同理，我们也可以在建筑施工的语境里理解"确定性"。它的意思是，只要有基本理论的支持，在同样条件下，具体问题会得到一个确定的答案。比如说想要盖楼，那只要有了设计图纸和施工的具体程序要求，不管是谁来负责盖楼，盖在北京还是纽约，最后的成品应该都是一模一样的。

还原性和建构性是另外一对概念。还原性你可能比较熟悉了——想象有一栋大楼摆在你的面前，你可以拆掉它，把它一层层地还原到钢筋、水泥、电线等基本元件，还可以继续把基本元件拆解到氢、氧、碳、硅等化学元素。而建构性描述的是和还原性相反的过程——给你足够的基本元件，比如钢筋、水泥、电线，你应该能够按照一个给定的方法，从无到有地把这座大楼构建起来。

发现没有，很多我们熟悉的科学理论都有显著的"盖楼"风格，能从一些基本要素和几条简单的定律出发，构建出一个能够解释整个世界的理论体系。它们建立在先验性、确定性、还原性、建构性这四根支柱之上，以修建摩天大楼为终极目标，不断添砖加瓦。

楼盖得怎么样呢？

我们必须承认，在某些特定场合，盖楼型理论的力量非常强大。它可以从宏观尺度解释宇宙的形成和天体运动，也可以从微观尺度解释基本粒子的组成和相互作用。今天，科学家们预测日食、月食可以精确到几十分之一秒，预测质子、中子的运动轨迹则能达到10亿分之一的精度，这些研究成果证明了盖楼型理论的巨大威力。

既然盖楼型理论能够对真实世界给出这么精确的预测和描述，那是不是只要有足够的耐心、收集足够多的信息，我们就可以真的像盖大楼一样，利用这些科学理论解释我们身边所有的现象呢？比如说，盖楼型理论能解释基本粒子的运动，而我们人体也是大量基本粒子组合而成的。如果把人体每一个基本粒子的运动规律研究清楚了，把它们加在一起，是不是就可以预测每个人的身高体重、认知能力，乃至心理、情绪和行为？进一步说，要是准确预测了每个人的行为，是不是还可以进一步预测一个团体、国家，乃至整个人类社会的变化规律呢？

科学家过去还真的朝这个方向努力过。数学家拉普拉斯说过一段话：

我们可以把宇宙现在的状态，视为其过去的果以及未来的因。如果有一位智者，他能够知道某一刻所有自然运动的力和所有自然构成的物件的位置，假如他也能够对这些数据进行分析，那么从宇宙里最大的物体到最小的原子的运动，都会包含在一条简单的公式之中。

盖楼型理论是否如拉普拉斯所言，实现了"解释宇宙间一切规律"的目标呢？

当然没有。

面对真实世界里绝大多数问题时，盖楼型理论的作用非常有限。你可能听说过一个叫作"真空中的球形鸡"的笑话：一个农场饲养的鸡突然不下蛋了，农场主找了一帮物理学家帮助解决。几天后，物理学家们兴高采烈地向农场主汇报："我们虽然没搞清楚你农场里的鸡到底出了什么问题，但我们解决了真空中的球形鸡的下蛋问题。"

这个笑话说的就是盖楼型理论面对复杂问题时的困境。在母鸡下蛋这个问题里，影响因素太多了，鸡舍的温度、湿度、光照，母鸡的年龄、身体状况，甚至最近几天鸡饲料里黄豆的比例是不是合适，可能都会产生影响。这些因素不但无法忽略和简化，而且它们的作用方式还特别怪异——可能做鸡饲料的时候，水里的杂质多了 1%，鸡饲料的口感就变了 5%，导致鸡吃完后生蛋的情绪下降了 98%……

如此这般，习惯于盖楼型理论的物理学家们只能退回办公室，处理"真空中的球形鸡"的问题了。

实际上，面对真实世界的复杂问题，盖楼型理论的失败几乎是必然的。这是因为，盖楼型理论的成功有两个基本的假设：第一，一件事物的影响因素比较少，或者说特别重要的变量不多，可以一个一个测量、一个一个搞清楚；第二，这些变量的作用方式还要是连续的、可以预测的，用学术语言来描述，就是线性的。以宇宙中星体的运动规律为例，因为这些研究对象的质量极其巨大，相互距离又极其遥远，那么我们就可以只关注它们的质量、物质构成、相互作用力。至于这些天体上有没有生命、这些生命个体的喜怒哀乐、它们对上述问题的影响都可以忽略不计。我们的研究只需专注于系统中少数几个重要变量，自然可以用盖楼型理论去解释。

但如果我们关注的问题不符合这两个假设，要么影响因素多到根本无法全部理解，要么它们的作用方式匪夷所思，那么盖楼型理论就不好用了。

而在复杂的真实世界中，这两个假设大部分时候都是无法满足的。这样一来，盖楼型理论能够发挥作用的场景其实不是太多。比如说，如果我们研究生物体内部细胞之间的相互作用、研究生物个体之间的社会交往、研究市场上买家和卖家的博弈、研究国家和国家之间的政治结构，盖楼型理论就不好用了。因为变量太多，作用方式太复杂，根本没办法简化。我们至今都无法根据基本粒子的运动规律，准确地预测每个化学反应如何进行，更不要说基于此预测生命现象的规律，或者心理学、社会学、政治学、经济学和法律世界里的复杂问题了。

当然，很多研究者会继续使用盖楼型理论的思维方式，试图化繁为简，找到一些基本规律，比如经济学里的理性人假说、社会学里的地理决定论、心理学里的精神分析理论，等等。但我们也看到了，这些假说在面对现实问题的时候会遇到很多麻烦。与其说它们是解释现实的科学理论，不如说它们是一种帮助我们的大脑处理问题的思想工具。

我们需要明确的一点是，生命现象的出现和进化历史，不太可能被一种盖楼型理论解释。

首先，进化论显然不满足盖楼型理论的先验性特质。你无法预测在一个特定的时间地点，生物应该呈现什么样的特征。比如前文提到，在天寒地冻的北极地区，动物适应环境的方式是多种多样的。北极熊长出厚厚的皮毛来防止热量流失，北极黄鼠发展出在地下冬眠躲避严寒的技能，而北极燕鸥干脆在北极的冬天长途飞翔上万公里到南极避寒。

其次，进化论也不满足确定性。如果时光倒流，地球生物进化的历史重演一次，我们很难想象所有进化事件会原封不动地发生。一个简单的证据就是，地球进化历史上有很多重大事件看起来只发生过一次，比如叶绿体和线粒体在细胞内的出现、寒武纪大爆发、人类智慧的诞生，等等。40亿年的生命进化历史上居然只出现过一次，我们就很难相信这些事件一定会在特定的时间和地点出现。而生物进化历程又是一场牵一发而动全身的华丽冒险。一种生命现象发生变化，会连带改变和它相关的大量现象的进化轨迹。因此，就算自然历史重演，地球生物圈的面貌大概也会完全不同。

当然，再复杂的生命现象肯定还是符合还原性的。这其实也是整个人类科学的基础。不管生命现象再复杂，我们都相信它能够被一层层拆解成最基本的组成元素和最基本的作用方式。这一点问题不大。

但是，相对应的建构性又出问题了。理解了最基本的物质构成和最基本的相互作用方式，是不是就能反过来构建出复杂的生命现象呢？大概是不行的。随着生命现象复杂程度的升高，会涌现出大量新规律，而这些新规律是无法从一开始就预测出来的。

举个例子：构成地球生命的几类重要的生物分子——碳水化合物、蛋白质、DNA，都是具有不对称三维结构的化学物质。这就意味着，在自然界，我们能找到和它们的分子构成完全一样、化学特性也完全一样，但三维结构呈镜像对称的所谓"镜像分子"。就好比一个人的左手和右手，大小形状几乎完全一样，但却可以轻易区分出来。

而地球生物，有时候是严格的左撇子，比如只能合成和使用左手形态的氨基酸来制造蛋白质；有时是严格的右撇子，比如只能合成和使用右手形态的葡萄糖来制造淀粉。与之相对应地，地球生物体内合成、制造、分解、识别氨基酸和葡萄糖的一整套生物化学机器，也都有严格的左右手选择。

但是，这种选择在分子水平上是解释不通的。科学家已经能在试管里制造出使用右手氨基酸和左手葡萄糖的生物学反应，看起来没有任何问题。所以唯一的解释是，地球上细胞生命最早形成的时候，恰好选择了左手氨基酸和右手葡萄糖，并因此衍生出了一整套具有左撇子和右撇子倾向的生物学活动。如果生命演化再来一次，出现使用右手氨基酸和左手葡萄糖的生物也一点都不奇怪。

既然如此，建构性的基础就不存在了。当只有一堆生物大分子的时候，我们根本不可能推测出生命应该是左撇子还是右撇子，这个规则本身都还没有诞生呢。

在地球生命进化的历程中，类似打破建构性的案例还有很多。伴随着复杂程度的提高，全新的规律会不断涌现出来。

这是不是意味着，我们根本无法对生命现象进行科学描述，作出科学分析，并且给出科学的预测呢？

也不是。虽然盖楼型理论失败了，但我们还有另一条完全不同的路线。我称之为放羊型理论。

什么是放羊型理论

放羊型理论的特点是，接受真实世界的复杂性，承认鸡不是球形的，也不生活在真空里。我们干脆放弃把复杂问题拆解成几条简单的定律，一步到位地解释明白；而是就复杂说复杂，用一套复杂的话语体系来描述复杂系统到底是怎么工作的。

我们想象一下放羊的场景：在一片草场上有一个小牧童和一公一母两只羊，日出放羊吃草，日落回家睡觉。在这个系统里，这两只羊过多长时间开始交配繁殖、每胎生几只小羊羔、雌雄比例是什么样；这些后代长大以后怎么拉帮结派、打架的时候谁胜谁负、怎么在草场上划分领地……所有这些问题的答案，在你只能观察一公一母两只羊的时候都是无法预测的。

但这并不意味着我们没法在放羊的场景中开展研究、找到规律。因为这个理论有四个重要特征：边界性、不确定性、还原性、涌现性。

边界性指的是一个复杂现象能够出现的约束条件。比如放羊，虽然羊群千变万化，但我们还是能总结出，这个系统之所以能出现，至少需要足够的水、足够的草，需要羊能呼吸的空气。水、草、空气就构成了羊群系统的边界条件。根据这些总结，我们就可以作出判断，在哪些地方羊群是绝不可能出现的，比如干旱的沙漠深处、火星表面；我们也能试着预测，在哪些地方羊群出现的概率会更大，比如水草丰美、没有大型肉食动物出没的平原。

不确定性意味着我们对复杂现象的描述只能逼近到某种程度，而不可能做到 100% 的精细刻画。比如，你能通过观察发现，羊繁殖后代的时候，雌雄比例接近 1∶1。你还能进一步研究这个比例到底是怎么产生的，并用总体的统计规律对小羊的性别比例进行描述。但具体到每一次生产的时候小羊羔是公是母，这是个随机事件，你只能接受它的不确定性。

当然，在复杂系统里，从上往下一层层分解的还原性还是成立的。牧童也好，羊也好，水和草也好，都能够被一层层还原到最基本的化学元素，甚至是基本粒子。刚才我们已经提到了这一点，可以认为还原性是所有现代科学的基础。

但是相反，从下往上一层层组装的建构性就消失了。我们只能接受，在羊群自身变得越来越庞大、越来越复杂的时候，全新的规律会逐渐涌现出来。而这些规律，原本可能是根本不存在的。比如，当小羊繁殖到 100 只的时候，可能会开始拉帮结派，对外分割和争夺草场，对内争夺交配繁殖的权力，等等。到这个时候，羊群社会结构的规律才会真正涌现出来。

到这里，我想你应该看出来盖楼型理论和放羊型理论的区别了——前者试图建立的是从几条简单的定律出发而包罗万象的理论。它的力量确实强大，但在解释有很多复杂变量的现象时，就有点力不从心。而后者首先承认了科学理论的局限，干脆放弃了把复杂现象拆解到最底层的做法，选择直接描述复杂现象本身有什么规律。

在未来，是不是有更加聪明的头脑能够把两套思维方式合二为一，直接从基本粒子的运动规律推演出人类的社会、经济、政治现象，这个我不敢断言。但至少在今天，两套理论都有自己特别出彩的适用场景，都有极其重要、无法替代的价值。

在今天的世界，我们能够准确预测每一次日食、月食的时间，预测每一次基本粒子碰撞之后的运动轨迹，开小汽车、办化工厂、让飞机飞翔、让轮船乘风破浪，这些都是盖楼型理论的巨大成功。与此同时，我们不需要知道每个空气分子的运动轨迹也能做准确的天气预报，不需要了解每一个商家和每一个顾客的心理也能预测经济活动的波动，不需要了解每一个人的言行思想也能（至少）部分地理解一个社会的运行规律，这些则都是放羊型理论的成就。

当然，进化论就是特别典型的放羊型理论，而且在我看来是至今最成功的放羊型理论。

虽然进化论与我们更熟悉、也更信任的盖楼型理论相比，预测能力一般、逻辑不那么严密，例外情况也要更多一些，但它为我们理解生命现象提供了非常明确的指导，让我们能够知悉生命现象出现的边界条件。它从哪儿来，为什么会变成今天这个样子；它在未来又可能会发生什么变化，需要怎样的新解释。

在这本《进化论讲义》里，我们的讨论还是会以生命现象为主，看看进化论的思想是如何把看起来零散繁复的生命现象整合到一起的。但是我也想提醒你：到了今天，进化论的思想价值已经远远超越了生物学的范畴，我们甚至可以认为它是人类现代思想的根基之一。在处理人类世界很多复杂问题的时候——语言文字的演变、经济活动的出现、文化传统如何形成，甚至是如何改进一款手机 App 的功能——我们都能从进化论的思想中找到支持。

在继续下一部分的讨论之前，我特别想告诉你：进化论是一把帮助你理解所有复杂问题的钥匙。在你真正掌握进化论之后，世界会呈现出完全不同的面貌。

生物进化的基本面貌

生命之树：生物进化历程的全貌是怎样的

在本书第一部分，我们系统地梳理了进化论的公理体系。简而言之，可遗传的变异创造了各种可能性，竞争和选择从这些可能性里挑选出了最优解，而生殖隔离起到了固定不同方向的最优解的作用。只要有这四个环环相扣的步骤，进化就会周而复始地发生。而在第二部分，我们要直接利用这套公理体系，来进一步拆解生物进化历程的基本特征。

当然，对于一门放羊型科学来说，我们不能指望从几条简单的公理出发，推演出生命现象的所有细节。但我的基本信念是，抛开细节，很多本质性的特征还是可以预测和讨论的。你也可以如此理解我想尝试回答的问题：如果地球上的生物进化过程反复重演，如果生命出现在环境面貌和地球完全不同的外星球，抛开各种差异、意外和例外之后，生物的进化过程会呈现出什么样的普遍性规律？

对于这个问题，达尔文率先给出了精彩的回答：生命之树。

我猜你经常在中学课本、博物馆、科学新闻中看到这样一棵枝繁叶茂的"大树"——树根处一般画着最原始的生命，比如细菌。随着树干的生长，这棵树逐渐开枝散叶。几个巨大的分叉可能是动物、植物、真菌。每一个巨大的分叉上还会有无数细小的分叉。比如，动物的大分叉上有无脊椎动物和脊椎动物，脊椎动物还会继续分叉，再是哺乳动物的小分叉……大树顶端绘制的往往是我们认为最复杂、最高等的生物，比如动物里的哺乳动物、植物里的被子植物（也叫开花植物）（图 2-1）。

当然我需要先提醒一句，这种进化树的画法是极端错误的。

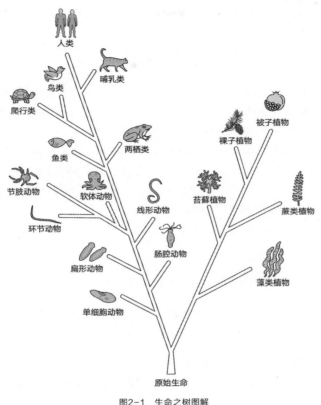

图2-1 生命之树图解

但在陈述理由之前，我们先来看看正确的思路是怎样的。

从静态的分类目录到动态的进化树

事实上，达尔文在《物种起源》里就亲手绘制了一张假想中的进化树，也是这本书唯一一张插图。一位特别喜欢追究细节、在书里不厌其烦地回应各种可能的质疑的博物学家，在他最重要的作品里通过绘制进化树的方式完成了一次伽利略和牛顿式的思想实验，这件事本身就够不同寻常了。这同样说明，进化树的基本面貌完全可以根据进化论的几个重要公理推演出来，不需要先有实验证据的支持。

我们来还原一下达尔文的逻辑推导过程。

在达尔文之前，人们已经意识到：虽然地球生物千差万别，但它们彼此间绝不是等间距排列，更不是杂乱无章地随意分布，而是可以按照一定的规则进行分类，有的更接近，有的更疏远。18 世纪的瑞典植物学家卡尔·林奈（Carl Linnaeus）就发明了一套金字塔式的分类方法，把他所知道的 1 万多种植物按照"纲、目、属、种"这几个不同层次的单元，分门别类地整理了出来。这套方法在后世被人们继续发展成了"界、门、纲、目、科、属、种"七级分类系统。现代人在这个系统的位置，可以这样表述：

动物界—脊索动物门—哺乳纲—灵长目—人科—人属—智人种

根据实际需要，分类学家们还设置了一些辅助性分类，如亚纲、总目等。因此现代人的分类地位还可以继续细化成这样：

真核域—动物界—真后生动物亚界—后口动物总门—脊索动物门—脊椎动物亚门—哺乳纲—真兽亚纲—灵长目—类人猿亚目—人科—人亚科—人属—智人种

在这套金字塔式的分类系统中，特别相近的几个物种被分在同一个属，比较相似的属归入同一个科，比较接近的科归入同一个目，以此类推。根据生物的分类地位，我们就可以大致判断它们的相似程度。比如，不同科的两种生物之间的差别（比如人和金丝猴）应该大于同科不同属的两种生物（比如人和黑猩猩）。

但在林奈的时代，人们还没有生物进化的任何认知。当时的主流思想还是"上帝创造万物，物种亘古不变"。在这种思想背景下，生物的分类系统只是把"上帝的制造物"按照某种规律编个码排个号，方便人们观察学习而已。

这就像图书管理员给馆藏书籍分类：在某家图书馆里，咱们这本《进化论讲义》大概会以"科学技术—自然科学—生物学—进化生物学"的方式分类，而《红楼梦》则可能以"文学—古典文学—中国古典文学—中国古典小说"的方式分类。这种分类的主要目的是方便图书管理员和读者检索图书，并不能反映这两本书之间、我和曹雪芹之间，是不是有什么关系。就算是读者在找这本《进化论讲义》的时候，看到同一书架上还有好几本讲进化论的书，也不能说明这些书之间有什么必然的联系。作者们大概率互不认识，甚至生活在不同的时代；书的内容可能是学术界对进化论的严肃讨论，也可能是民间科学家对进化论的"批判"。

但在达尔文的时代，在进化之光的照耀下，这套静态的、代表现状的分类系统突然"活"了过来，向我们娓娓道来过去发生的事情。

具体而言，根据进化论，生命现象是在持续发生变化的，会在可遗传的变异、生存竞争、自然选择、生殖隔离这四个环节的驱动下持续出现新的生物特征、新的生物类群，乃至新物种。这就意味着，两种在分类系统里非常靠近的生物，不仅它们现在的生物学特征相似，它们之间的历史传承关系应该也很接近。说得更直白一点，之所以它们现在大部分的特征是很相似的，是因为它们的祖先在不久之前还是同一种生物，只是晚近，才在上述四个环节的驱动下变成了两种不同的生物。

请注意，达尔文确实观察到自然条件下生物的变异（比如加拉帕戈斯群岛上的嘲鸫和达尔文雀），还有人工饲养条件下生物的变异（比如英国养鸽俱乐部里形态各异的鸽子），但他并没有亲眼见过物种形成的过程。他是根据上述观察和自己的进化理论，做出了这个推演。

按照这个逻辑继续向未来推演的话，一种活在当下的生物，只要能够持续赢得生存竞争、通过自然选择，就有可能持续产生变化多样的后代，在分类系统中形成更多的分叉。只要给定足够长的时间，原本同一种生物祖先，产生的分叉会越来越多，距离也越来越远。这就逐渐产生了生物分类表里不同属、不同科、不同目、不同纲、不同门、不同界的生物。

我们反过来总结一下这个推演过程（图2-2）：

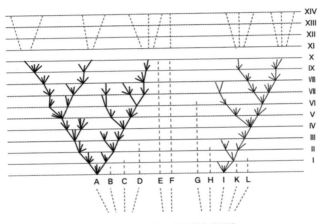

图2-2 进化视角下的生物分类系统

1. 生物身处持续的进化过程中，时间越长，它们在分类系统中形成的分叉就越多，彼此的差异就越大，距离就越远；

2. 今天生物分类系统里越相近的生物，在不久的过去拥有一个共同的祖先，彼此"分开"的时间可能很短。反过来，分类关系越远的生物，"分开"的时间越长；

3. 如果从现存的生物出发回溯过去，我们会率先遇到相近生物（比如同一个属的生物）的共同祖先，然后逐渐遇到同一科、同一目生物的共同祖先，以此类推；

4. 只要回溯的时间足够长，我们应该可以找到现存所有生物共同的祖先；

5. 从古到今，生物进化的过程就是不停生长和分叉，从单一树根生长成一丛树枝的形态。

你看，达尔文并未亲眼见证生物进化和物种形成的过程，但他可以从自己的进化理论体系中推演出生命进化的整个面貌，完成了一次伟大的思想实验。生命的共同祖先在漫长历史中不断发生变异，有些变异在"竞争、选择、隔离"的循环中被固定下来，逐渐分化出万千物种。越早"分道扬镳"的，成为进化树上最粗大的分叉，比如真菌、动物、植物；随后"招手挥别"的，成了较为细小的分叉，比如爬行类、哺乳类。人和黑猩猩、大猩猩这些最近几百万年里"分手"的物种，在进化尺度上可以算是真正的血亲关系了。当然，在持续的生长和分叉的过程中，也有大量物种灭绝消亡了，成为生命之树上那些枯萎断绝的枝条。

面对这个思想实验的结果，达尔文自己想必也非常得意。文风素来客观冷静的他，在《物种起源》第四章罕见地给出了一个诗意的结尾：

> 所以，我相信这株巨大的"生命之树"的代代相传亦复如此，它用残枝败干充填了地壳，并用不断分权的、美丽的枝条装扮了大地。

生命之树：进化的时间记录

用生命之树的方式来安放地球上形态各异的物种，确实是一个非常简洁和优美的思想。它把静态存在的万千物种，放到了生物进化历史的漫长时间里去观察，让它们的存在具备了历史感。我们可以这么想象：生命之树的高度代表了生物进化的全部时间；靠近树根的部分更古老，靠近枝头的时间更近。此时此刻活着的所有地球生物，都位于这棵树的最顶端，而明天的生命之树还会继续生长。若想了解过去某个时间——比如 1 亿 3000 万年前地球生物的面貌——我们只要像园丁一样，找准高度，拿剪刀咔嚓一刀剪下去，暴露出来的枝杈的样子就是了。

说到这你应该可以理解，前文提到的进化树的画法压根儿就是错误的。

现存的地球生物，不管是单细胞的细菌、真菌还是复杂的小麦、水稻，不管是看起来在亿万年前已经出现的"活化石"物种，比如腔棘鱼、银杏和中华鲟，还是出现时间很短的新物种，比如只有 20 万~30 万年历史的现代人类，只要它们在现在这个时间断面上还在生存繁殖，它们的位置都应该在进化树的顶端，不分高下。只有那些曾经出现，但是已经灭绝的生物，比如恐龙，它们的位置才会出现在进化树内部靠下的某个位置；它们的进化历程永久地停留在某段已经枯萎的枝条上面。

这么理解的话，新问题出现了：如果现存物种都位于进化树的顶端，也就意味着即便我们再怎么深入研究现存地球生物的特征，也只是忠实描绘了生命之树的顶端结构，总结了进化历程在今天这个时间断面上的面貌。我们要怎么还原进化树完整的生长过程呢？我们怎么才能知道生命之树上哪些枝条彼此的距离更靠近、哪些枝条分叉较大？怎么知道这些现存物种要回溯到哪个分叉点才会连接在一起呢？

对此，我们当然可以笼统地回答：特征差别越大的生物，在进化树上的位置就越远，分开的时间就越长。比如，植物和动物的距离显然就比两种动物远。但这个粗糙的标准对于特征更接近的物种就不太好用了。举一个具体的例子：林奈区分哺乳动物时，曾经把蝙蝠和人类、猿猴一起放到了灵长目。他的理由是，这三种动物上下颚各有四颗门牙、两颗虎牙，都有双手双脚，手脚上都有椭圆形的指甲，而且都以水果为食。

我们现在可能会觉得林奈用来分类的标准有点匪夷所思，吃不吃水果算哪门子分类标准呢？就是人，也有爱吃水果和不爱吃水果的差异啊！但问题就在于，任何两种生物之间可能都存在大量的特征差别，有的显而易见，有的隐藏在体内；有的可能对生存至关重要，有的则不过是进化的副产品。选用哪些差别作为分类标准，本身就成了一个很主观的选择。因此，出现错误、争论和推倒重来，就难以避免。

　　当然我们还有一个办法，剪开进化树的上层分支，直接看进化树内部和下层的情况。具体来说就是，挖掘远古沉积的遗迹，在化石证据中寻找那些已经灭绝的生物，特别是现存生物的共同祖先，也就是生命之树上那些恰好位于分叉位置的物种。比如，人类在达尔文的时代发现了始祖鸟的化石。这种生活在一亿五千万年前的生物，同时具备爬行类和鸟类的特征——前者包括锋利的牙齿和脚爪，后者包括覆盖全身的漂亮羽毛。所以，当时的人们立刻将这种生物认定为现代鸟类的祖先，是"见证"爬行类和鸟类分道扬镳的节点性生物，也用它来证明爬行类到鸟类的进化历程。当然，在最近二三十年，新的化石证据（比如近鸟龙等远古物种）的出现，也提示了另外一种可能性：始祖鸟并非鸟类的直接祖先，而是鸟类进化过程中的旁支祖先。但无论如何，通过化石证据来描绘生命之树枝干的方法仍然是成立的。只是，并不是所有节点性的物种都留下了化石证据，所以它们没法用来定位生命之树上所有的枝丫，只能在极少数的场合用作验证。

　　而在遗传物质 DNA 被发现之后，这个问题有了更系统的研究方法。人们可以通过 DNA 测序，获得现存生物的基因组序列信息，然后比较不同物种的基因序列信息差异，推测出它们之间的距离。

　　我们用一个假想的例子来演示一下：A、B、C 三种生物有一段相似的基因序列，分别是 AACGTAGAT、AATGTAGAT 和 AAAGTAAAT。那么我们就可以合理猜测，这三种生物在进化树上的关系应该是 A、B 更接近，和 C 稍远。我们还可以进一步推测，它们的共同祖先应该有一段 AA*GTA*AT 的基因序列（*代表未知）。这个祖先在进化过程中先进行了一次分叉，分出了 A、B 的共同祖先（AA*GTAGAT），以及 C（AA*GTAAAT）。在此之后 A、B 的共同祖先又进行了一次分叉，分出了物种 A 和 B。你看，根据这个推演过程，我们从现存物种 A、B、C 出发，不仅可以推测出它们彼此间的距离远近，还能推测出它们的进化历程，甚至它们已经湮灭在进化历史上的共同祖先（图 2-3）。

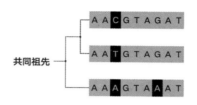

图2-3　通过基因序列信息，推测不同物种的进化历史

　　这种分类思路的好处是显而易见的。不过挑一小段基因序列做分类还可能被各种意外因素干扰。就上面这个例子而言，也可能 C 和 A、B 根本没有什么亲戚关系，它的这段基因序列有一个完全不同的来源，或者干脆就是因为意外和 A、B 相似而已。但理论上说，所有现存地球生物的大量基因组序列信息都可以被精确测定，而这些序列信息都可以被用于物种分类和绘制生命之树。从某种意义上说，相比利用明显的生物学特征（比如骨骼的形态）或者化石证据（比如始祖鸟的发掘）进行分类，这才是一种真正的"大数据"方法，可以无差别、无预设立场地把生物的大量分子特征用于分类。

　　至此，我们知道：进化的基本面貌好比一棵根深叶茂的大树。这棵大树的每一个横断面都代表一个曾经的历史时刻中地球生物圈的全貌。越靠近树冠就越接近现在，越靠近树根就越接近生命的起始。现存地球生物彼此关系的亲疏远近，也能反映它们在生命之树上位于哪条"分支"、哪片"树叶"。

在进化论公理体系的支持下，人类放弃了静态的、代表现状的生物分类方法，开始带着动态的、历史的眼光，重新理解生物进化的面貌。所有的现在都来自历史，一切的历史都呈现在当下。

进化溯源：生命之树的根在哪里

　　我们继续来审视这棵生命之树，观察它每一寸皮肤和每一条枝叶，追溯它每一次毁灭和每一次繁盛。在这个过程中，我们是否能找到生物进化的某些底层规律呢？比如，这棵树的根长在哪里？它如何确定和改变生长的方向？每根枝条生长的速度有多快？枝叶会因为什么繁茂，又会因为什么凋零？

　　我们可以借由上述问题来细看，生物进化整体上呈现了哪些规律性的特征。这一节首先来看生命之树的树根到底在哪里。

LUCA：生命之树的根

　　严格来说，生命之树必须有一个树根，这个声明在提出的时候并没有什么严格的科学证据。它是顺着达尔文当年的思考逻辑推演出来的。

　　你看，高度相似的物种，彼此分开的时间比较短，在不久的过去有一个共同祖先；差异稍大的两个物种，分开时间可能更早，共同祖先生活的年代也更久远。把这个逻辑推演到极致的话，我们就会得到这样的结论：既然现存地球生命之间，不管形态、习性差别多大，或多或少都有一些相似性，那么他们就应该有一个生活在久远过去的共同祖先。

　　举个例子，除了病毒之外，所有现存的地球生命都有相似的细胞结构，都将 DNA 作为遗传物质。这种普遍意义上的相似性强烈地提示了生命共同祖先的存在。以 DNA 为例，不同地球生物使用的 DNA 组成单元（A、C、G、T 四种碱基分子）完全一致，这些碱基分子编码信息的方式也几乎完全一致——在地球生物体内，GAA 和 GAG 三碱基组合代表一个谷氨酸，AAA 和 AAG 三碱基组合则代表一个赖氨酸。如果我们否认地球生物存在过一个共同祖先，那就得假设不同生物居然在漫长的进化历史上独立发展出了这些完全相同的特征。这个巧合未免太匪夷所思了。

生命之树的根，就是传说中的生物"露卡"（LUCA，Last Universal Common Ancestor），它是现存地球生物的最后共同祖先。这种完全靠猜测和推理想象出来的生物早已彻底灭绝，也没有任何化石证据支持。长久以来，LUCA 存在的唯一依据，就是刚才提到的达尔文式的推论。

但是到了 2016 年，科学家们居然初步还原了这种假想生物的许多细节特征。研究者们利用上一节我们提到的，从基因序列差异出发还原进化历史的方法，分析了遍布今天地球生物界的 610 万条基因序列，从中找到 355 个广泛分布于所有类群的基因家族。

根据生命之树的形成原理，这 355 个基因家族分布得如此广泛，最合理的解释就是它们的诞生时间非常早，早在生命之树出现任何分叉之前。换句话说，在地球生命的共同祖先 LUCA 体内，应该已经有这些基因家族的雏形了；之后它们才会沿着一次次分叉，扩散到整个地球生物圈。

从这 355 个基因家族的功能出发，研究者们进一步猜测了 LUCA 可能是一种什么样的生物——由于这 355 个基因家族包括了 DNA 复制、转录和翻译的功能，人们推测，LUCA 和现代生物一样，已经开始使用 DNA 作为遗传信息的载体。同时，LUCA 拥有 ATP 合成酶的雏形，能利用环境中的离子浓度差制造能量。这一点我们后面会详细展开。他们甚至还能推测出，LUCA 应该是一种生活在海底热泉喷口附近，能够忍受高温，喜好无氧环境的单细胞生物。

作为类比：语言之树的树根

这种纯靠猜测的研究似乎不足以让人信服。我们可以用一个语言学的例子，交叉印证一下人们对 LUCA 的研究思路。

欧亚大陆使用的许多种现代语言，比如英语、德语、法语、西班牙语、印地语、俄语、希腊语，在词汇拼写和语法结构上都有着很强的相似性。语言学家们把它们统一归类为印欧语系，是今天世界上适用范围最广的语言系统（超过 30 亿人使用）。

语言学家们认为，印欧语系中的语言有一个共同"祖先"，并给它取名为原始印欧语。正是在原始印欧语长期使用、传播、变化、固定的过程中，逐渐分化出了数百种千差万别的独立语言。

原始印欧语和 LUCA 一样，也是一种纯粹假想出的语言。今天并没有任何人使用它，也没有留下任何文字记录。但语言学家们通过分析现代印欧语言的相似性，还原了这种原始语言的一部分特征。举个例子，"水"这个词，在英语和荷兰语里是 water，俄语是 voda，拉丁语是 unda，希腊语是 hudor，瑞典语是 vatten，德语是 wasser。虽然它们的拼写差别很大，但读音有很强的相似性。追溯这种相似性，语言学家们猜测，"水"在原始印欧语中的发音大概是"*u̯ódōr"。

通过这样的研究，语言学家们甚至还能对原始印欧语的具体起源地给出一些推测——它可能出现在公元前 4000 年的东欧草原，也可能出现在公元前 6000 年的土耳其，此后伴随着人类祖先向东的迁移进入欧洲腹地，开枝散叶。这条扩散路线与考古学对早期人类迁移轨迹的研究也能很好地吻合。

虽然人们没有掌握原始印欧语或者 LUCA 存在的直接证据，但前文讨论的这些间接证据，确实能与其他学科的研究发现相互印证。比如，原始印欧语的研究和古人类学以及考古学的研究相吻合、LUCA 的特征与古生物学和地质学的很多研究发现一致。

这么说起来，无论是 LUCA 还是原始印欧语，我们把它当成（生物或者语言）进化之树的树根，还是相当可靠的。

生命之树只有一个根吗

当然，我想强调的是，生命之树的根到底是什么、在哪里，还远不是一个已经尘埃落定的问题。即便我们相信 LUCA 的存在，相信研究者们对 LUCA 的猜测和想象，也还是有很多细节需要我们持续挖掘。

比如，我们还是无法真正确认它出现的时间——我们固然可以从现存地球生物的基因序列出发，找到那些广泛存在于生命之树所有主要分支的基因家族，推测这些基因家族早在 LUCA 体内就已经出现了，并以此为基础重构 LUCA 的想象；但因为没有物理证据（如化石）可以直接验证 LUCA 的存在，我们只好定性地推测它的存在时间肯定是生命之树还没有分叉的时候。至于具体在什么时间出现的，从 30 多亿年（前出现）到 40 多亿年（前出现）的各种猜测都有。对此，我们确实很难有个准数。

如果定位生命之树出现的具体时间只是一个技术问题，无关大局的话，我们接下来讨论的这个问题则会让生命之树的树根形态显得更加扑朔迷离——既然我们是从现在推测过去，那就可以想象，如果生命之树上很早形成的某个分支没有幸运地延续到今时今日，那个分支上的基因序列就彻底消失，无从考证，当然也无法纳入我们对 LUCA 的推算过程里去了。这会大大影响我们对生命之树树根的描绘。

我来具体阐述一下这个问题。假设（请注意是纯粹的假设）在现存的地球生物门类（细菌、古细菌、真菌、植物、动物等）之外还有一个特别重要的生物门类，我们姑且叫它"X 分支"，早在 37 亿年前就从生命之树的主干上分叉出去独立了。这个分支曾经几乎占领了初生的地球海洋，在长达 7 亿年的时间里把今天地球生物的祖先们压制得抬不起头来。但是到了 30 亿年前，一场已经无法考证的巨大环境灾难彻底毁灭了"X 分支"，给了其他分支更大的生存空间，让它们一直生长存续到今天。

时光快进到了 21 世纪，一群好奇的生物学家决定还原地球生命共同祖先的样貌。他们走遍全球，收集了所有现存生物门类的基因序列，从中找到 355 个普遍存在的基因家族，推测这些基因家族应该在共同祖先那里就已经出现了。他们也因此推测出共同祖先大概长什么模样、在哪里生活，以及生活在什么年代。

但只有拥有上帝视角的你才会知道，虽然这些科学家的努力非常值得敬重，他们的研究方法也合乎逻辑，但他们注定无法看清地球生物真正的共同祖先。因为，生命之树上重要的"X 分支"早在 30 亿年前就已经烟消云散了，它们携带的独特遗传信息也无处可寻。这群科学家还原的，仅仅是现存地球生物的共同祖先而已（也就是 37 亿年前，"X 分支"独立出去之后的生命图景），不可能再往前追溯了。也许最早的地球生命在 38 亿、39 亿、40 亿年前，甚至在 45 亿年前地球刚刚诞生的时候就形成了。至于这段时间里发生过什么，我们可能永远无法还原了。

这个问题的核心在于：对生命之树的寻根溯源，只能从现存生物具备的特征和携带的遗传信息出发。就像我们常说，"历史是由胜利者书写的"。我们所谓的 LUCA，其实也是进化胜利者的 LUCA。

这个问题还可以进一步拓展：在地球 45 亿年的历史上甚至可能出现过不止一棵完整的生命之树。它们诞生的时间可能更早，也可能曾经更强壮和茂盛。在这些生命之树上，完全可能出现过今天的我们根本无法理解的生命形态。也许某一棵大树上所有的生命都是完美的立方体；也许某一棵大树上所有的生命不需要太阳能，能利用微弱的地球磁场直接产生电能；也许某一棵大树上所有的生命都耐高温、耐强酸、耐电磁辐射，在荒凉的外太空照样可以生存繁衍……但是，只要这些大树没有成功延续至今，也没有留下化石证据，我们可能永远也无法知晓它们曾经有过多么辉煌壮丽的历史了！

横向基因转移

即便我们放弃幻想，把目标收拢到仅仅寻找现存地球生命的根源，可能还是会遇到麻烦。

这主要因为，我们描绘生命之树树根的方法——如果两种生物高度相似，它们的共同祖先就应该是晚近才出现的；如果两种生物还有一种相对不同的亲戚，这三种生物的共同祖先就应该生活在更久远的过去……这么一步步反向推演，就能找到现存地球生命的根源所在——其实基于一个核心假设：生命之树的分支，一旦分开就不可能再度融合交换遗传物质，只能各自独立进化下去。

如果这个假设不成立，那么生命之树从根本上就无法描绘了。比如，我们找到了两个相似的物种，它们有可能亲戚关系很近，到了晚近才开始分叉；但也有可能其实很早就分叉，但近期突然又融合了一次，彼此交换了遗传物质，"借鉴"了对方的特征。如果这样的话，如何明确它们在生命之树上所属的位置就成了一道难题。这种现象有一个专门的名称，叫作水平基因转移（lateral gene transfer）。

当然，真实的问题没有我说得这么严重。能让我们稍微安心一点的是，在比较复杂的生物中，水平基因转移的案例非常罕见。[①]一般情况下，两个物种一旦分开，彼此就无法交配繁殖后

---

① 一个有趣的案例是，2021 年，中国科学家发现烟粉虱（一种农业害虫）和它的宿主植物之间出现过水平基因转移。

代，遗传信息也就不可能再度交流和融合。也就是说，至少在生命之树靠近顶端的部分，我们还是可以比较有把握地描绘出它的形态。

但当我们沿着树干往根部追踪时，这个核心假设暴露出来的问题就会变得越来越大——在细菌当中，不同物种之间交换基因是一件稀松平常的事情。有些专门入侵细菌的病毒（噬菌体）能够在反复入侵不同细菌的过程中把一些基因片段带来带去，有些细菌甚至可以直接把遗传物质释放到环境中，被别的细菌个体吞噬和利用。

因此很可能，在生命之树的根部，在数十亿年前的单细胞祖先那里，进化枝条的分叉和再度融合是非常普遍的现象。这当然大大增加了我们寻根溯源的难度。因此，有一些生物学家认为生命之树的树根并不是单一的，而是一种树丛式的、彼此交织融合的结构。晚近以来，水平基因转移发生的次数越来越少，大树的形态才逐渐清晰起来。

这里我想多讨论一下水平基因转移现象。其实对于一些更复杂的生物来说，虽然水平基因转移出现的概率很低，但一旦出现，可能就是意义重大的历史事件。你可能知道，植物之所以能够进行光合作用，利用太阳光来制造碳水化合物，是因为植物细胞有一个名叫叶绿体的微型细胞机器；而在真核生物（动物、植物、真菌等）体内也有一个名叫线粒体的微型细胞机器，大大提高了这些生物利用能量的效率。

生物学家们普遍相信，线粒体和叶绿体原本都是独立生活的细菌。在大约 20 亿年前，真核生物的祖先吞噬了一个能够高效使用能量的细菌，这个细菌幸运地在真核生物体内存活了下来，和宿主形成了生死相依的亲密关系——这就是线粒体的来源。而在大约 10 亿年前，类似的吞噬和寄生事件又发生了一次，真核生物的祖先把一枚能够进行光合作用的蓝细菌纳入体内——这就是叶绿体的来源。

线粒体和叶绿体的出现，本身就是重大的水平基因转移事件（学名为"内共生"事件）。两个细菌的分支在 20 亿年前和 10 亿年前分别和真核生物的祖先产生了基因的水平转移。动物、植物，当然也包括我们人类自己，其实都是生命之树异常生长的产物！

相信说到这里，你对生命的最初源头可能有了新的理解。在进化论的视角下，万千现存地球生命并非与生俱来、亘古不变。它们在漫长的进化历史上，从相对少数和简单的祖先逐步生长、延伸、分化而来。我们也确实能够从现存生物出发，推测出这些生物共同祖先的大致面貌。但因为生命诞生初期可能发生的驳杂混乱的生长和毁灭事件，也因为生命分支之间出现过的分叉后重新融合的小概率事件，导致生命之树的真正根源，可能会永远隐藏在黑暗之下，不为我们所知。

我们人类，以及所有现存的地球生命，还要带着这个可能永恒的遗憾，继续活下去。

进化路线图：进化有没有目的、方向和终点

　　描绘了生命之树的基本面貌、探索了这棵大树的树根之后，我们切换一下观察角度。这次，从树冠开始，讨论生命之树的枝条和树叶是遵循什么规律生长的，又会被哪些因素影响。

　　生命之树枝条和树叶的生长规律可以用一个更敏感，也更容易引起争议的问题来表达：进化到底有没有方向？

　　如果对进化论没有太多知识积累，我们可能会想当然地认为："进化当然有方向啊，不就是从简单到复杂、从低级到高级、从水生到陆生的生物演变过程吗？"

　　这个说法好像挺符合直觉的。最早的单细胞生物出现在 40 亿年前，最早的多细胞生物出现在距今 15 亿年前后。而更复杂和更高等的生物，像动物界的哺乳动物、植物界的被子植物，要到差不多 1 亿～2 亿年前才出现，现代人类更是要到距今 20 万～30 万年前才诞生。要是这么看，生物进化好像确实有明确的方向。

　　但是，如果对进化论有一定的了解，我们马上会意识到这种说法不准确。比如，生物的复杂程度并不总是持续提高的，寄生虫的消化系统和穴居动物的视觉系统在进化中就逐渐失去了原来的功能；再比如，陆地植物和动物固然出现在水生生物之后，但也有不少陆地生物重返海洋的案例，比如海豚和鲸。

　　那进化到底有没有方向呢？这一节我们就利用进化论的公理体系，来拆解这个问题。

变异随机，而选择"有方向"

我们已经知道，进化的起点是可遗传的变异。从基因的角度看，可遗传的变异的来源，是 DNA 分子在复制过程中出现的随机错误。这种错误从理论上就是不可避免的；从生殖细胞的角度看，到底哪个精子或者卵子能够幸运地孕育后代，它们又把什么基因变异传递到了后代体内，也是无法预先设计的。即便表观遗传学揭示了父母的生活经历能够间接影响子孙后代，这种影响也是非常粗糙的，没有形成明确的方向。毕竟，父母的主观意志无法直接作用于精子、卵子的遗传物质。

如果进化在起点的时候就没有方向，我们是不是可以顺理成章地认为，进化本身没有方向呢？

不能。可遗传的变异本身固然是随机的、没有方向的，但它产生的生物个体要参与生存竞争，接受自然选择的筛选，其中只有一小部分的生物个体能够获得生存和继续繁殖的机会。在这个层面，生物所在环境的约束，天然决定了进化的方向。

我们用一个具体例子来做解释。你肯定早已意识到，生活在海洋里的鱼类有一些共同的身体特征。比如流线型的身体、月牙形的尾巴、光滑的身体表面、大多靠左右摆动身体前进，等等。得益于这些特征，鱼类可以在海洋中自在地运动、获取食物、逃避危险，从而可以更好地生存和繁殖。

当然，我们可以把这种相似性理解成鱼类有共同的祖先，它们继承了祖先身上一些相似的生存技能，这本身并不奇怪。

但是，有些和鱼类亲缘关系很远的海洋生物，比如鲸类（祖先是陆生哺乳动物，与河马有亲缘关系）、已经灭绝的鱼龙（祖先是陆生爬行动物等，与蜥蜴有亲缘关系）等，它们在进入海洋生活之后也都发展出了类似鱼类的身体特征。

生物学家把这种现象称为"趋同进化"（convergent evolution），意思是，原本亲戚关系遥远、特征迥异的生物在同样的环境中长期进化，会逐渐出现相似的特征。这种现象的出现，本身就说明进化确实是可以具有方向性的。对于海洋生物来说，浩瀚的海洋是生存竞争和自然选择必须考虑的硬约束之一。所有生物想要活下来繁殖后代，都必须处理好这个环境约束，掌握在海水中长期生存、运动、捕食、繁殖的本领。而流线型身体、月牙形的尾巴、光滑的身体表面等特征，可能是应对这种硬约束的最优解之一（更准确地说，至少是局部最优解之一，因为海洋动物显然不止这么一种生存方法）。既然如此，不管可遗传的变异制造出了多少种匪夷所思的可能性，海洋环境只允许其中少数的、特定的可能性保留下来。进化的方向性因此自然而然地出现了。

这种趋同进化的现象不光发生在生物的结构和功能这个层面，在微观的基因层面也有大量类似的例子。我们在前文提到，一部分灵长类动物在进化史上获得了第三种色彩感受器，帮助它们在丛林中准确找到成熟的水果。在基因层面，这种变化的源头是大约 2000 万年前，灵长类的祖先负责检测绿光的色彩感受器基因发生了一次复制错误，一个拷贝变成了两个拷贝。之后这两个基因拷贝又分别发生了一些微小的序列变化，识别的光波波长相差了 30 纳米。因为这次突变，人类、猩猩、狒狒和猕猴这些生活在非洲和亚洲大陆的猴子（所谓旧大陆猴）就获得了三种色彩感受器。

非常有意思的是，生活在美洲大陆的约 130 种所谓的新大陆猴，在这次基因层面的进化发生之前，就已经从非洲迁移到了美洲，所以没有搭上这次进化的便车，大部分至今仍然只有两种色彩感受器。但它们当中的极少数成员，比如叫声震耳欲聋的吼猴，居然在 1000 万年前通过一次类似的基因复制错误，独立地获得了第三种色彩感受器。因此，吼猴和它们远隔重洋的亲戚们一样，能准确地识别树丛中的野果。换句话说，对于远隔重洋的不同灵长类动物来说，获得对红色光的感知能力都是巨大的生存优势，因此都在向着这个方向进化。

环境不变时，进化有终点

顺着这个思路，我们马上会推导出一个非常重要的结论：如果环境条件稳定不变，生物进化不光有明确的方向，而且还会随着时间的推移逐步逼近这个方向的尽头。进化是有终点的！

假设一个场景：我们乘坐时光机，穿梭于古今，观察刚刚提到的海洋生物的进化历程，应该会看到明显的方向性的变化——它们的身体越来越呈流线型，表面越来越光滑，等等。站在每一代旗鱼、蓝鲸、鱼龙的角度，它们确实可以骄傲地声称，自己比自己的历代祖先更高级、更适应海洋环境。

那么，是不是只要给定足够长的时间，这些海洋生物就能游得越来越快，还能随时变线漂移，运动能力直逼物理定律设定的天花板（比如光速游动）呢？

并不是这样的，因为进化存在尽头。

我们知道，可遗传的变异的出现是完全随机的，这些变异有的对于生物的生存繁殖有好处，有的则有害处。在特定环境的约束下，进化的方向可以看成是被有益变异和有害变异的相对比例所框定的。

在自然选择开始的早期，生物总体而言还不是那么适应环境，因此随机出现的变异当中，会有比较大的比例是能带来生存和繁殖方面的收益的。这就跟我们常说的"一个人已经跌入谷底，往哪个方向走都是上坡"一样。

但随着有益变异的积累，随着生物越来越适应环境，情况就变了。虽然变异还是随机的，但出现有益变异的概率会逐渐降低。这和经济学"边际收益递减"的规律很相似。既然生物的特征正在变得越来越适应环境，想要进一步锦上添花自然会变得更困难。

有益变异无法无限增加和积累，那么有害变异能否一步步被淘汰，直至彻底消除呢？

也不行。道理是类似的。可遗传的变异本身是随机的，但随着生物在进化历程中越来越完善，有害变异出现的概率也会上升。打个比方，在一架已经运转良好的机器随便鼓捣几下，把机器搞坏的可能性总是要比把它搞得更好用的可能性大。

因为这正反两方面的原因，在环境条件不变时（这个前提很重要），生物的进化会触及这样一个理论上的终点——有益变异无法持续增加，而有害变异也无法继续清除。这个时候，生物的特性就不可能继续优化了。

说到这里我们已经发现，生物进化的方向性还真不是一个非黑即白的问题：变异的产生没有方向，但变异的选择却"有方向"，甚至还有终点。这个方向和终点都是被环境所塑造的。

环境决定进化方向，而环境本身会随机变化

事情还没完。刚才我们的讨论有一个假设，就是环境条件保持不变。但在亿万年的时间尺度上，环境这个硬约束本身也会发生变化。

拿海洋环境来说，在百万、千万年的时间尺度上，我们可以认为，海洋环境是稳定的，是塑造生物演化方向的硬性约束。但在更长的时间上看，海洋自己也在不断变化。对于一直生活在海洋中的生物而言，陆地的形成和板块运动、海平面的升降、海水温度和化学成分的变化，也都持续影响着它们的生存繁殖，决定

了它们在某个时间、地点的进化方向。

还有，要是没有大块陆地的形成，海洋生物的登陆自然就无从说起。而在原始大陆最初形成的时候，地球上还没有臭氧层阻挡太阳光里的紫外线，复杂生物在陆地上压根儿无法生存。这可能也解释了，为什么能够离开海洋、在陆地生活的植物和动物，要到 5 亿年前才开始广泛出现。

从这个角度说，"从水生到陆生"的确是对地球生物进化趋势的一种描述方式，毕竟陆地生物确实出现在海洋生物之后。但这种趋势，并非生物进化自身的方向，而是被地球的环境变化塑造的。我们完全可以设想，如果有一天地球表面重新被海水覆盖，出现类似"未来水世界"的末日情景，那地球生物开始新一轮"从陆生到水生"的变化趋势也一点不奇怪。

至此，我们可以试着总结生物进化的基本路线了。笼统地回答生物进化有或者没有方向，都是在把这个问题简单化。

在进化的起点上，生物在繁殖过程中出现的可遗传的变异是完全随机的，没有任何目的和方向可言。而生物个体开展生存竞争时，它们身处的环境决定了什么样的生物能活下来繁殖后代、什么样的生物会被淘汰消亡。因此，环境因素决定了进化的方向乃至终点。而在漫长的进化时间尺度上，环境因素本身也在发生各种变化，这些变化也会随时修改生物进化的方向和终点。

这么看的话，地球生物进化永远都处在"现在进行时"，一方面，要在现有的环境约束下持续优化和改善；另一方面，要被动地等待可能随时从天而降的环境变化。既要因地制宜，还要拥抱变化，这是地球生命一直在努力，但永远也无法彻底解决的难题。

动画电影《功夫熊猫》里有一句我特别喜欢的话：Yesterday

is history, tomorrow is a mystery, but today is a gift, that's why it is called present（昨天已成为历史，明日却依然是谜。今天是珍贵的礼物，那就是它为什么被称作 present[present 是双关语，一为"礼物"，一为"当下"] 的原因）。

这句话，我想也能送给亿万年来始终努力求存的地球生命。

进化速度： 渐变、突变还是快慢结合

在讨论了生物进化的方向、也就是生命之树枝条的生长方向之后，我们再来看这些枝条的生长速度，即生物进化的速度。

生物进化的速度到底有多快，是一个从达尔文时代就开始讨论的重要议题。达尔文本人是一名坚定的渐变论者，他在《物种起源》一书中多次提到，地球地理环境的改变、变异的出现、自然选择的影响、物种的形成和灭绝，都是极其缓慢的过程。在达尔文看来，从一种生物向上回溯它的祖先，不管它和它的祖先之间有多大区别，这种区别也一定是经过无数个微小的步骤和过渡，以一种连续的、平滑的方式实现的。

达尔文的这种思想，受到了地质学家查尔斯·莱尔（Charles Lyell）的深刻影响。达尔文在跟随皇家海军"贝格尔号"帆船环球航行和考察的路上，就随身带了一本莱尔的《地质学原理》。在这本书里，莱尔坚定地认为地球环境并不如人们看起来那样一成不变，即便是那些通常看来很微弱的地质作用力，比如降水、风、河流、潮汐等，也可以在漫长的地质历史中使地球的面貌发生很大的变化。

莱尔把意大利塞拉比斯神庙的三根石柱的画像作为《地质学原理》的刊头画。这三根石柱上的沧桑痕迹说明，在寺庙建成之后的历史中，有一段时间它们的下段曾经被淹没至海平面以下。莱尔借这张画说明，地球环境确实在持续变化。

而既然地球环境在缓慢发生变化，生活在地球环境里的生物也会因此出现缓慢的变化——这就是达尔文渐变论思想的来源。

渐变论本身有很强的常识基础。毕竟，再坚定的进化论者也要面对一个直觉上的难题：进化论（而不是上帝）作为物种形成的基础，塑造了千千万万种不同的生物，为什么我们没能在身边看到什么正在进行中的生物进化现象，比如正在试图直立行走的猩猩或是正在学着振翅飞翔的蜥蜴呢？渐变论对这个问题的解释很简单，也很有力——因为进化过程太过缓慢，任何一点肉眼可见的变化的出现所需要的时间，都超过了人类的生命长度。打个比方，这就像给你播放 0.0001 倍速的电影，你会觉得每一帧画面都是静止不动的，毫无变化可言。

这个解释看起来无懈可击，而且确实有不少坚实的实验证据。一个著名的研究案例表明，在过去 5000 万年的时间里，马科动物的体重一直在稳定增长。从化石可以推断，马科动物的体重从始祖马的 50 千克左右增长到了现代马的 500 千克甚至更重，而且这种变化是连续的、缓慢的、平滑的。在人类的进化历史上，人科动物的祖先在几百万年的时间里展现出越来越大的脑容量、越来越小的犬齿，以及越来越扁平的面部特征。这些变化也是以类似的缓慢速度进行的。

渐变论VS突变论

但是，渐变论也不是没有遭遇过挑战。最重要的挑战可能是这两个。

第一个挑战是，渐变论固然能够解释生物微小的、定量的变化，比如马的体重、人的脑容量。但是那些更加剧烈的进化过程，比如从水里的鱼到在陆地爬行的两栖类生物、从裸子植物到能开花的被子植物，要求生物的许多特征都出现巨大的变化。如果这些巨大的变化也是由许多微小变化积累而来的，那么我们就应该能挖掘到所有这些中间过渡状态的生物的化石，就像体型逐渐增大的马科动物的化石一样。但事实上，在绝大多数时候，这种中间状态的化石并没有被找到。

当然，很多生物学家会说，找不到中间状态的化石没啥稀奇的，毕竟化石的形成需要天时地利等一系列巧合，生物无法形成化石才是常态。这个解释从逻辑上确实成立。但无论如何，证据的缺失仍然是渐变论立论的一大遗憾。

　　第二个挑战要来得更加猛烈一些。从 20 世纪初开始，遗传学家们就发现：遗传物质的一些微小改变，就能够造成生物体特征的巨大变化。前文提到的生物学家摩尔根，通过研究，发现果蝇染色体上的微小变化，就能使得果蝇的眼睛从红色变成白色、身体的颜色从褐色变成黑色、翅膀的形状从伸展平整变成残缺卷缩。这些变化出现时，中间并没有任何过渡。

　　到了 20 世纪中后期，人们进一步认识到 DNA 序列决定生物性状。哪怕 DNA 序列上一个碱基的微小变化，都有可能产生灾难性的影响。比如，人体 β‑血红蛋白基因序列上第 17 个碱基从 A 变成 T，就会彻底改变血红蛋白的功能，导致严重甚至致命的镰刀型细胞贫血症。人体基因组由超过 30 亿个碱基构成，1个碱基的改变似乎很微小，但它产生的影响却是非常显著的。

　　这样一来，问题就出现了：生物特征的变化背后是基因序列的变化，而基因序列变化的最小单位就是单个碱基的变化。既然单个碱基的变化在某些时候就足以引发生物特征的巨大变化，那么我们从原理上就得承认，生物进化过程不会总是缓慢的、连续的、平滑的，至少在某些时候，它会表现得更加剧烈。

　　那么我们是不是干脆推翻渐变论，接受生物的进化过程就是快速的、跳跃的、断裂式的呢？

　　这种突变论（或者说灾变论）的思想源头，甚至还要早于达尔文、早于进化论思想的出现。19 世纪初，法国博物学家居维叶（Georges Cuvier）研究鉴定了已经灭绝了的猛犸象和乳齿象的化石。他推测，在地球历史上出现过地理环境的骤然变化，和随之发生的生命大规模灭绝。20世纪中叶，人们在墨西哥尤卡坦半岛上发现了著名的陨石撞击坑，印证了6500万年前毁灭恐龙的那次环境灾难的说法。突变论和灾变论也因此变得更有市场了——既然环境变化可以很突然，生物特性的变化也会因此变得很突然，再结合前文基因序列层面的研究，好像进化过程确实应该是快速的、跳跃的和断裂式的。

但这种解释好像也有点问题。毕竟，那些支持渐变论的证据还是实打实的啊——我们身边确实没有看到什么惊天动地的生物进化事件，我们也确实找到了不少生物特征缓慢变化的证据——如果我们放弃渐变论而选择突变论，这些证据又该怎么理解呢？

间断平衡和中性突变

20世纪中后期，渐变论和突变论之间的冲突被两个新理论联手"化解"了。

第一个新理论，即"间断平衡理论"，它很好地回答了"渐变论缺少中间过渡状态的化石作为证据"的质疑。20世纪70年代，美国古生物学家古尔德（Stephen Gould）和埃尔德雷奇（Niles Eldredge）表示，不要用"形成化石很困难"之类的理由来搪塞我们，这些中间状态的假想生物可能根本不存在！他们认为，生物进化的速度不是恒定的（永远渐变或者永远突变），而是忽快忽慢的。绝大多数时间里，生物只发生微小的、连续的、平滑的改变，形成所谓的"平衡态"；它们的特征仅仅在某些短暂的时间窗口才会发生快速的、跳跃的、断裂式的改变。

按照这个理论，找不到过渡状态的化石才是合理的。因为在大部分时间里，生物的特征处于平衡态，本来就不怎么变化。只有在极少数时间，比如环境出现巨大变化的时候，生物特征才会出现巨大改变。而这种巨大的改变，变化速度很快，持续时间很短，很难恰好被化石证据捕捉到。打个比方，一个人在森林里探险，谨慎起见，他大多数时间都躲在安全的地方休息，只有极少数场合，确认周围环境安全的时候才会狂奔几百米，前往下一个休息地点。而如果你调用卫星，每隔 1 小时给森林拍照，就会看到这个人的位置总是在不同地点跳跃，只有极其偶然的情况下才会捕捉到他在不同休息地之间的移动过程。

当然，间断平衡理论也仍然要直面来自分子生物学的挑战。前文提到，基因序列的微小差异能带来生物特性的巨大变化，而基因变异又是一个无法避免的随机事件。那么，生物特征的渐变在基因层面是如何实现的呢？

这个问题，被第二个新理论——"中性理论"——巧妙地化解了。1968 年提出这个理论的日本科学家木村资生表示：我们其实大大高估了在基因层面，自然选择发生的频率和它的重要性。

从基因层面看，生物个体之间、不同的物种之间，大部分的差异其实都无足轻重，既没有益处，也没有坏处，是所谓中性的。这也就意味着，它们大多数不会显著影响生物的生存和繁殖能力。既然如此，它们到底能不能被保留下来、在哪些个体体内保留下来、能不能持续传给子孙后代，就不是自然选择能做主的，而是随机挑选的结果。反正只有一小部分生物个体能活下来，而且彼此之间生存繁殖能力又差不多，那起关键作用的就是运气，而非能力了。

为什么木村资生的基因层面的中性理论，能为化石层面的间断平衡理论提供了一个很好的解释呢？

根据中性理论，基因序列变化的作用很多时候都是无足轻重的，根本不会引起自然选择的注意。举个例子，DNA 序列上GAG 和 GAA 三个碱基的排列，所携带的信息是一样的，都会在合成蛋白质的时候对应一个共同的氨基酸——谷氨酸。既然如此，如果基因序列发生了一次变异，从 GAG 变成了 GAA，后果就可以忽略不计。即便有时候氨基酸序列也发生了改变，后果可能也并不严重。比如人的胰岛素和猪的胰岛素相差 1 个氨基酸，和牛的胰岛素相差 3 个氨基酸，但后两者都可以直接用来给糖尿病人注射控制血糖，它们在生物学功能上有相当的可替代性。

也就是说，虽然在进化历史上基因变异在持续、随机发生，但它们绝大多数时候都不会制造出存在巨大差异的生物个体。这样一来，生物的性状就只会在某个平衡状态上下微小波动，不会产生方向性的显著变化。此时间断平衡理论里的平衡时段就出现了。

只有在极少数时候，基因变异恰好发生在 DNA 序列的关键位置上，而且恰好产生了巨大的影响，生物学家古德斯米特（Samuel Goudsmit）把这些基因变异称为"充满希望的怪兽"（hopeful monsters），因为只有这样的变异才会把"昏昏欲睡"的生物进化过程惊醒，让自然选择发挥作用，从而引发生物特性的跳跃式变化。间断平衡理论里的断裂期就出现了。

值得一提的是，生物学家很多时候正是利用中性突变来确定生命之树上出现分叉的具体时间的——既然中性突变不会被自然选择注意，那么我们可以认为它发生的频率只和 DNA 复制错误的频率相关，和外部环境无关，因此是可以精确定量和计时的。我们就可以通过 DNA 复制错误的速度（大概每年每个位点会有十亿分之一可能出现变化）和两个物种之间 DNA 序列的差异（比如人和猕猴的某个 DNA 片段上，序列差别大约 1%），反推出两者的共同祖先生活在什么年代（大约 1000 万年前）。

在我看来，这两个理论实际上从不同层面对进化的速度给出了相似的结论。在中性理论看来，微观层面的基因序列的变异固然是随机的，但发生在不同位置上的影响却很不一样。有害变异会被快速淘汰，我们不需要特别关注它们；剩下的则是大量中性的变异和穿插于其中的极少量有益的变异。这种变异的模式表现在生物的宏观特征上，就会展现出间断平衡的状态，也就是漫长的乏味的平衡态，以及穿插于其中的极短暂的快速进化。这种忽快忽慢的进化速度，也会在化石证据中体现出来（图2-4）。

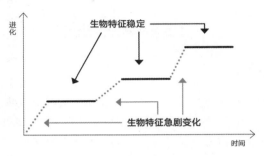

图2-4 进化速度变化

当然，进化速度并不是一个可以一概而论的问题。对于不同的生物来说，对于不同的进化时间窗口来说，缓慢变异和快速变异哪个更普遍、中性突变和自然选择哪个更重要，可能答案并不唯一。

很可能，生命进化的进程既不是马拉松，也不是百米冲刺，而更像是西天取经——取经用了十四年，有时走得波澜不惊、春风得意；而在遇到高老庄、流沙河、火焰山时，困在那里十天半个月动不了身也很正常；等成佛以后，念动咒语，一晚上飞几千几万里也不在话下。

进化，就是这么一场华丽的冒险。

到这里，我们不妨做一点小小的延伸。任何复杂系统的速度，似乎都可以用这种思路去分析和解释。比如，对于很多人来说，人类历史的演化历程是缓慢的，甚至是无趣的。生活固然会发生变化，但在绝大多数时候，这些变化都是中性的、随意的、可有可无的。每一代人都会把自己成长经历中看到和学到的东西当成理所当然，再用过来人的口吻传授给自己的子孙后代。毕竟，每天的太阳总是照常升起。

而在一万年文明史上，人类文明的进化速度在少数几个时间节点突然提升到了惊人的水平。仿佛一夜之间，人类进入了一个新世界，成为了一个全新的物种。铁器的出现、文字的使用、宗教的诞生、蒸汽机的发明、互联网的广泛应用，等等，都是这样的重要节点。

我们有理由相信，我们这一代地球人正处在间断平衡的"断裂期"，一系列有深刻影响的改变要么正在发生，要么将要发生。这也是旧的传统和经验注定要失效，新的传统和经验正在形成的关头。我当然也希望，来自生命世界的规律，会为我们每个人带来启迪。

红皇后效应：进化是一场永不停歇的冒险

前文我们讨论了生命之树生长的方向和速度问题。形象地说，生物进化的历程就像城市小区里随处可见的黄杨树，总是在不断地向上生长，娇柔的枝条抽出，变得粗大坚硬；嫩黄的小叶子伸展开来，变成暗绿色。

而和真实的树不同的是，生命之树的过去已经在历史中消散；我们只能从凝固的化石证据中，从基因序列的细节变化中，推测每一层历史断面曾经的模样。

"活化石"生物：进化会停止吗

但你可能马上会产生一个疑问：如果生命之树是持续生长的，人们为什么还会找到一些看起来亿万年不变的生物？

你可能听说过所谓"活化石"物种，比如大熊猫、银杏树、扬子鳄，等等。这个词是达尔文的发明，它被用来形容那些出现时间非常古老，但一直存在至今，而且和化石中的祖先相比，没有发生任何变化的生物。

生物学史上有一个特别著名的活化石案例，它的发现甚至有那么点儿戏剧性。1938 年 12 月，南非一座自然博物馆的馆长玛罗丽·考特尼 – 拉蒂迈（Marjorie Courtenay–Latimer）偶然在渔民那里看到了一条奇特的鱼，身长 1.5 米，重约 50 千克，鱼身下四片厚厚的鱼鳍，很像能够行走的四肢。困惑的她画了张草图寄给一名鱼类专家詹姆斯·史密斯（James Smith），后者无比困惑又激动万分地意识到，这条鱼很像化石中一种 3.5 亿年前出现，但 6500 万年前就已经消失的古老鱼类——腔棘鱼。史密斯还亲自跟随船队出海寻找活着的腔棘鱼，但以失败告终。一直到1952年，印度洋科摩罗群岛的渔民才重新捕到了一条完整的腔棘鱼标本并交给了史密斯。这就是著名的从化石里重新活过来的物种——西印度洋矛尾鱼。在那之后，人们还在印尼的苏拉威西岛发现了另一种活着的腔棘鱼，并把它命名为印尼矛尾鱼。

科学家们根据化石证据推测，腔棘鱼可能用肺呼吸、用强壮的鱼鳍在浅滩上行走，是亲身见证鱼类和两栖类分道扬镳的节点性生物。从1938年那次惊天发现开始，人们意识到，这种古老鱼类至今尚存，而且模样和几亿年前的祖先差别不大。

你看，腔棘鱼这样活生生的案例，好像是对生命之树的一种嘲讽。在几十亿年的时间里，生命之树从生根发芽到开枝散叶，不断生长。那为什么还会有腔棘鱼这样几亿年保持不变的生命存在呢？

但请注意，所谓"活化石"，是对这些古老生物、对进化过程的一种误解。即便在腔棘鱼身上，进化也从未停止。

最显著的区别是，化石中的腔棘鱼留下了肺的痕迹，能够离开水呼吸，依靠强壮的鱼鳍在陆地行走；而活着的这两类腔棘鱼，在发育过程中确实也出现了肺，但到成年后它们的肺就萎缩直至失去功能了，只能在海洋里靠鳃呼吸，而且栖息在几百米深的深海海底。这样看来，前者确实是鱼类上岸生活的过渡物种，后者可能是在上岸过程中半途而废的失败者，或者上岸之后又重新返回了海洋。

在微观的基因序列层面，这种区别体现得也很明显。活着的两种腔棘鱼有巨大的眼睛能够检测微光，但却没有分辨颜色的能力。相比现存的其他鱼类，这两种腔棘鱼体内的颜色感受器基因要么彻底消失了，要么退化得失去了生物学功能。这种特征和它们深海夜行的生活方式相匹配。当然，这种变化也应该是腔棘鱼放弃岸上生活、重返海洋之后发生的。毕竟我们可以推测，那些在浅海生活、逐步上岸的腔棘鱼祖先们应该有分辨颜色的需要。

所以真要排族谱的话，活着的这两种腔棘鱼应该是化石腔棘鱼的远房后代，而不是它们的孪生兄弟。在几亿年的时光中，腔棘鱼固然在外观上保持了相对的稳定，但在我们不易察觉的细微之处，进化仍然在持续发生。

其实仔细分析会发现，就连这两种活着的腔棘鱼之间也出现了明确的差异。印尼矛尾鱼通体深灰色，而西印度洋矛尾鱼则是醒目的蓝色。研究者们根据基因序列的差异，估计它们大概是在三四千万年前分道扬镳的。也就是说，在化石中的所有腔棘鱼于 6500 万年前灭绝之后，活着的腔棘鱼仍然在持续发生变化和分叉。

在这个意义上，"活化石"这个词应该从字典里删除才对。生命之树上，所有活着的生物都还在努力求生，不存在一劳永逸的生存方式。

你只有不停奔跑，才能停在原地

这种生存伴随着进化、停止进化就无法生存的生活方式，被生物学家们赋予了一个有点儿童话色彩的名字：红皇后效应。它来自《爱丽丝梦游仙境》故事当中的红皇后的一句名言，"你只有不停奔跑，才能停在原地。"

我们在前文讨论进化方向时提过，假设环境保持不变，那么进化不光有方向，可能还有终点。但我们也得注意，这个终点在很大程度上只是理论上存在的，因为环境作为进化的外部约束，无时无刻不在发生变化。非生物环境的要素，比如温度、湿度、大气成分，它们的变化相对来说还是比较缓慢的。但只要一种生物自身在持续进化，对于和这种生物共生存的其他生物来说，就意味着它们面对的外部生物环境也在持续发生进化，这种变化的频率和强度是非常惊人的。

我们用一个假想的例子，来演示红皇后效应是如何发生的。

在非洲草原上，猎豹追逐羚羊的生存游戏已经进行了几百万年。如果你在电视上看到过猎豹捕食羚羊的场面，你大概天然会觉得猎豹是这场生存竞争的胜利者，羚羊只是其爪牙下无助的献祭品。但是别忘了，在猎豹的威胁下，羚羊并没有灭绝，两者的数量也维持在一个大体稳定的水平。

这种平衡就是红皇后效应的产物。羚羊在猎豹的威胁下会持续发生微小的进化，可能是跑得更快、更耐久，可以甩脱猎豹；可能是在奔跑中学会了急停转身，足以迷惑猎豹；甚至可能是变得皮糙肉厚、难以下咽，让猎豹放弃把自己当成目标……羚羊身上发生的这些变化，反过来又作为生存压力，驱动猎豹的持续变化，让它们跑得更快、转向更敏捷、牙齿更锋利……这两种进化的力量相互牵制，看起来似乎两种生物谁也奈何不了谁；但如果我们沿着时间轴做比较，就会看到两种生物在以彼此为参照，持续变化。如同一场拔河比赛，看起来势均力敌，场上没什么显著的变化，但实际上参赛双方都已经拼尽了全力。

我们甚至可以想象，如果我们真能复活百万年前生活的猎豹，它们可能根本抓不到今天这批又持续进化了百万年的羚羊，只好饿肚子；而复活对象如果是百万年前生活的羚羊，它们在今天的猎豹爪下可能也坚持不了几秒钟。正是在红皇后效应的永恒驱动下，地球生物才一刻不敢放松进化的脚步，从生命树根开始，一路生长分叉，开枝散叶。当然，地球生物奔跑的速度和方向可能各不相同（这和它们所处的环境有关），但"奔跑"本身才是不变的法则。

进化和退化: 不停奔跑, 但不一定非得向前

关于猎豹和羚羊的假想案例可能比较容易理解, 毕竟这两种生物都是沿着通俗意义上"越来越好"的标准进化的。但是必须说明的是, 在红皇后的驱动下, 生物的进化并不总是需要如此。它也可能是在原地绕圈圈。

我们继续用一个假想的案例来推演一下: 假设猎豹群体里有两种类型, A 和 B。类型 A 捕食能力强但是不太耐饿, 类型 B 耐饿能力强但不太善于捕食。在进化过程中, 我们可能看到的场景是, 在猎豹群体内部, 类型 A 多了, 羚羊被吃得所剩无几, 就会有更多的猎豹会饿肚子, 这时候类型 B 就有了生存优势; 而类型 B 多了以后, 捕食能力不行, 羚羊就多了起来, 类型 A 又有了更大的生存空间。在这种局面下, 哪怕羚羊的特征保持原地不动, 猎豹群体内也会自己进行原地绕圈式的生存竞赛, 两种类型周期性地此消彼长。

顺便插句话, 这种看起来原地绕圈的进化过程, 其实特别好地说明了生物进化"活在当下"的特征。在每一个紧张的竞争和选择时刻, 生命的着眼点永远都是此时此刻能够活下来, 能够获得繁殖后代的机会。它们并不会未雨绸缪, 毕竟只有此时此刻能够活下来繁殖后代, 才有资格谈论未来。至于许许多多个"当下"的选择拼接在一起, 呈现出怎样的一条进化路径, 是一路向前的高歌猛进, 是曲折中寻找出路, 还是原地绕圈, 生物并不关心, 也无从控制。

这种永恒的奔跑甚至可以表现为人类视角下的"退化"。我们会看到很多时候生物的一些特征会逐渐废弃不用、弱化, 甚至彻底消失。比如, 生活在动物体内的寄生虫往往只有简单的感觉和消化系统; 但它们在宿主外独立生活的祖先若是如此, 显然没办法生存下来。再比如, 生活在黑暗中的穴居动物(如鼹鼠)完全失去了视力; 但我们很容易推测, 它们在地面生活的祖先应该

拥有很好的视力。

这样的例子还有很多很多。很多人在直觉上认为生物进化不成立，或者进化并没有任何方向可言。也是因为这个原因，不少人在争论把"evolution"这个词翻译成进化是不是带有误导性，应该译为价值观中性的演化。

这个用词的问题我们在书的第七部分还会专门讨论。这里想先提醒你注意的是，一方面我们要认识到，生物确实在红皇后效应的驱动下持续发生变化，而且这些变化对它们的生存繁殖也确实很重要，因此说"进化"并没有什么问题；但另一方面我们也要注意，进化一词中暗含的进步含义，是针对生物自身的生存和繁殖需要的，我们不能套用人类中心论的视角去随意品头论足。

一言以蔽之，生物确实在进化，但并不一定要表现出人类眼中的进步。

我们还是拿腔棘鱼来举个例子。从人类的视角看，把用肺呼吸和分辨色彩这两个"先进"的生物学功能废弃不用，可以说是浪费和退步。但对腔棘鱼而言，这种变化就不能看成是退步。对于回到了暗淡无光的深海生活的它们，肺器官和辨色力纯粹是历史包袱，对于生存繁衍毫无价值，可能还需要浪费宝贵的资源去记录、孕育和维护。当一次随机的基因变异终止了肺部的发育，或者破坏了色彩感受器基因时，这个基因变异对于腔棘鱼来说其实是无关紧要的，甚至还可能被当成有益变异被筛选和保留下来。也就是说，腔棘鱼主动选择了这种在人类看来是开历史倒车的生活方式，并因此获得了更大的生存机会。

就是人类自己，其实也逃脱不了红皇后效应的影响。20世纪中期之前，有害细菌和人体的相互竞争已经进行了很长时间，并且在红皇后效应的作用下保持着紧张的平衡。但抗生素的发明让人类如虎添翼，在短时间内对有害细菌取得了压倒性的战术胜利。但好景不长，细菌快速发展出种种反制手段，顽强地卷土重来，逼迫人类持续加大抗生素剂量，一代代开发全新的抗生素。全世界医院的 ICU 病房里那些层出不穷的超级耐药菌，正是红皇后效应的绝佳证明。

说到这里，我联想到了曾经风靡全球的"历史终结论"。它出现在冷战结束的大背景下。美国学者福山（Francis Fukuyama）认为苏联解体这件事本身，说明人类社会有一个单一的、最终的发展形态，就是所谓的自由民主政治。但如果我们从生物进化中的红皇后效应出发，就会马上意识到：人类历史会有一个终结性的形态——不管这个形态可能是什么——这种思路从根上就是错误的。

和生物一样，人类社会也处在永远的生存竞争和自然选择之中，必须永远不停奔跑，才有可能停在原地。一份事业、一家公司、一个组织，甚至一个国家、一种文明，既然身处日新月异的环境当中，就无法停止自我变革的脚步。而且从生物界的经验看来，这种变革既可以表现为万众欢呼的进步，也可能会表现为周而复始的治乱循环，甚至是万马齐喑的倒退。不管后人如何看待历史，身处历史之中的人和事，只能根据当下的竞争和环境，以及自己能接触到的经验和教训，做出适宜于此时此刻的最优选择。

唯一不变的是变化本身，这句话是生物世界的生存智慧，也是人类社会的生存智慧。

马太效应：进化中的复利

在红皇后效应的压迫下，生命之树的所有分支都必须不断地生长，停止生长就意味着死亡和灭绝。这一节我们试着从相反的方向来理解红皇后效应：停止进化意味着灭绝，那么如果持续进化，生物会获得什么呢？

小布什胜选和生物进化：赢家通吃

答案是马太效应。这个词出自《圣经·新约·马太福音》。耶稣基督说，"凡有的，还要加给他，叫他有余；凡没有的，连他所有的也要夺去"。

这句话通俗来说就是，只锦上添花，从不雪中送炭。可以想象，这种效应会产生一种放大优势的效果——不管开始时优势有多微弱，在马太效应的加持下，到最后总是赢家通吃（winner takes all）。

举一个你可能很熟悉的例子：2000年美国大选。

美国大选执行的正是赢者通吃的制度。对于大部分州来说，哪位候选人在州内获得的选票多，他就会获得整个州的选举人票；谁获得了全美范围内超过270张选举人票，谁就当选下一任总统。

在2000年美国大选中，小布什（George Walker Bush）仅仅因为佛罗里达州内非常可疑的几百张选票的优势，就获得了代表佛罗里达州超过2000万人民的共25张选举人票，并因此获得了全国共计271张选举人票，险胜戈尔（Albert Gore Jr.）赢得美国总统的宝座。一年后，"9·11"恐怖袭击事件发生，为了报复幕后的恐怖分子，小布什先后出兵阿富汗和伊拉克，让整个世界政治格局为之一变。从佛罗里达州区区几百张选票的领先，到"9·11"恐怖袭击事件之后的全新世界格局，这可能是马太效应影响人类世界的经典案例。

我们可以用一个假想的例子来看看马太效应如何在进化上实现。

在讨论自然选择时，我们提起过"适合度"的概念。在生存竞争中，我们通常认为，那些生存和繁殖机会更大的个体，适合度更高。现在我们假设在某个物种内部出现了一个基因变异，让携带这个基因变异的个体的适合度提高了1%。这看上去并不是一个多么惊人的数字——如果这个物种的个体平均能产生100个后代，那么携带基因变异的个体平均可以产生101个后代，差别几乎可以忽略不计。至于1%的差别从何而来，是因为这些物种跑得快了、消化能力强了，还是学习能力提高了，并不重要。只要我们知道，这个基因变异在整体上提高了1%的适合度就可以。

在一代生物的时间尺度上，这1%的差别可以说是无关紧要的。假设在一开始，有1%的生物个体携带这个有益的基因变异，那么在一代之后，携带有益基因变异的个体比例也仅仅会上升到1.01%，不会产生肉眼可见的效果。等待10代之后，携带有益基因变异的个体比例也仅仅会提高到1.1%。

但只要我们有足够的耐心，等待100代之后，这个比例会提高到2.6%，已经开始加速；到500代之后会提高到59%；而到1000代之后，这种基因变异的比例就会达到99.5%，可以说完全"扫荡"了整个物种。假设该物种传一代需要20年时间，它实现这种从无到有的替代，也仅仅需要2万年时间。在进化历程里，别说2万年，20万、200万年也只是弹指一挥间。

请注意，我们这里描述的是一个非常温和的、只带来了看似微不足道的1%改善的有益变异，连它都能在弹指一挥间实现对整个物种的扫荡。这就是马太效应在生物进化中的体现。在真实的进化过程中，你也完全可以想象，给定足够长的时间，哪怕比1%微弱得多得多的基因变异，也有可能以一种缓慢到无法察觉的节奏，逐渐扫荡整个物种。

此外，你也需要特别注意，微弱的生存优势能引发马太效应，但意外和偶然同样有机会启动马太效应。就拿我们反复提到的小行星撞击地球事件来说：在此之前，哺乳类动物的几乎所有门类都已经在地球上存在了；而在那之后，哺乳类动物的进化速度大大加快，呈现出爆发式发展的局面，迅速填补了恐龙灭绝之后留下的生态位空缺。这种马太效应的启动并非因为我们的直系祖先真的有什么过人之处——否则也不会在长达1.5亿年的时间里被恐龙家族压迫得只能生活在地下或者夜间——它在某种程度上是小行星撞击地球这次意外带来的结果。

今天我们固然可以论证恐龙之所以灭绝，是因为这类生物天然的缺陷，比如体型过于庞大导致消耗太多环境资源，比如免疫系统可能不够发达，比如脑容量较小无法承载复杂的智慧，等等。但这些事后诸葛亮式的论证终究无法回答这样的一个问题：如果6500万年前，那颗小行星恰好偏离地球而去，今天地球的主宰还会不会是我们人类？

马太效应和复杂器官的形成

在刚才的假想案例中，进化的马太效应在物种内部起作用，实现的是定量的性状改善。而在进化历史上，马太效应还能在更大范围、更长的时间尺度中发挥作用，表现出更加震撼的力量。

能够支持这个说法的一个重要案例，就是复杂器官的形成。我们可以从眼睛的进化历史来看，赢者通吃的马太效应是怎样层层累加，并且最终发生的。

眼睛的形成是很多反进化论者特别喜欢的例子，他们认为眼睛有所谓的"不可约分性"。也就是说，眼睛是由许多功能元件按照特定的空间顺序精密组装而成的，比如眼皮、睫毛、角膜、瞳孔、晶状体、视网膜、视神经、大脑皮层，等等。这些元件孤立出现的话，不仅无法发挥任何功能，反而还成了累赘，因此不会被进化所选择。但如果假设这些元件是同时出现的，而且恰好第一次出现就排布成了正确的结构，又实在太过凑巧。因此，在这些人看来，眼睛这样构造精良的复杂器官，只能来自上帝或者更高级智慧的有意设计。

但其实，眼睛的生物学特征被人们深入挖掘之后，不光没有挑战进化论，反而成了进化论特别有力的证据之一。这背后的逻辑，就是优势层层累加、导致赢者通吃的马太效应。

目前，动物世界里能找到的最简单的眼睛，是两个细胞紧靠在一起形成的，一个是负责捕捉光线的感光细胞；一个是色素细胞，负责吸收多余的光线，从而保护和支持感光细胞。海洋环节动物杜氏阔沙蚕幼虫的眼睛就长这样。实际上，这也是我们能够想象的、最简单的眼睛结构。

可以想见，结构这么简单的眼睛能起到的作用是极其有限的，不要说成像，连检测光源方向和位置的能力都没有。但是请注意，如此原始的眼睛结构——我们可以叫它眼睛1.0——就足以启动赢者通吃的马太效应了。

我们可以推测，相比没有眼睛的同类，拥有眼睛1.0的生物，能够大致判断环境里有没有阳光照射；有阳光的地方，藻类植物应该会比较密集，找到食物的概率就更高。同时，这个眼睛也能帮它判断是不是有阴影笼罩过来，于是逃脱天敌追捕的能力也提高了。也就是说，虽然眼睛1.0看起来不算什么惊人的优势，但它也应该足以凭借这点能力，在短时间内席卷整个物种。

之后，拥有眼睛 1.0、从而获得生存优势的生物，可以一代代继续积累微小的有益突变。比如，某个基因变异可能会让眼睛 1.0 所在的身体部位发生褶皱，产生一个杯子状的凹陷，让"原始眼睛"正好位于杯底。这样的眼睛 2.0 结构，除了感光之外，还多了一点点粗糙的确认光线方向的作用。毕竟只有顺着杯口照射进来的光线才会触及感光细胞，被生物看见。这种粗糙的光线定向能力，就让生物对于食物和天敌的定位更准确了。

再往后，杯子状的眼睛如果进一步凹陷，杯子口继续收缩变窄，又会发生什么呢？这只眼睛 3.0 就有可能利用小孔成像原理，检测到外部世界的模糊轮廓。这对于生存和繁殖当然也有额外的好处。

而如果在杯子里装上保护性的液体，在狭窄的杯口装上透明的保护膜，眼睛 4.0 就有了更大的用武之地，甚至能脱离海洋，在陆地上使用。基于此，眼睛 5.0 继续优化，比如加上保护性的眼皮，比如让透明保护膜的曲率可调、实现变焦，比如增加控制进光量的瞳孔（图 2-5）……

请注意，这样的进化路线并不是我们纯粹的空想。在生物世界里，每个节点都能找到相应的生物学证据。如果把沙蚕幼虫的眼睛看成 1.0 版本，把人类和章鱼的眼睛看成 5.0 版本的话，那么涡虫的眼睛就是 2.0 版的，拥有杯子状的凹陷；鹦鹉螺的眼睛就是 3.0 版的，能够小孔成像；天鹅绒虫的眼睛就是 4.0 版的，已经被透明角质层严密保护了起来。

你看，哪怕是精致发达的眼睛，也并不需要一蹴而就地形成，也并不需要一个天才设计师。它仍然可以在马太效应的持续作用下，一步步从微小优势堆积而来。遵循类似的逻辑，我们也能推断其他复杂器官和复杂技能是如何在进化中出现的。

a. 出现感光细胞的原始眼睛

b. 眼睛部位凹陷，形成有限的定向感光性

c. 针孔式的眼睛，形成更好的定向感光性
和有限的成像效果

d. 眼睛部位被封闭保护起来，内部出现透
明的液体

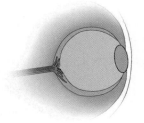

e. 晶状体出现，眼睛具备变焦能力

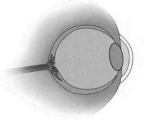

f. 更复杂的眼睛，出现了虹膜、角膜等结构

图2-5　眼睛的进化

比如，鸟类的飞行能力也需要很多基本元件的密切配合：负责拍打空气的飞羽、负责调节方向的尾羽、发达的胸骨、中空轻便的骨骼、退化的牙齿、消失的膀胱、发达的方位感，等等。这个乍看起来似乎是精密设计的产物，也可以从马太效应的角度来解释——我们完全可以设想，最初的鸟类祖先根本不需要学会真正的飞行，只要长满羽毛的前肢能够扑腾几下，帮助它们更轻松地跳过沟沟坎坎，或者在它们从树上往下跳的时候提供一点点缓冲，就足以产生微小的生存优势，启动马太效应了。在那之后，各种现代飞行所需的技巧都可以逐步累加上去，最终塑造出今天那些翱翔天空的飞行家们。

马太效应和多样性的出现

马太效应不光能作用在生命现象的质量上，让具备微弱生存优势的特征快速成为胜利者，继续积累越来越多微弱的生存优势，最终构造出精巧复杂的生物学机能。它也能作用在生命现象的数量，特别是多样性上，构建繁荣昌盛的生物世界。

回到本节一开始那个假想的例子——某个能够提升 1% 适合度的基因变异，会在一个物种内部扩张并占据统治地位，这件事本身可以看成是该物种的质量提升。那么我们可以继续设想：既然这个有益基因变异已经扩散到了相当大的范围中，促进了该物种的生存和繁殖。那么在这个范围内，同一物种的不同生物个体数量足够多，生存空间逐步扩大，就更有可能彼此间独立进化，分别积累不同的有益变异，最终通过生殖隔离形成不同的物种。

这样一来，带来 1% 提升的有益变异，不光带来了物种内部的质量提升，还有可能在更长时间尺度上，促进这个物种成长、分叉、开枝散叶，从一个物种分裂成多个物种，甚至形成新的属、新的科，蓬勃成长为生命之树上一个繁茂的大分支。

进化过程里，新的生存优势会带来物种多样性的上升，这个推测也得到了不少研究者的支持。人们发现，新物种形成速度最快的地方，并不是热带雨林这样物种已经非常丰富的地方，反而是沙漠、高山这样贫瘠危险的地方。这个看似反常识的现象之所以会发生，可能是因为在这些物种贫瘠的地区，现存生物种类有限，生存竞争不是太激烈，有益的变异相对容易出现。在进化历史上，生物大灭绝之后总伴随着新物种数量的快速扩张，这背后可能也有一股同样的驱动力。

而在更长的时间尺度上，物种多样性的增加还带来了一个额外的好处：提升了这个进化分支整体的生存机会。

就单个物种而言，我们一般认为它的寿命可能在数百万年上下，不论如何繁荣昌盛，终有灭绝之日。在进化历史上，也有几次巨大的环境灾难导致了物种的大面积灭绝，比如我们反复提到的小行星撞击地球事件。但如果我们跳出单个物种，考虑一个更大的进化分支（比如一个目、一个科、一个属），就会发现：这个分支上物种多样性积累得越多，这个进化分支被意外的环境变迁彻底抹掉的概率就越低。

这个道理其实不难理解，既然我们认为物种的灭绝是一个不可避免的周期性事件，那么一个进化分支里物种越多，它们全部同时灭绝的概率自然就低了。举一个大开脑洞的例子：假设有一天人类具备了星际远航的能力，开始在不同行星上建立文明，那么人类这个物种固然还会灭绝，但相比只能待在地球上生活的其他物种，我们就多了一重抵抗巨大灾难的能力。就算一场超新星爆发毁灭了整个太阳系，生活在比邻星附近的人类也许照样还能生活。

至此，我们可以回到生命之树的想象中，来总结这一节的发现。

在持续的进化压力下，每种生物都必须不停奔跑才能保留生存和繁殖的机会。这种永不停歇的进化也为马太效应的出现提供了条件。在一个物种内部，微弱的进化优势能通过马太效应的积累快速扩散，就像一根快速生长的枝条，迅速挤占了附近别的枝条的生存空间。在更长的时间尺度上，马太效应允许优势代代叠加，创造出令人叹为观止的复杂器官和复杂功能，就像一根枝条长成之后开花结果。它还让生存竞争的成功者有机会开枝散叶，从一根独苗发展成生命之树上一簇蓬勃旺盛的枝叶。

据说爱因斯坦说过一句名言："复利是宇宙第八大奇迹。"老实说，这句话大概率不是爱因斯坦说的，但复利确实有惊人的力量。1957 年，股神巴菲特（Warren Buffett）成立基金的时候，本金不过区区 10 万美元。但从那时候到现在，看起来并不算惊人的 20% 左右的年化收益率，就让巴菲特用 60 多年的时间实现了 70 万倍的财富扩张。

在生物进化中，马太效应之所以能够出现，核心其实也是进化的复利效应。在漫长的进化时间面前，再微小的进化优势也有可能在无数代生物的繁殖历史中，启动强者更强的循环，积累巨大的生存优势。

在快速迭代、激烈竞争的现代人类社会，马太效应一样是生死存亡的胜负手。很多时候，微弱的起始优势就会带来成王败寇的极端结果；在硬币的反面，则是晚到一步就可能功亏一篑的惨烈失败。现代人的压力和焦虑与它有关；而了解生命现象的规律，或许能带给我们一些应对之道。

得过且过：进化不是钟表匠，而是裱糊匠

　　进化的持续性带来了一体两面的结果：在红皇后效应的压力下，所有生物永远无法停下来喘息，只有持续奔跑，才能停在原地。但同时，这也让复利的积累成为可能，微弱的进化优势会在漫长进化历程的加持下转化为马太效应——输家一败涂地，赢家好处通吃。

　　接下来我会用三节的篇幅讨论这种高强度的进化带来的问题和麻烦。事实上，进化并非神通广大，它对有些问题束手无策，甚至干脆熟视无睹。甚至，它还亲自把有些麻烦带入凡间，长久折磨一代代的地球生物。

　　而在这些问题中间，我们第一个介绍的是：苟且，或者叫得过且过。

　　前些年有一首歌曲传遍大街小巷，歌词"生活不止眼前的苟且，还有诗和远方的田野"打动了不少还在为生存苦苦打拼，希望有朝一日能放松下来追求自我的年轻人。但是，当我们参照生物进化的历史，会发现：地球生命为了生存已经苟且了 40 亿年，未来大概率还会继续苟且下去。对地球生命而言，眼前的苟且才是常态，是必需品。

　　为什么会这样呢？

　　出现这种情况，很重要的原因是资源有限——环境中资源的稀缺，决定了生物在某时某地能够从环境中攫取和利用的资源也是有限的。这种限制天然会导致一种进化生物学家们称为"trade-off"（取舍、权衡）的效果。它可以被理解为，用有限的资源实现多个目标，导致每个目标都不可能做到极致，只能在将

就够用的水平上得过且过。

比如说，对于生物来说，生存和繁殖是两大根本需求。而在很多时候，就连这两个需求也是无法兼顾，甚至是互相冲突的，需要为此做出取舍。

这种取舍可能体现在生物个体的具体特征上。达尔文在《物种起源》里讨论过一个很经典的案例——雄性孔雀长长的尾巴。拖着长长的尾巴，过于显眼又行动不便，肯定会对雄性孔雀的生存构成重大威胁。然而，一个明显影响生存机会的特征能普遍存在，说明它应该有一个巨大的好处，足以抵消对孔雀生存带来的坏处。达尔文判断，长尾巴带来的好处应该和繁殖相关。长有漂亮尾巴的雄性孔雀对雌性孔雀更有吸引力，更容易找到繁殖后代的机会。

达尔文的猜想是对的。在孔雀这个案例中，正是雌性孔雀的选择偏好，造就了雄性孔雀的进化路径，这种特殊的自然选择被称为性选择。性选择区别于通常意义上的自然选择，它选择的压力不来自自然环境、其他生物、同种生物个体，而是来自异性对交配对象的挑选。除了孔雀的尾巴之外、庞大美丽（但碍事）的鹿角、狮子的鬃毛、人类男性低沉的嗓音，也都是性选择的产物。

那为什么雌性孔雀就非得喜欢这种对生存明显有害的特征，这不是给自己和后代找麻烦吗？对此，达尔文提出了一个现在看来很人类中心主义、甚至还有点性别歧视的解释：雌性孔雀就是"蛮不讲理"地形成了对雄性长尾巴的特殊的审美偏好。雄性孔雀才不得不在求偶和繁殖的压力下，进化出了相应的特征。

现在我们知道，这个解释肯定是错误的。至于正确的解释是什么，我们还没有完全弄明白。一个我认为比较靠谱的理解是这样的：漂亮的羽毛和孔雀的健康状况、繁殖能力是有相关性的。

只有强壮健康、身体里没什么寄生虫捣乱的雄性孔雀，才能羽毛鲜亮饱满；而身体孱弱的雄性孔雀，可能会掉毛，尾羽褪色、沾满污秽。雌性孔雀看尾巴选对象，主要是要给自己的孩子挑个健康的爸爸。而雌性这种合情合理的择偶标准，被雄性在进化过程中发现和利用，一代代增大自己的尾巴以增加自己的繁殖机会，最终造就了我们看到的这种在生存和繁殖两大基本需要之间做取舍的结果。

　　但我们还要解决一个潜在的问题。雄性孔雀就不能在把尾巴变大的同时让腿部肌肉更有力、让骨骼更强壮、让感觉更敏锐，从而保持自己的运动能力吗？

　　理论上，雄性孔雀确实可以兼得鱼与熊掌。但在"资源匮乏"的基本假设下，有限的资源到底分配给长肌肉还是长羽毛，就成了一个需要取舍的技术问题。在进化的驱动下，雄性孔雀最终给出了一个充满苟且色彩的权衡：在保证基本生存能力的前提下，把更多的资源投入到繁殖后代当中去——也就是说，在保留基本的运动和捕食能力的基础上，尽量投入更多资源，让自己的尾巴更大一些、更漂亮一些。

　　需要补充的一点是，针对生物化石的研究发现，两性特征差异越大的生物，一般而言越容易灭绝。用苟且的逻辑来解释的话，两性差异是性选择的产物（雄性孔雀的尾巴就是一个例子），性选择的强度越大，生物就不得不把有限的资源更多地投入到应付性选择、帮助繁殖的工作里，对自身生存能力的投入就被压缩到了得过且过的危险边缘。这种情况下，只要环境有一点风吹草动，生物就很容易灭绝。

　　这种资源限制带来的苟且还体现在生物整个生活历程中。我们可以想象，一个完美生物在理想情况下的生存轨迹应该是这样的：出生后快速发育，短时间内就成熟进入繁殖期；之后可以生存较长的一段时间，高效稳定地繁殖出一大批后代。

但在资源的硬约束之下，上述理想状态其实根本无法实现。具体而言，既然能量和营养物质的摄入是有限的，那么能快速发育成熟的生物，体型往往较小。而这往往意味着生物的生存能力差，表现在它更难抢到食物和栖息地，更容易被天敌捕获。这里生物就需要做一个取舍：是尽快成熟开始繁殖，但要承担生存能力弱小的代价；还是慢悠悠地长大变强壮，但要接受繁殖速度慢、成长期一旦意外死亡就没有后代的风险。

同样是哺乳动物，鼠类选择了前者，而灵长类动物选择了后者。

类似的决定，生物体在一生中需要经常做。比如，是一辈子就繁殖一次，但尽量多地投入资源、保障后代的生存机会；还是隔一段时间就繁殖一次，多繁殖一些后代，但每一次繁殖都不能花那么多精力和资源？前者发展到极端，会出现雄性在交配之后主动被配偶吃掉，帮她补充营养、繁殖后代的澳大利亚红背蜘蛛；后者则包括一次能产三亿颗卵，但卵子的营养极其有限、后代刚出生时极其孱弱、体型只有成年个体六千万分之一的翻车鱼。

从某种程度上说，因为资源限制导致的苟且，其实是生物"主动"选择的结果。毕竟生存和繁殖是第一位的，别的需求都可以往后放；而生存和繁殖相比，繁殖的需求又更加基本，因为生存的目的可以看成是为了实现繁殖。根据这些判断，给几大需求排好序后，生物就会按这个优先级分配资源。

但有些时候，苟且是进化的必然，既不是生物主动选择的，也不能被生物主动克服。

进化是一个唯结果论者，谁能通过由"可遗传的变异、生存竞争和自然选择"构成的漏斗，谁就是胜利者。至于凭借什么姿势、利用什么方法、有哪些技术细节，进化本身并不关心。

假设某种生物有两个特征，特征 A 能提高生物的生存和繁殖能力，特征 B 则对生物的生存有害，但特征 A 和 B 被紧密捆绑在一起无法分离。那么，只要 A 的好处足够大，大过了 B 可能带来的危害，那么生物照样能通过进化漏斗，有害的特征 B 也就因此被保留了下来，长久地威胁生物的生存和繁殖。

我们可以用几个例子讨论一下。

有些时候，有利的特征 A 和有害的特征 B 由同一个基因执行——要接受好处，就必须同时承担坏处。比如，人体当中有不少基因，对于细胞的分裂繁殖、器官和组织的分化形成、人体的成长发育等起到了至关重要的作用。如果这些基因出现了微小的基因变异，使得自己的活性增强，或者被外部环境错误地打开，就会导致癌症的出现。这个道理不难理解，癌症本身就源自身体细胞不受控制的分裂繁殖。但凡控制细胞有序分裂繁殖的基因出了点问题，就很容易滑向癌症。比如有一个叫"表皮生长因子受体"的基因（epidermal growth factor receptor, EGFR），对于器官的生长发育起到了关键作用。如果没有这个基因，小鼠无法正常发育，出生前后就会死亡。但反过来，这个基因如果被过度激活，就会诱发包括肺癌、头颈癌在内的很多癌症。

但请注意，恰恰因为这些有潜力导致癌症的基因（也叫原癌基因）对于人体的正常发育而言非常重要，所以它们无法被进化彻底淘汰掉。它们会长久地存在，并借由各种基因变异的机会祸害人体。从这个角度说，癌症本身就是地球生物面对进化妥协的结果，是为了形成多细胞复杂生物必须承受的代价。

还有些时候，有利的特征 A 和有害的特征 B 是相邻的两个基因决定的，但这两个基因在基因组 DNA 分子上紧密相邻，因此总是被绑定在一起、无法分开。这种现象叫作基因连锁。这样一来，只要进化选择特征 A，特征 B 就会搭上顺风车，让生物不得不苟且地活着。

在人类世界有这么一个现象：高纬度地区的人，精神分裂症的患病率显著高于中低纬度的人，有精神分裂症风险基因的比例也更高。对于这个现象，一个可能的解释（当然它还需要进一步研究证明），就是精神分裂症风险基因和帮助人体抵抗寒冷的基因恰好位置接近，在人类繁衍过程中被连锁绑定在一起了。对于生活在高纬度的人，抵抗寒冷的基因显然能提供生存优势，于是被进化选择；而和它相邻的精神分裂症基因，也就顺便被传递了下来。两个基因紧密绑定，无法分开，生活在高纬度地区的人不得不接受这个苟且的结局。

类似的案例比比皆是。我们甚至可以估计，任何一个能够带来显著生存优势的基因变异，周围都围绕着一群搭便车的基因变异，它们有的完全无用，有的确实有害。但既然进化这个唯结果论者只关注最终的结果，那这些搭便车的基因变异就得以长期在优势变异的羽翼下存活，让生物体无法达到理想中的生存状态，不得不苟且地生存和繁衍着。

我们在前文介绍过思想史上著名的"钟表匠比喻"——在荒山野岭中突然看到一块制作精良的手表，你会立刻想到它不是天然存在的，它背后必定存在一个设计者。生命的复杂程度远胜于钟表，既然如此，它也应该有一个设计者。提出这一比喻的佩利对他这套论证的逻辑得意不已，还不厌其烦地列举生物解剖结构里诸多优美精良、秩序井然的地方，来论证生命现象的出现一定需要一个天才"钟表匠"。

而在前文的讨论中我们看到，生命现象充斥着大量的苟且、无奈、妥协、取舍。进化并不是个凡事务求尽善尽美的钟表匠，它其实是一个拆东墙补西墙、睁只眼闭只眼的裱糊匠，就算生命现象已经千疮百孔、摇摇欲坠，只要生物还能生存和繁殖，它压根儿就懒得动一动手指头！

也正因为此，20世纪著名的进化生物学家道金斯才用"盲眼钟表匠"作为自己一本畅销书的书名。这个词的讽刺含义也是显而易见的：生命现象这些充满妥协的特征，要真说它们是一个钟表匠设计出来的，这个钟表匠大概是个盲目劳作的瞎子（可能还刚刚喝了点酒）。

路径依赖：当历史经验成为历史包袱

生物进化是一个持续数十亿年，从启动至今从未停止的过程——但传承并不天然就是好事。这种代际的持续传承，其实强有力地约束了生物未来进化的方向；那些帮助地球生物成功的历史经验，也会成为他们未来进化路上的历史包袱。

为了更好地阐释这个观点，我们先来看看，进化长期传承的特性到底意味着什么。

你是否想过一个问题：为什么自己会如此幸运？——这并不是一个心灵鸡汤式的提问。作为一个独特的个体，你若要出现在这个世界上，你的父亲和母亲都应该顺利出生，长大成人，遇到彼此，孕育生命。以此类推，你的祖父母们一样得顺利出生，长大成人，遇到彼此……这条链路可以继续向上追溯。

要这么看的话，任何一个人的存在，既是平淡无奇的，也是惊世骇俗的。它意味着从现在往前追溯几千几万年，他的每一代祖先都得顺利出生，成长到性成熟的年纪，找到配偶，繁育后代。我们不妨做一个特别简单粗暴的假设：假设每一代人都有0.1%的概率在成长过程中遭遇意外，无法顺利繁殖后代（这个比例已经明显偏低了），那么回溯10000代——也就是现代智人刚刚出现的年代——人类持续繁衍的成功率就降低到了0.005%（99.9%的10000次方）！这么看的话，我们每个人的10000代祖先一定个个骁勇善战、英明睿智、健康强壮、勤俭节约，当然运气还特别好，这样才有可能创造出我们这一代人诞生的机会。

当然，上面咱们说的是典型的"存在即合理"式的论证法，得出的结论也是大错特错的——只要人类还没灭绝，现存的这一代人类总能把自己的家谱上溯到第一代人类。这并非因为我们的历代祖先真的多么英明神武，仅仅是因为只有每一代都成功繁殖后代的人类祖先才能在今天留下后代罢了。这个道理有点像你在一列火车上调查，你会发现每个人都成功买到了票——不管春运期间的火车票有多么难买。反过来说，今天如果有一个年轻人宣布要做个快乐的"丁克"，不再繁育后代，他自己的10000代祖先的传承谱系就断绝了，但这显然不是因为他的祖先们在进化过程里犯了什么错。

我们这个提问其实是要厘清，进化传承到底意味着什么。

不可否认，一种生物若想在进化时间尺度上留下印记，至少要在一段时间内保证每一代生物中都有相当比例能生存下来、繁殖后代的机会。只要有任何一代被"团灭"——不管是因为外部环境因素还是自身的原因——这种传承就永久性地终止了。

不仅是人类，现存的每一个地球生物都可以把家谱回溯到数十亿年前，回溯到地球生命的共同祖先——LUCA。这个（据我们猜测）生活在海底热泉口附近的单细胞生物，是地球上每一棵树、每一朵花、每一个人类和每一个细菌的祖先。我们甚至可以做如此的想象，当我们乘坐时光机回到40亿年前，在LUCA细胞内注射一种非常灵敏的荧光染料，那么我们应该还能在今天地球上所有生物的体内，看到极其微弱但确凿无疑的光芒（当然这个实验只有思维层面的价值，LUCA产生了超过10^{20}数量级的后代细胞，任何染料都经不起如此疯狂的稀释）。当年LUCA掌握的生存技能，尽管在后来几十亿年里被不断地修改、消除、创造、重演，但绝不可能被彻底毁灭和重启。

生命进化可以理解成从根部的LUCA出发，一路沿着树干、树枝向上爬行，直到树冠的过程。一方面，处于树冠的每种生物，都一定或多或少地携带了来自整棵生命之树生长过程中的历史记忆，可能是某个基因片段、某种生活方式、某个身体器官的构造，等等。另一方面，在不断生长的过程里，生命之树还必须经历持续的分叉过程，新物种不断出现，不断地获取新的生存和繁殖技能，并因此变得与众不同。

这就导致了一个天然的结果：一种特定的生物想要继续进化，只能在自己现有的这些历史积累上做微小的调整。因为传承，它不可能把历史记忆全盘放弃；因为分叉，它也不可能突然学会别的分叉上所拥有的新生存技能。

学界把这种现象称为"系统发生树制约"。在我看来，它也可以被叫作"生命之树的诅咒"。

我们可以通过四足动物进化的例子，来继续讨论这种诅咒可能产生的两重影响。

你可能发现了，在陆地生活的脊椎动物，不管是两栖类、爬行类、鸟类，还是哺乳类，都有四个足。这些足的功能和形态有很大的区别，光看外貌，你大概很难想象人的手、马的前蹄是同一类器官，更别说鸟的翅膀和海豚的胸鳍了。但只要分析它们的骨骼构造，就会发现四足动物的前肢其实都包括了由肱骨、尺骨、桡骨形成的"胳膊"，由腕骨、掌骨形成的"手掌"和由很多指节形成的可以灵活运动的"手指"。也就是说，它们的骨骼构造其实很接近，只是这些骨头的粗细、长短、数量有变化而已。

这当然不是说，想要在陆地生活，就必须具备这样的特征。因为很显然，昆虫、蚯蚓、蜘蛛这些陆地无脊椎动物就没有这套复杂的骨骼设计，照样活得好好的。

从进化历史上说，陆地脊椎动物之所以都是四足，仅仅是因为 3 亿至 4 亿年前，第一次上岸的肉鳍鱼类（现代腔棘鱼的祖先）恰好有四个肌肉发达的鱼鳍，能帮助它在沼泽浅滩上行走。这种结构能很好地分散身体重量，保持平衡，因而被进化所青睐。在那之后，肉鳍鱼这一支在陆地开枝散叶、繁育后代，它的所有后代——两栖类、爬行类、鸟类和哺乳类——都保留了四足的特征。我们完全可以想象，如果率先上岸的生物不是肉鳍鱼，而是某种有六个鱼鳍的生物，说不定今天的陆地脊椎动物都是六足的——反正这样的结构也可以分散重量、保持平衡。

这个例子体现了生命之树的历史对进化空间的第一层约束。在陆地生活的四足肉鳍鱼这一支恰好在进化历史上连绵不绝，因此它在几亿年时间内开枝散叶形成的所有脊椎动物后代，也就自动沿用了这个身体结构的设计，只是在上面做了一些适应各自生活方式的微调。

当然，生命之树对进化的约束还不止于此。即便陆地脊椎动物彻底改变了自己的生活方式，这套设计方案仍然被顽固地保存了下来。

我们知道，在漫长的进化历史上，一部分陆地脊椎动物又一次改变了生活方式，选择在天空翱翔，比如鸟类和蝙蝠；或者返回海洋里生活，比如鲸和海豚。对于这些生物来说，四足结构已经不再有任何生存和繁殖上的优势。毕竟，在空中飞翔最多的是拥有膜质翅膀、不需要骨骼支持的昆虫，而海洋里的统治者是从未上岸、鱼鳍里没有手掌结构的辐鳍鱼类。但因为生命之树的诅咒，这些上天下海的四足动物只能在原有的身体结构上微调。

鸟类把前肢改造成了翅膀，仍然保留了基本的骨骼结构，只是丢掉了部分没用的指节。同样的，如果我们把海豚和鲸的胸鳍解剖开，也能找到类似手掌的骨骼结构。尽管在这两个场景下，手掌的结构是毫无必要的，但它们仍然被保留了下来。鸟类扑扇翅膀、海豚用胸鳍游泳转身和四足动物在陆地上爬行所调动的其实是同样的身体结构；尽管前两者从理论上说已经不再需要这样的姿势了。

这种变化体现了生命之树的历史对进化空间的第二层约束。当一类生物顺着生命之树的枝干和分叉发展成熟之后，哪怕生活环境发生巨大的变化，身体的生物学特征已经失去了原来孕育和选择它们的环境，生物也无法甩掉历史包袱，快速寻找新的生存方式。

当然，一个显而易见的问题是：为什么这些生物就不能彻底放弃原先的身体结构，通过基因变异，获得昆虫飞行、鱼类游泳那样的新技能呢？

还真不能。我们已经知道，生物的生存技能是在周而复始的迭代之中，从简单到复杂，从微弱到强大积累而来的。放弃某个生存技能当然很简单——微观上说只要某个核心基因出现了变异就能实现。但想要发展出一个全新的生存技能，就需要启动新一轮的马太效应，从无到有地积累才行。

面对环境变化，有这么两条生存路径：一条是在现有基础上微调修改，先凑合活着、再慢慢变强；一条是彻底放弃现有的方案，从零开始建设一套新技能。那结果是很明显的，不管后者的未来愿景看上去多理想，能够在当下活下来的一定是前者。

这种历史经验同时也是历史包袱的现象，也不仅仅是因为生物体的宏观结构和功能难以发生突然的变化。我们可以认为，在生命现象的每一个层面上，如基因层面、细胞层面、组织和器官层面，类似的过程都在持续发生。

举一个基因层面的例子。破坏一个旧基因只需要一个微小的基因变异，但形成一个具备完整功能的新基因，是一系列小概率事件积累的结果。当生物体需要某个新功能的时候，往往更倾向于改造旧基因让它发挥新功能，而不是从无到有地设计一个全新的基因。比如，在所有有头有尾、两侧对称的动物中，一组"同源异形基因"（Hox 基因）控制了身体轴上器官的排列顺序——哪里长脑袋，哪里长前肢，哪里长翅膀，哪里长后肢，等等。尽管不同生物沿着"头—尾轴"排布的器官千差万别，但都采用了一套高度相似的 Hox 基因来安排其顺序，最多只是做一些不同的排列组合。这种安排其实在很大程度上限制了动物未来的进化方向。未来世界确实有可能出现千奇百怪的动物物种，但它们大概率都是有头有尾、两侧对称，器官沿着"头—尾"的轴向依次分布，而不会长成轴承或者金字塔的形态。

在人类世界，经济学家和社会学家们将这种现象称为"路径依赖"：人们当下的决策受制于过去的经验；即便过去的经验已经不再适用，甚至已经开始造成负面影响。

铁路轨道的宽度设定就是一个特别典型的例子。今天全球主要铁路网中，两根铁轨之间的距离是143.5厘米。这个宽度是英国人史蒂芬森（George Stephenson）在主持修建曼彻斯特和利物浦之间的铁路时制定的，并在之后百年间被很多国家采用。史蒂芬森制定这个数字，主要是因为在铁轨上跑的，由马车制造商制造的传统马车车厢，车轮之间的距离是143.5厘米。至于马车车厢为什么要做这个设定，我没查到明确的历史记录，但它大概率和马的体型有关系（比如两匹马并行拉车，那么两匹马屁股宽度的总和就决定了车厢的宽度和车轮的间距）。结果可能就是，马的身体宽度影响了马车车厢的宽度，又进一步影响了火车车厢的宽度，从而很大程度上决定了今天全球铁路网的设计参数。

今天，牵动火车的动力装置已经屡次升级换代，和马没有一丁点关系了；工程师们也明确指出，如果能够增加铁轨的距离，对于铁路的运输效率来说就会有很大的提高。但是，这种变革大概率是永远也无法发生了。毕竟，改造全球铁路网需要付出的成本实在过于高昂。因此，铁路工程师们只好退而求其次地在原有设计上修修补补。

这个联想还可以再进一步：世界各国主要要通过铁路进行火箭的运输，而铁路隧道的直径在很大程度上限制了火箭的粗细，从而限制了人类发射的外太空探测器的尺寸。如果未来有一天，人类的飞行器在宇宙找到外星文明，外星人大概无论如何也想不明白，地球人类的飞行器长成这个样子，寻根溯源的话，其实是地球上马匹的屁股大小决定的！

参考经典经济学的理论，按说过往修建铁路的成本属于"沉没成本"，在做新的决策时不应该被纳入考虑范畴。但在实际情况中，沉没成本会以路径依赖的方式，严重影响着人类的未来决策。

你看，和生物进化的例子一样，人类世界的历史经验也会成为历史包袱，路径依赖大大限制了未来的想象空间。

死亡与灭绝：进化何时会终止

在 40 亿年漫长的进化历史上，唯有死亡——个体的死亡和物种的灭绝——能够叫停源源不绝的进化过程。那么，死亡为什么会发生？为什么不管对生物个体还是物种来说，死亡都像是无法逃避的归宿？进化为什么不会阻止死亡的发生呢？

这一节我们一起来解决这些问题。

个体因何死亡

绝大多数地球生物都难逃一死，但不同物种的平均寿命长短差异很大——有的只能活几天，比如蜉蝣的成虫最多活 1~2 天，它唯一的使命就是在死亡之前完成繁殖过程，所以连进食的口器都消失了；有的则能活几千上万年，比如美国犹他州的一片北美颤杨林，据说已经活了 8 万年。

但请注意，死亡也并非完全不可避免。人们已经发现，有极少数的生物，比如水螅和某些水母，可能是具备永生能力的。它们会通过持续的自我更新，替换掉衰老的组织，定期重设生命的时钟。这种永生生物的存在更凸显了我们对于死亡的困惑：既然永生在技术上可以实现，为什么绝大多数地球生物还是会死呢？

对于这个问题，坊间一直有一个似是而非的解释：生物个体到了一定年龄会主动选择死亡，从而给后代腾出生存空间。有一个著名的生物学故事，旅鼠自杀，讲的是挪威一带生活的老鼠会在种群密度太大、食物不够吃的时候发扬自我牺牲的精神，成群结队地奔向大海自杀，把生的希望留给同类和后代。半个多世纪前，这个故事成为了迪士尼纪录片《白色荒野》的主题，生物主动选择死亡以帮助后代生存的事迹从此深入人心。

而现在我们可以肯定，旅鼠自杀只是一个学术乌龙。旅鼠本来就会游泳，对它们来说，在集体大迁徙的时候穿越小溪河流是家常便饭。如果正在大迁移的旅鼠群错把大河或者海面当成小溪，并试图穿越它，就有可能出现大面积的死亡。这件事和旅鼠主动选择死亡没有任何关系。

我们在前文反复论证的一点是，最大化自己的生存和繁殖机会是生物的本能，也是进化最底层的驱动力。如果自然界真的产生了情愿自己死，也要把生存机会让给别人的生物，这种生物学特性将在自然选择中被快速淘汰。只有持续扩张的生物才有可能存活和繁衍至今。

这么看的话，死亡绝不可能是生物高风亮节的主动选择。它既然如此普遍地存在，逻辑上只有三种可能性：要么是生物不适应环境，被自然选择所淘汰；要么是导致死亡的原因无法被自然选择影响，因此保留了下来；要么是死亡对生存和繁殖有巨大的好处，因此被自然选择主动青睐。

第一种可能性是，"生物不适应环境，被自然选择所淘汰"，这种死亡方式比较容易理解，这里不展开了。特别需要注意的一点是，如果死亡的原因只有"不适应环境"，那么我们应该会看到这样的局面：随着生物越来越适应它所在的环境，它的寿命会越来越长，最终达到永生态——这件事显然没有发生。也就是说，另外两种可能性应该发挥着更重要的作用。

第二种可能性是指，既然自然选择关注的是什么生物能够成功生存下来，直到成功地繁殖后代，那么自然选择能够施加影响的，就只是生物在繁殖完成之前所体现出来的那些特征。

这个解释可能有些费解，我们用一个假想的例子来做论证。假设有一个基因变异 A，它本身会损害人类的健康，甚至导致死亡。但这个基因变异的影响，只会在 40 岁之后才会被启动。那么它会产生什么影响呢？

可以想见，携带基因变异 A 的人在年轻的时候，他们的所有特征，从身材、长相到健康、智慧，一切正常，不会干扰这些人顺利长大、找到另一半、生育后代。这样一来，基因变异 A 就有被传递到子孙后代里的机会。至于携带 A 的人老了以后如何，是不是注定疾病缠身，进化根本不关心。实际上，就算它想关心也无能为力。因为在繁殖年龄，这个基因变异根本没有表现出任何可识别的特征，自然选择想淘汰它也无从着手。

在漫长的进化历史上，一定会有很多和 A 性质类似的基因变异，它们的生物学功能出现在繁殖年龄之后，一旦出现，无法被自然选择清除掉。久而久之，它们就会积累得非常丰富。我们完全可以想象，每个人体内的基因组 DNA 序列上都携带着一大堆在我们年轻时蛰伏不动，而在我们过了繁殖年龄以后就开始兴风作浪的基因变异。这些基因变异叠加起来，就会带来巨大的破坏、毫无秩序感的混乱和最后的死亡。这是我们之所以会逐渐衰老和死亡的根本原因。

著名的亨廷顿舞蹈症基因变异就非常符合我们对基因变异 A 的描述。这类基因变异发生在人体中一个叫作 HTT 的基因内部，这个基因内部有一段 CAG 三碱基的重复，一般在 36 个以下。如果 HTT 基因序列中的 CAG 重复太多，超过了 40 个，这个基因就会出现针对神经细胞的毒性，导致神经细胞的缓慢死亡。病人会逐渐出现情绪和智力障碍，做出肢体无法控制的舞蹈动作，最终丧失生活能力，直到死亡。

亨廷顿舞蹈症是一种显性基因遗传病，病人如果结婚生子，后代有 50% 的概率会患病。照理说，症状如此严重的单基因遗传病是很容易被进化剔除的。但是亨廷顿舞蹈症的麻烦在于，患者发病年龄基本在 30 ~ 50 岁之间，即传统生育年龄之后。所以，至少在基因检测和基因编辑技术大规模推广之前，这样的基因变异是无法被自然选择识别和淘汰的，它会顽固地存在下去。

顺着这个思路，我们可能会想到一种更离奇的可能性，也就是第三种可能性——如果一个基因变异能让人在生育年龄之前更健康、更容易繁殖后代，哪怕代价是让他在生育年龄之后更容易患病和死亡，这样的变异也会被自然选择所青睐。换句话说，在某些情况下，衰老和死亡可能是生物为了生存和繁殖所付出的代价。

人类男性的睾酮是一个很经典的案例。作为一种雄性激素，睾酮的分泌水平和男性的身材大小、攻击性强弱、求偶成功率高低都呈正相关，于是睾酮活动旺盛的雄性，就更容易被自然选择挑中。但睾酮水平长期过高，又会加速男性的衰老和死亡。而这件事，自然选择就撒手不管了。相反，也有不少研究证明，阉割后的男性的寿命会显著延长——但很显然，这个特性不可能被自然选择所青睐。

类似的例子还有癌症的出现。很多负责生长发育的基因如果过度活跃，就有可能引起细胞的不受控繁殖，从而导致癌症。相反，那些能抑制延缓生长发育的基因变异，可能就会降低癌症的风险。2011年一项研究发现，厄瓜多尔一群居民体内的生长激素受体基因出了问题，因此无法响应身体促进生长发育的信号，导致这群居民先天罹患侏儒症；但他们癌症的发病率极低。只是，你很容易能想到，这类基因变异并不是自然选择所青睐的。它影响了人们在繁殖年龄的竞争力。因此就算在晚年对人体健康有明确的好处，也无法通过自然选择，在人群中扩散传播。

物种因何灭绝

我们再来分析物种的灭绝。和生物个体的寿命一样，物种的"寿命"也千差万别。看看人类的亲戚们就知道了——和我们最亲近的尼安德特人大概生存了十几万年，而我们的远亲直立人至少存在了 150 万年。科学家们计算过，哺乳动物物种的"寿命"平均在 100 万～200 万年间，而智人出现在距今 20 万～30 万年前。看起来只要不自己"作死"，还有相当长的一段时间好活。

那又是什么原因导致了物种的灭绝呢？

和个体死亡的原因类似，我们最容易想到的解释是物种不再适应环境，因此被自然选择淘汰了。在 100 万～200 万年的时间尺度里，地球环境能发生相当明显的变化。我们完全可以想象，一部分物种会因此被彻底抹去。进化史上发生过多次大规模的灭绝，其中包括了大约 24 亿年前的"大氧化"事件，以及最近 1 万年来由于人类活动导致的全新世灭绝事件，等等。科学家估计，地球进化史上曾经出现过数十亿个物种，其中 99%，甚至 99.9%，都已经彻底灭绝了。

但是，我想我们更关心的是接下来这个问题：抛开环境变化的外生因素，物种有没有什么内生的特征导致他们像一个个具体的生物个体那样，不可避免地走向灭绝？

答案也是确定的。当一个物种在一个特定的环境中生存时间足够长，就会变得越来越适应这个环境。而这种针对特定环境的适应能力越强，往往代价是应对环境波动的能力越弱；到最后可能非常微弱的环境波动就会彻底扫荡一个物种。

一个特别好的案例是生物的风险对冲现象（bet-hedging）。比如一棵一年生植物在完成交配、播撒种子之后，自己的繁殖使命就完成了。从繁衍后代传递基因的角度看，等到第二年春暖花开、降水充足的时候，这些种子全部抓紧时间发芽长大、继续繁殖，效率是最高的。但人们发现，不是所有的种子都会同时发芽，特别是对于那些生活在干旱地带的植物来说，一部分种子遇到一丁点水就会开始生根发芽；另一部分种子则来得迟钝一点，可能需要下几场雨才会发芽，甚至等待几年都不发芽也有可能。

从逻辑上看，这似乎不是一个最大化繁殖机会的最优解。但如果我们考虑到气候的变化，就可以理解这个现象了——一年的四季变化固然很有规律，但降雨量到底是多少、什么时候下雨、之后的一场雨要等到什么时候，每年都会发生不小的波动。这样一来，如果这些种子全部都一个样，下一场雨就全部生根发芽，那万一这一年天气干旱，第一场雨之后三个月不下雨，这些新芽就会全部枯死，繁殖后代的使命也就难以为继了。如果植物在生产种子的时候能够保留一点多样性，有些种子更容易发芽，有些种子相对难一点，那么不管今年是风调雨顺还是干旱少雨，总会有一部分种子能够活下来。对于这棵植物而言，这才是真正能够最大化自己繁殖机会的选择。

很多鸟类生蛋时也有类似的风险对冲现象。按说多生一些蛋，每个蛋的营养不要太多，刚好够小鸟孵育出壳，是繁殖效率最高的选择。但鸟妈妈往往会生出几个尺寸更大、营养更丰富的蛋，哪怕因此不得不减少蛋的总数量。这也是为了防备可能出现的饥荒而做的风险对冲。

这个时候我们可以做一个极端的假设：如果刚才提到的一年生植物，它们的生存环境变得极其稳定，降水的时间和强度完全可以预测，会发生什么呢？

答案很明显。在这种极其稳定的环境中，风险对冲策略就没有价值了，还降低了繁殖后代的效率。反正每年都在特定的时候下雨，自然选择当然会青睐那些高度同质化、能在一场特定降水量的雨后集体发芽的种子。

而进化到这个地步，如果环境再次出现哪怕是一丁点的波动，影响可能都是灾难性的——也许今年降水量小了 1 毫米，结果所有的种子都没有发芽；也许今年有一场安排好的雨水没有来，发芽的全部种子都干枯而死。已经完全适应这种理想环境的植物可能就彻底灭绝了。

我们可以把这个逻辑理解为特化和多样性之间的矛盾。进化的力量会驱使物种越来越适应自身所处的环境，而作为代价，这种特化会降低物种内部的多样性，降低生存能力的安全边际，让它更难承受环境微小波动的结果。在进化历史上，地球环境大大小小的波动是持续发生、不可避免的。那么，一个物种越成功，就越特化；越特化，就越无法抵抗环境波动，那物种的灭绝也就成了必然的结局。

　　也就是说，在特定的环境中，生物个体的竞争、物种之间的竞争也是会"内卷"的。生物会逐渐把越来越多的资源堆积到对特定环境因素的适应上，这当然会带来多样性的丧失和安全边际的降低。

　　在人类世界里，我们也能经常观察到类似的现象。比如说，前些年我们身边特别流行日本的所谓"工匠精神"，一时间寿司之神、煮饭仙人成了人们敬仰和效仿的对象，很多人认为只有这种专精一艺的死磕精神才是成功的正道。但结合今天的讨论，这种极致化的工艺打磨并没有太多神秘之处，其实就是在特定环境下高强度竞争带来的特化，而这种特化正是以丧失对环境波动的安全边际为代价的。在敬仰工匠精神的同时，我们也经常会提及日本"失去的三十年"（指日本 1990 年泡沫经济破灭之后陷入了持续的经济萧条），提及日本在互联网时代、电动汽车时代、5G 时代快速落伍的遗憾。这些问题，大概也能从特化和多样性之间的矛盾中找到答案。

　　任何一个生物个体的死亡和物种的灭绝，都可以看作一段长达几十亿年的进化历程的终止符。我们一般默认，个体的死亡也好，物种的灭绝也好，主要是意外、偶然和外部因素作用的结果。这当然是对的。但是通过这节讨论，我们对死亡或许有了新的一层理解——它是几乎所有生命不可抗拒的必然归宿，从生命开启进化的那一瞬间开始，死亡和灭绝就已经在进化道路的尽头静静等待。生命之树本身也许可以基业长青，但大树上的任何一根枝条，任何一片叶子，都有凋零的那一天。

第三部分
起源方法论

低熵状态：秩序为何是生命的前提

在书的前两部分，我们分别讨论了进化论的公理体系和进化在这套公理体系下呈现出的整体面貌。稳定的代际传承、永不停息的红皇后效应、强者恒强的马太效应、四处裱糊的得过且过、历史经验也是历史包袱的路径依赖，以及无可逃避的死亡和灭绝，生命进化历程中呈现出的这六个特征，也适用于所有通过变异、竞争、选择逐渐浮现的现象和系统——我把它们称为进化的"六张面孔"。

接下来我们会走得更深一层——用这套分析方法和这些普遍规律，来拆解生物进化过程中的几个关键节点，看看在生命现象从无到有、从简单到复杂的过程中，进化的规则创造出了哪些惊世骇俗的伟大成就。

这一部分介绍的是起源方法论。顾名思义，我们会一起讨论在生命诞生的这个节点上，进化发挥了怎样的作用、产生了哪些持久的影响。

根据一些间接证据（比如远古化石中碳同位素的比例变化），人们认为地球生命从 0 到 1 的启动发生在距今 40 亿年前，但几乎没有留下任何可供参照的研究样本。虽然今天的地球生物种类繁多，形态和生活习惯千差万别，但在生命诞生之初，生命形态肯定非常简单。因此，我们首先要做的是界定清楚生命活动的出现需要具备哪些最低限度的要求，再去分析这些最低限度的要求是如何出现的。

秩序定义了生命

抛开具体且多样的形态、功能、分类、生活习惯，我认为生命有且只有两个核心特征是无可替代的：秩序的出现和维持，以及秩序的稳定传承。

前文我们提过一个著名的"钟表匠比喻"，它的推导逻辑虽然有问题，但它的观察本身却是有启发的：在混乱不堪的大自然中，生命现象呈现出了明显高出一筹的秩序感。比如，任何一个生命体内都有非常严密的组织结构。大量原子堆叠连接在一起，形成功能各异的生物大分子；形形色色的生物大分子被禁锢在一个狭小的物理空间，形成一个个细胞；功能接近的细胞彼此靠近和结合形成组织；不同功能的组织又形成器官和系统，最终形成一个完整的生物个体。在整个自下而上、从微观到宏观的组织过程中，任何一点微小的时空位置偏差就有可能造成毁灭性的结果。

再举个具体的例子：一颗成年人的大脑大约重 1500 克，其中包含了大约 860 亿个神经细胞和数量更多的胶质细胞。前者彼此相连，形成了一个巨大的三维信号处理系统，后者则起到了支持和保护神经细胞的作用。如果大脑中某些神经细胞或者胶质细胞无法正常发育和生存，或者神经细胞之间的连接出了错误，又或者支持大脑工作的血管有问题，大脑就会彻底失去功能。在神经细胞内部，如果细胞膜破裂，或者线粒体的结构和数量出了错，神经细胞也会快速死亡。再微观一点，如果这些神经细胞内部的某一个蛋白质分子上某一个特定位置上的氨基酸被替换（比如从谷氨酸换成了丙氨酸），或者某一段 DNA 分子上的一个特定碱基产生了一个错误的化学修饰（比如被错误地加上了一个甲基），可能也会危及整个细胞，乃至整个人脑的生存。

这种层层叠叠的秩序性不光对于人脑的功能至关重要，它在简单生命中也起到了关键作用。即便是病毒这种最简单的生命，也有严整的组织结构。就拿我们已经非常熟悉的新型冠状病毒来说，病毒颗粒从内到外分成三层，分别由 RNA 分子、蛋白质球壳和脂质包膜组成。只要破坏这种结构，就能立刻杀死病毒。当我们用酒精消毒液搓手时，酒精溶液正是通过溶解新冠病毒的外层脂质包膜，起到消灭病毒的作用的。

当然你也会意识到，生命所需的秩序水平很难被量化，毕竟病毒的秩序水平和复杂的人脑就不可同日而语。但我们至少可以定性地说，生命体需要维持某种与其自身特征相匹配的、最低程度的秩序。这条底线一旦被突破，生命就不复存在了。物理学家们用一个专门的物理量——熵，来描述一个系统的混乱程度，或者说无序程度。我们可以借由这个物理量来说，生命现象要出现，需要保证生命体内部的熵保持在某个比较低的水平。

请注意，上述讨论并不完全是形而上的。人类在 20 世纪 60 年代开始探索宇宙空间、寻找外星生命的时候，就试图利用这种思路。宇宙里的行星如恒河沙数，能够出现的生命形态在理论上可能千差万别，甚至是我们作为地球人类根本无法想象的。仅仅根据地球生命的样子去寻找，肯定会错失很多生命迹象。于是，当时有一位名叫詹姆斯·洛夫洛克（James Lovelock）的科学家提出了一个大胆的猜想：也许我们应该抛开具体的形态特征，在宇宙中寻找熵持续降低的迹象，这可能是寻找外星生命的更普适的标准。当然，人类在宇宙空间的触角实在是太短了，这个说法至今还没有找到用武之地。

而对于我们在这里试图解决的生命起源问题来说，我们还要面对一个更现实的麻烦。根据著名的热力学第二定律，一个孤立系统的熵总是朝着增大的方向变化。换句话说，孤立系统内部的秩序会伴随着时间而逐渐瓦解。

这一点在日常生活中也能找到大量的例证。比如我们把牛奶和浓缩咖啡混合在一起，两种物质不会永远保持清晰的边界；哪怕不加以搅拌，只需要等待几分钟，你就会得到一杯混合均匀的拿铁咖啡。再比如，我们使用的玻璃杯会逐渐老化，出现裂纹，并在某个时间因为不小心而被摔碎。相反，玻璃碎片自动拼接成玻璃杯，或者一杯拿铁泾渭分明地分离为半杯牛奶和半杯咖啡——这些都是不曾有过的现象。

在热力学第二定律的约束（或者说阻挠）之下，生命体存在所需的秩序感，或者说低熵状态，是如何出现并且维持的呢？

秩序如何出现和维持

对此，"钟表匠比喻"的发明人佩利给出过一个很直截了当的解释：钟表也好，生命也好，它们的内在秩序是一个外部设计者赋予的——于钟表而言是钟表匠，于生命而言那自然就是上帝了。姑且把上帝是否存在这个问题放在一边，佩利的解释至少给了我们一个启发：如果有外部力量的插手，秩序是否就可以出现并维持了呢？

事实上，热力学也确实为我们留了一条解开难题的捷径。刚才我们强调，持续的熵增状态是在一个孤立系统中发生的。所谓孤立系统，指的是一个和外界没有物质交换，也没有能量交换的系统。比如一个紧紧密闭、隔热良好的箱子内部，就可以看成是一个孤立系统。而我们知道，生命体和地球环境之间存在很活跃的物质和能量交换，它并不是一个孤立的系统。物质和能量的外部输入，其实有可能帮助生命体建立并维持低熵状态。

打个比方，按照热力学第二定律，一堆玻璃碎片固然不会自己重新组装成玻璃杯；但如果有一个巧手工匠花时间把一片片玻璃打磨干净，用胶水拼接到一起，这件事就是有可能发生的。一杯拿铁固然不会自己重新分隔成牛奶和咖啡，但假设我们在咖啡杯中间砌一堵墙，在墙上装一扇小门，派一个微型小人站在门边，只在看到牛奶分子往上层运动、咖啡分子往下层运动的时候才开门，其他时间把门紧紧关闭，那么我们也可以推测，只要给这个微型小人足够长的时间，他还真能通过频繁开关门的动作，把牛奶和浓缩咖啡彻底分开。

在这两个假想的场景里，巧手工匠和微型小人都在向系统里持续地输入能量和物质，也确实能够有效降低这个系统里的熵、提高秩序。请注意，这些过程并不违背热力学第二定律。因为玻璃杯的修复需要工匠的能量和物质输入，拿铁的变形需要微型小人的持续做功。如果我们把玻璃杯和工匠、拿铁和微型小人加在一起，分别看作两个更大的系统，这两个系统内部的混乱程度还是在上升的。

换句话说，虽然热力学第二定律规定了一个孤立系统的熵只会持续增加，但它并不阻止这个系统里的某一个组成部分的熵在一段时间内减少。只要系统其他组成部分的熵增加得更大，总体熵还是在持续增加，那就不算犯规。

在真实世界中，我们看到高楼大厦拔地而起，看到工厂把沙子变成价值连城的芯片，看到人类从几百人的狩猎部落变成几十亿人的地球村，这些秩序建立的背后，都需要持续的、高强度的能量和物质输入。

生命"以负熵为生"

把上面的讨论进一步推广到生命系统中，就诞生了生命科学历史上非常著名的一个断言——生命"以负熵为生"。它的提出者是著名的物理学家、量子力学的奠基人之一，欧文·薛定谔（Erwin Schrödinger）。1943 年，薛定谔受邀在都柏林三一学院做了一系列面向公众的科学讲座，讲座内容次年以《生命是什么》为名正式出版。在演讲和书中，薛定谔试图回答一个命题：复杂的生命现象是否能被基本的物理学和化学定律所解释。

作为一名物理学家，薛定谔给出了肯定的答案。比如，在讨论"动物为什么需要吃东西"这个看起来很生物学的问题时，薛定谔的回答显得非常"物理"。在他看来，进食本质上是从食物中攫取"负熵"，也就是秩序的过程。动物吃下低熵状态、"井然有序"的有机物，消化吸收以后排泄出了大大降解、高熵状态的东西。这么一进一出，动物就把自身的熵转移到了环境里，留下"负熵"。这是动物体能够长久维持自身秩序、生存繁殖的基础。

这种耳目一新的硬核解释当然引起了科学家们和公众的长久关注。这里我还需要补充的是，生命体总是需要把熵转移到环境中以保持自身的秩序，这一点没有争议。但薛定谔描述的方式——吃低熵食物、拉出高熵排泄物——只是维持负熵的方法之一，甚至都不一定是主要的方法。生命体内部进行的化学反应大部分都是放热的，这些热量流失到环境的过程中，生命体也能实现熵的转移。还有，"负熵"（negative entropy）这个词的使用严格说起来有不太严谨的地方。薛定谔后来也意识到了这一点，指出应该用"自由能"（free energy）的概念来描述这一现象。只是自由能这个概念本身实在太缺乏"群众基础"了，远没有熵或者秩序的概念那么有穿透力。

但这些技术问题无损于薛定谔思想的重要性。"生命以负熵为生"这个说法之所以带有一种高屋建瓴的力量，甚至之后鼓舞了一大批觉得物理学中已经没有重大难题的年轻科学家转而投身生命科学研究，主要是因为它帮助人们更好地看到了生命现象的本质，更好地理解了生命现象不管有多复杂，也依然要遵循基本的物理化学规律。

同时我们还应该注意一个问题：凭什么动物进食以后就能把食物里的负熵留下来，维持自身的生存呢？食物里确实蕴含有新的物质、新的能量，但是不是只要有物质和能量的输入，系统内的熵就会降低、秩序就会提高呢？

显然不是这样。比如，一颗钻石是大量碳原子按正四面体排列结合形成的，具有极高的秩序性，但一个人显然不能靠吃钻石维生（甚至还会致死）。再比如，太阳光里也蕴含着大量的能量，但人光靠晒太阳也没法生存啊。

因此我们需要对"生命以负熵为生"这句话做一点更细节的解释。对动物而言，进食其实对建立和维持秩序提供了两方面的价值。

一方面，食物当中的特定物质，比如蛋白质、脂肪、碳水化合物、维生素、矿物质等，被吸收进入动物体之后，可以用来制造动物体维持秩序所需的新物质。比如当动物体想要生产一枚新细胞时，需要大量脂肪分子构成新的细胞膜，需要氨基酸分子组装新的蛋白质，等等。很多时候，动物体无法从无到有地变出这些物质，只能从食物中获得。

另一方面，食物中的物质在进入动物体后，相当一部分（特别是碳水化合物）会被分解，并在分解的过程中产生能量，用来建造新的秩序。比如，动物体需要这些能量把脂肪分子按特定结构组装成细胞膜，把氨基酸分子按特定顺序组装成蛋白质，等等。

只有这两方面的要求同时被满足时，食物才算真正完成提供负熵、建立秩序的使命。当然，我们这里说的是动物吃东西，但其实对于其他类型的地球生物，比如植物和微生物，道理是很类似的。这就像把玻璃碎片重新变成玻璃杯，既需要用来打磨和粘贴的砂纸和胶水，也需要工匠精湛的手艺。

至此我们可以明确，生命现象的核心特征之一就是高度的秩序性。如果要在热力学第二定律的约束下建立并维持这种秩序，生命需要从环境中持续不断地吸取物质和能量，通过它们把自身的熵维持在较低水平，实现"以负熵为生"。

对我们来说，生命从环境中获取物质这一点比较容易理解——地球生命体内所有的化学元素，地球环境中都有。一项模拟早期地球环境的实验[①]证明，只要有合适的环境条件，自然界可以制造出不少种类的生物大分子，比如氨基酸等。

至于生命体是如何从环境中获取能量的，或者更具体一点地说，生命体如何把环境中无处不在的丰富能源转换为生物体能够直接利用的能量，并且用它们直接参与秩序的建造和维持——我们会在下一节展开讨论。

---

① 米勒－尤里实验（Miller–Urey experiment），探索生命起源的经典实验之一。1953 年，芝加哥大学的斯坦利·米勒（Stanley Miller）和哈罗德·尤里（Harold Urey）发现，水、甲烷、氨气、氢气、一氧化碳等简单物质在持续加热和电击刺激的烧瓶中，会快速转变为氨基酸等有机物。这项实验初步证明在早期地球环境中，构成生物的大分子可以自发形成。

能量：秩序如何而来

前文提到，生命体若想抵抗热力学第二定律的约束，实现建立和维持秩序的目标，就要持续地从环境中获得新的物质和能量输入。

物质的输入在技术上容易理解。至于能量的输入，我们至少可以明确，地球环境中到处蕴含着能量。高山上的石头蕴含着重力势能，大风蕴含着动能，太阳光蕴含着电磁能量，每一个分子、原子内部也都蕴含着能量。只是，不同能量的利用难度区别很大（想想人类为了有效利用原子核裂变和聚变的能量投入了多大的资源和精力），因此不是每种能量都能被地球生命所利用。

为此，我们需要解决以下几个问题：第一，地球生命利用了什么能量？第二，地球生命是怎样利用这些能量的？第三，地球生命为什么一定要通过这种方式利用这些能量？

先来看第一个问题。除了极少数例外，地球生命的终极能量来源都是太阳能。前文提到过，每小时照射到地球上的太阳光能量高达 4.3×10^{20} 焦耳（4.3 万万万亿焦耳），即便其中只有 1% ~ 2% 能被地球生物吸收和利用，也足以支撑整个生机勃勃的地球生物圈了。

太阳光能量主要被能够进行光合作用的生物（比如植物和蓝细菌）吸收，用于制造能够储存能量的碳水化合物（比如淀粉）。动物和不少微生物则是通过吃掉植物所制造的能量物质，间接利用太阳能。

除了太阳能，地球环境中确实有小部分细菌能够直接利用环境中的化学能。比如，喜欢养鱼的朋友可能很熟悉硝化细菌，它能够直接氧化环境中的氨气和亚硝酸，从这个化学反应里获得能量，支撑生命活动。这也是为什么硝化细菌经常被用于清理鱼缸中富含氨分子的鱼类排泄物。但是硝化细菌这类生物除了能量的最初来源不一样，后续利用能量的步骤和利用太阳能的生物没什么区别。所以为了简便起见，我们还是主要讨论直接或者间接利用太阳能的这部分生物。

再来看第二个问题：地球生物是怎样利用太阳能的呢？

和很多人的设想不同，哪怕是能进行光合作用的植物和蓝细菌也无法直接利用太阳能驱动生命活动。和以植物为食的动物以及很多细菌一样，植物也是靠分解能量物质——特别是碳水化合物，当然还有脂肪、蛋白质等——来产生能量、推动生命活动的。换句话说，地球生物都需要通过分解能量物质来维持低熵状态。差别仅仅在于能量物质的来源不同：植物可以直接利用太阳光来合成，动物则是通过吃植物或者其他动物来间接获取。

这些能量物质是如何释放能量、并被生物体加以利用的呢？从原理上说，想要从化学物质的结构内部释放能量，方法可以很简单和粗暴。比如在草堆放一把火，干草燃烧产生的热量，其实就是干草里的碳水化合物分子在高温下和氧气发生化学反应所释放的能量。在这个化学反应里，碳水化合物分子中原本结合在一起的碳原子和氢原子被分开，再分别和空气中的氧原子结合，形成二氧化碳和水。前面一个把原子分开的步骤需要能量输入，后面一个和氧气结合的步骤则会有能量输出，但后者总是大于前者，因此整个化学反应会释放能量。

其实从本质上说，生物体分解碳水化合物获得能量的过程和燃烧也差不多。但二者的区别在于，干草燃烧的化学反应中，快速释放出来的能量只是转化为热量，白白流失到环境里了。但生物体为了有效利用能量，会通过一系列化学反应，把剧烈的燃烧变成一步步精细的能量拆解（你也可以把它理解为某种精细可控的燃烧过程）。更重要的是，在能量拆解的每一个步骤中，生物体都事先准备好了能量载体，随时承接这些细微能量的释放，避免能量的无谓浪费。

还是借由燃烧干草打个比方：这一次你事先准备了一大堆鹅卵石，把它们放在草堆里。等大火燃尽，石头也被烤得热乎乎的，还能热上几个钟头。这时候，你可以直接拎上几块石头去取暖、加热食物或者烘干衣服。小小的鹅卵石作为能量载体，帮助你实现了能量的承接、长期储存和再次分配利用。

在地球生物中，最常用的能量载体是一个叫作三磷酸腺苷（ATP，adenosine triphosphate）的化学物质，或者更严格来说是一对化学物质：低能量态的二磷酸腺苷（ADP, adenosine diphosphate）和高能量态的三磷酸腺苷。当生物体在分解碳水化合物的时候，分步释放出的能量会被低能量态的 ADP 吸收，变成 ATP——这是一个储存能量的过程。后续在生物体有需要的时候，ATP 可以在生命体内参与到各种各样的化学反应中去，释放原先储存的能量，重新变回低能量的 ADP（图 3-1）。

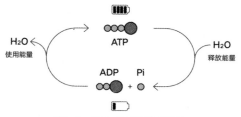

图3-1　ATP-ADP的能量循环

比如，1 个分子的葡萄糖在细胞内被彻底分解成水和二氧化碳，能够制造 30 个左右的 ATP 分子。而这些能量载体能做什么事情呢？简单举几个例子：在生物体合成蛋白质的时候，每往蛋白质链条上增加 1 个氨基酸，需要消耗 4 个 ATP 分子携带的能

量 [1]；细胞膜上的 1 个特殊蛋白质（钠 – 钾泵）要消耗 1 个 ATP 分子，才能把 3 个钠离子从细胞膜的一边传送到另一边，再把 2 个钾离子按相反方向运输，实现细胞内外金属离子的再分配。

用一堆氨基酸合成蛋白质也好，把金属离子搬运到特定的空间位置也好，都是增加生命体内部的秩序、降低熵的操作。因此，从能量物质的进食、消化吸收、分解，再到 ATP 的形成，能量得以进入生物体内部；从 ATP 释放能量，到各种细胞内化学反应的发生，生物体内部的秩序得以建立和维持。这样，我们就把宏观上看到的"以负熵为生"和微观层面的生命活动联系起来了。

这里我再复述一遍生命体利用能量建立和维持秩序的三个环节：首先，获取能量物质（植物可以自己合成，动物和很多细菌要靠从外部获取）；其次，分解能量物质，从中获得能量，并储存在 ATP 分子中；最后，利用 ATP 分子释放能量，直接推动生命活动，从而使得生命体维持在低熵水平。

来看第三个问题，也是我认为最重要的问题：地球生命为什么非得用这个方式利用能量？

刚才我们说过，ATP 是地球生命通用的能量载体。这一点倒还比较容易理解，按照生命之树的生长逻辑，大概率是因为在地球生命形成之初，就已经选中了这种物质作为能量载体，之后才进化出了一系列与之配套的生命活动（比如如何制造、运输、利用、销毁 ATP）。

---

[1] 这个过程也用到了另一类能量载体三磷酸鸟苷（GTP，guanosine triphosphate），它的性质和 ATP 很接近。

从今天地球生命的视角看，ATP 也确实是很理想的能量载体。第一，它分子结构简单，合成起来容易。更重要的是，它每个分子蕴含的能量不多也不少，生物体用起来很方便。比如我们刚刚说到的，安装一个氨基酸分子需要 4 个 ATP 分子的能量；试想如果需要的是 400 个或者 0.04 个 ATP 分子，那么这个反应的能量供应就比较烦琐了。第二，不管是从低能量态到高能量态的转换（ADP → ATP），还是从高能量态往低能量态的转换（ATP → ADP），这两个化学反应的门槛都很低，吸能、放能都很容易。事实上，ATP 有点像生物体内能量交换的"货币"，它所表现出来的特点也恰如我们对货币的要求：制造成本低、面值大小合适、流通速度快。

只是，既然植物、蓝细菌还有硝化细菌等生物可以直接从环境里获得能量，为什么它们不直接用这些能量来推动生命活动，而是要合成、分解能量物质，再将 ATP 作为中介，绕一个大圈子呢？

这个问题也能从生命之树的生长逻辑中得到解释。我们说过，现存地球生命的最后共同祖先（LUCA）很可能生活在海底深处的热泉口附近。那里没有光照，祖先们只能从环境中的化学物质里获取能量，建立生命体所需的秩序。在之后漫长的进化历史上，只有当这类生物能够利用热泉口附近的能量制造并且储存能量物质之后，它才有可能摆脱对热泉口生存环境的极端依赖，离家出走，在更广阔的地球环境中开枝散叶。

这样一来，利用环境中的能量制造储能物质，就成了生命得以离开热泉口的前提条件。进化历史上出现的各种各样的生物，不管是利用太阳能的植物，还是靠吃获取能量的动物，都继承了这么一套利用能量先合成储能物质，再分解储能物质推动生命活动的本事。只是在之后的进化过程中，它们分别又发展出了利用太阳能或者食物中的能量来合成储能物质的新能力。

不管我们觉得这套能量利用方式是精妙绝伦，还是多此一举，从它形成并占据优势的那一刻起，它就注定要陪伴地球生命走过亿万年。正如进化过程中的红皇后效应和马太效应揭示的那样，这套能量利用的方式只要在出现之初确实有用，能帮助生命在生存和繁殖上取得一丁点优势，它就能快速扩散到整个生物世界中。再考虑到进化过程中的得过且过和路径依赖，这套方法只要不出什么大错，就会被一代代生物沿用至今，最多做一些小修小补，而不会被彻底推倒重来。

实际上，地球生命的能量利用方式还有更让人困惑的地方。在分解储能物质和制造 ATP 两个步骤之间，还隐藏着一个广泛存在于地球生命体内，但却显得非常多此一举的中间环节。在后文介绍"进化的底层约束条件"时，我们还会回到这个神秘的中间环节，看看它到底是怎么回事，以及如何从进化的视角理解它的存在。

信息：秩序如何稳定传承

上一节我们讨论了生命体存在所需的秩序是如何在能量的驱动下产生并维持的。但光有秩序，还不足以定义生命的出现。否则，一块钟表、一台机器都可以被视为生命体了。生命现象还有另一个本质性特征——秩序不光能产生，还能够稳定地传承下去。用更通俗的方式表达就是，生物会生育后代，而且是各方面都和自己非常相似的后代。

DNA：秩序传承的载体

你可能首先就会反驳：会不会有完全不生孩子的生物呢？

我的回答是不会。假设真有某种完全不繁殖后代、但自身生命力极其强悍的生物在地球存在过，那么它大概率没有机会活到被我们发现。这一方面是因为，既然不能通过繁殖后代扩大自身的数量，这样的生物体数量一定极其稀少，其规模很容易会被其他持续繁殖后代的生物超越，生存空间也会越来越狭窄，很容易在进化历史上彻底灭绝。另一方面是因为，进化的红皇后效应决定了生物体必须持续变化才能保持生存机会。如果生物只靠自身能够实现的小变化，无论如何也应付不了周围环境中那些一代代持续更新进化的生物，以及地球环境自身的剧烈变动，早在生存竞争中就被干趴下了。

因此现实是，我们人类能够观察和研究的生命现象，都兼具秩序的建立和维持能力，以及秩序的稳定传承能力，它们是两个最根本的特征。

而接下来我们需要解决的问题是，生物体如何把秩序稳定地传递到后代中呢？

最直观的设想是依葫芦画瓢——假如有一种超级机器，能够把人体从头到脚、从外到内地进行原子级别的扫描，再按照扫描结果，用新的原子重新堆积建造一个人体——就能实现秩序的复制和稳定传递。这个思路和人类发明的 3D 打印技术很相似，但至少根据目前人类的技术水平，这种超级机器的设想还是太过科幻了。在生命起源之初，这种技术更是难以想象。就算我们假设真存在这种机器，它本身的复杂程度应该要大大超过它试图扫描和重建的对象。在生命起源之初，这样一台复杂机器从何而来，我们无法给出一个合理的解释。

事实上，地球生命采用了一种更简单、更优雅的办法——将 DNA 作为信息载体来传递秩序。

我们知道 DNA 分子是地球生命通行的遗传物质，也知道 DNA 链条由四种碱基分子 A、T、G、C，按照特定的顺序连接而成。当然更准确地说，组成 DNA 链条的基本单元，其实是四种脱氧核糖核苷酸分子，每个脱氧核糖核苷酸都是由一个碱基、一个脱氧核糖以及一个磷酸基团连接而成的。我们之所以专门强调碱基的特性，是因为脱氧核糖和磷酸基团构成了 DNA 分子的链条主干，只有碱基分子的属性和排列顺序才是 DNA 的化学结构中真正记录信息的部分。

在 DNA 链条上，三个相邻碱基的组合被称为一个"密码子"，对应一个特定氨基酸的身份。比如 GAA 对应一个谷氨酸、ATG 对应一个甲硫氨酸，等等。在理想情况下，1 段 300 个碱基长度的 DNA 链条能够编码一条由 100 个特定氨基酸组成的蛋白质分子。

但是光这么生硬地讨论技术细节，我们就丢失了 DNA 作为遗传物质的真正优越性，也无法解释为什么 DNA 会成为地球生命的通用信息载体。DNA 真正的优越性，在于它的化学结构能够非常好地记录信息，实现秩序在两个方向上的稳定传承。

秩序传承方向1

　　秩序的第一个传承方向，是从上一代生物体到下一代生物体、从上一代细胞到下一代细胞。在这个传承方向上，不管是细菌（能够一分为二实现繁殖）、人类（和异性交配之后繁殖后代），还是人体中的干细胞（能够持续分裂制造新细胞），都是通过DNA的自我复制来实现秩序传承的。简单来说，就是上一代生物体或者细胞把自身的DNA链复制后，分配给后代保存和使用。

　　在这个过程里，DNA特殊的化学结构起到了关键作用。我们可以试着想象：把两根长度相同的DNA分子首尾相对平行放在一起，就像梯子的两条腿，它们是由脱氧核糖核苷酸上的脱氧核糖分子和磷酸基团顺序连接形成的。而脱氧核糖核苷酸上的碱基分子则和梯子另一侧的碱基分子一对一地形成连接，就像梯子上一级一级的踏板。然后我们双手握着梯子的两头一扭，扭完拿到的螺旋梯子就很接近DNA双螺旋了（图3-2）。

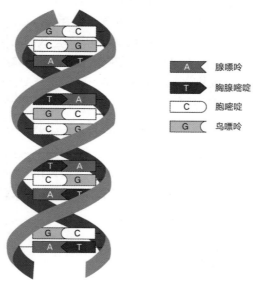

图3-2　DNA结构图

DNA 双螺旋最核心的性质是，其碱基之间的一对一配对是有严格限定的，A 只能和 T 配对，G 只能和 C 配对。这也就意味着，一条链上的 A 和另一条链上的 T 携带的信息是完全等价的。这样，即便 DNA 双螺旋两条链的化学组成完全不同，比如在图 3-2 中，一条链是 GCA-TGC-TCA-GA，另一条是 CGT-ACG-AGT-CT。但从信息角度看，它们是完全等价和可替换的。

这样一来，DNA 只需要完成以下几个步骤，就可以实现秩序的无损传承。首先，解开 DNA 双螺旋；其次，以分离开的两条 DNA 单链为模板，按照 AT 配对、GC 配对的原则匹配上对应的碱基；最后，新生成的两套 DNA 双链分别扭成螺旋。在整个 DNA 复制的过程中，生物体完全不用知道这些碱基的排列顺序分别代表什么，只要忠实地完成碱基的拆开和重新配对就可以了（图 3-3）。

这整个过程很像中国古代的雕版印刷技术。在这项技术诞生前，古人采用直接誊抄的方式复制和传递书籍的信息，不但费时费力，而且要是抄写员不小心看错了字，还会越抄越错。而雕版印刷本质上是把每个字都当成一幅画、当成一组点和线的固定组合模式，把它忠实地描绘到木板上并雕刻出痕迹，然后直接拿着模板蘸墨一张张印过去，就可以实现文字信息的稳定传承。

秩序传承方向 2

秩序的第二个传承方向，是从单纯的信息载体到具体的生命活动。

生命体内有大量的化学反应在同时进行。各种各样的蛋白质分子作为微型分子机器，参与和推动了这些化学反应的开展。我们以著名的血红蛋白分子为例，这种在红细胞中负责运输氧气的蛋白质分子由 4 个球形的血红蛋白亚基组成，共含有大约 600 个氨基酸分子。当这 600 个氨基酸按照特定的组合方式，像搭积

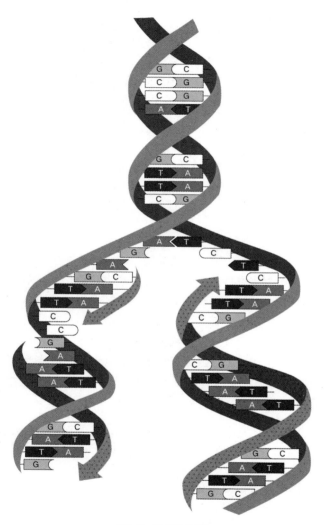

图3-3　DNA无损传承

木一样堆积和连接在一起时，就会形成一个功能正常的血红蛋白分子。这个分子本身结构精良，还会局部发生微小的动态结构变化，从而快速结合和释放氧气分子。

从技术上来说，这种在时空维度高度紧密的生命活动很难直接被扫描和复制下来。而生命体借助 DNA 的特殊性质，实现了对生命活动的"降维打击"。

简而言之，DNA 分子固然有精巧的三维结构，但它其实是以一维线性的方式（即 A、T、C、G 四种碱基分子的排列顺序）来记录信息的。相比直接扫描和复制三维空间的蛋白质结构信息，记录和复制一份一维线性的信息难度要低得多。这一点，相信在刚才讨论 DNA 复制过程的时候，你就能感觉到。但光把三维的信息压缩到一维记录还不够，记录在 DNA 分子上的一维信息还要能重新展开，生成三维空间内的生命活动，才算是一个合格的信息载体。

我们已经知道，DNA 序列记录了氨基酸分子的排列信息，3个碱基形成 1 个"密码子"，对应一个特定的氨基酸。从逻辑上说，一段 300 个碱基的 DNA 链条，它所携带的信息能够指导生产一条含有 100 个特定氨基酸的蛋白质分子。

但特别重要的是，这条由 100 个氨基酸形成的蛋白质分子，在细胞水溶液中并不会随意飘荡和摆动，而是会按照其内在的物理化学性质扭曲折叠成一个特定的三维结构。比如，蛋白质分子中带正电荷的部分和带负电荷的部分会相互吸引，亲水的部分会暴露在外、面朝细胞水溶液，把疏水的部分保护起来。这个过程完全是在基本的物理化学定律的驱动下完成的，只要是同样 100个氨基酸按照同样顺序组成的蛋白质，在同样的细胞环境里，就一定会折叠成同样的三维结构。

换句话说，虽然 DNA 分子记录信息的方式是一维的，但它对应的氨基酸序列却天然自带三维空间的结构信息，能够自己组装出 1 个带有特定三维结构的蛋白质分子机器。这样一来，DNA 分子就能实现秩序传承的第二个方向——从单纯的信息载体到具体的生命活动。

事实上，在前代和后代生物体之间、在前代和后代细胞之间，只需要复制一套一维线性的 DNA 分子，三维空间里生命活动的秩序信息就大体被记录和传递了下去。而在后代需要重现生命活动的时候，只需要读取 DNA 上的一维信息，制造蛋白质分子机器，生命活动就可以在三维空间重新展开。

DNA 从何而来

有了上面这些背景知识，我们就更容易理解秩序传承中无处不在的微调是如何发生的。既然 DNA 序列是秩序稳定传承的载体，那么围绕 DNA 分子发生的各种变化——比如 DNA 序列自身的变化、DNA 化学修饰的变化、DNA 指导蛋白质合成过程中的变化等——都会影响秩序的稳定传承，从而产生可遗传的变异。

这里还有一个棘手的问题需要我们解决：DNA 最初是怎么来的呢？[1]

一方面，DNA 作为现存地球生物普遍使用的遗传物质，应该出现在生命之树的树根部位，甚至可能在地球上第一枚细胞开始分裂的时候，它就已经存在，并开始负责记录和传承生命活动的秩序信息了。但另一方面，DNA 在化学性质上又是（而且必须是）非常懒惰的，它很难和环境中其他化学物质发生反应。单

---

[1] 问题的关键是：DNA 是如何嵌入生命活动中，承载起遗传信息传递的功能的。

纯一条 DNA 分子的稳定性非常高，既不会自我复制，也不会直接插手蛋白质分子的生产。

作为遗传信息的载体，这种特性是非常合适的，甚至可以说是必然的。毕竟它担负着忠实记录和传递信息的使命，安全稳定是第一位的。如果动不动就会和环境里的其他物质发生化学反应，那么 DNA 分子内部蕴含的信息也就总是处在高度不稳定的状态。而相应地，今天的地球生物都需要一整套复杂的生物学机器，来辅助 DNA 进行信息的记录和传递。就拿 DNA 复制来说，我们已知起码有几十种蛋白质参与其中。解开双螺旋、拆开双链、确定复制起始点、保护游离的 DNA 单链、拼接一个个碱基、随时修正拼接的错误、把合成好的双链重新变回双螺旋……每一个步骤都需要帮手。既然如此，在地球生命刚刚起源的时候，怎么可能这么碰巧，把 DNA 所需的所有帮手同时准备好了呢？

简而言之，先有 DNA 后有生命，DNA 根本无法发挥遗传信息载体的功能；先有生命后有 DNA，生命在这个时间窗口里又无法记录和传递秩序，根本无法被称为生命。这个先有鸡还是先有蛋的问题着实让生物学家们困惑了很长时间。

这个难题必须放在进化的视角下才能得到解释。我们在下一节继续讨论。

继承：进化的底层约束条件是什么

在前面几节，我们讨论了生命活动的两个最核心的特征——秩序的建立和维持，以及秩序的稳定传承。为实现这两大特征，生命体有赖于能量和信息这两个核心要素的存在——前者意味着分解能量物质生产 ATP，再用 ATP 推动秩序的建立和维持；后者意味着依靠 DNA 分子记录和传递生命活动所需的信息。

而在完成这些讨论之后，我们还留下了两个问题。它们本质上都在追问一种反常识的现象：今天地球上生命用来产生、维持和传承秩序的方式看起来如此烦琐，以至于我们很难想象它们在生命形成之初是如何出现的。

很有意思的是，这些追问有助于我们进一步理解生命起源的很多细节，也会让我们更全面地见证进化的力量。

能量悖论和海底热泉

我们先来看能量的难题。前面说过，生物体需要分解能量物质制造 ATP，再用 ATP 直接推动生命活动的进行。但这两个步骤之间，有一个特别奇怪的细节。能量物质分解所产生的能量，只有很小一小部分能够直接用于制造 ATP，很大一部分则被用来做看起来不相干的闲事了。比如，1 个分子的葡萄糖分解能产生 30 个左右的 ATP，其中只有 2 个是伴随着葡萄糖分解过程直接产生的。

其他的能量去做什么了呢？它们被用来搬运氢离子了——对于动物、植物来说，氢离子被搬运到细胞内部线粒体两层膜之间的缝隙；对于细菌来说，氢离子则被搬运到了两层细胞膜之间的缝隙。作为结果，生物体在这两个特殊的部位有意蓄积起了极高的氢离子浓度。由于氢离子带正电荷，也就意味着在生物体内部的这两个局部位置，还出现了危险的高电位。

这些氢离子是干什么用的呢？你可以把它想象成一个专门蓄积氢离子的水库。在合适的时候，水库的闸门打开，氢离子自然会从高浓度向着低浓度的方向倾泻而出，如同水坝打开闸门之后水会从上游高水位流向下游低水位。这个时候，流动的氢离子将会推动闸门上一个名叫 ATP 合成酶的微型生物发电机转动起来，从而合成 ATP。人们估算，大约 10 个流动的氢离子，能够制造 3 个 ATP。这种制造 ATP 的方式，叫作化学渗透（chemiosmosis），是由英国科学家彼得·米切尔（Peter Mitchell）在 20 世纪 60 年代发现的。

也就是说，在分解能量物质和制造 ATP 这两个步骤之间还多出了一个环节——先利用能量物质的分解蓄积氢离子势能，再将氢离子势能转化成化学能，制造 ATP 分子。从逻辑上说，这个环节完全没有必要。毕竟我们已经知道，葡萄糖分解确实是可以直接制造 ATP 的，无非是数量有限。而更大的问题在于，地球生物为什么就非得使用这么一套烦琐的能量使用程序呢？

对此，一个简单的解释是这套方式在进化之初就已经出现，并且被全部地球生命继承至今。但顺着这个逻辑我们还可以继续提问，这套如此烦琐的程序，在进化之初怎么可能实现呢？

从逻辑上说，这套化学渗透的程序想要发生，生命体至少需要同时具备三个功能元件：第一个是细胞膜结构，能够像水坝挡住水流那样，隔绝氢离子自由流动，形成氢离子水库；第二个是类似抽水机的微型氢离子泵，能够不断把氢离子运进水库，制造出细胞膜两侧氢离子的浓度差异；第三个是刚刚提到的 ATP 合成酶，它类似水坝上的水力发电机，能够被氢离子推动产生 ATP（图 3-4）。

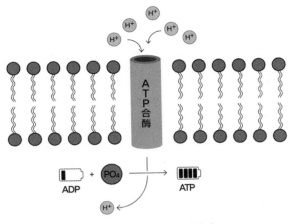

图3-4　化学渗透和ATP的合成

　　我们根本无法想象，在生命起源的最初瞬间，这三个元件怎么就恰到好处地聚集在一起产生能量。如果没有这种巧合，也就没有能量的持续供应，生物体又无法保持低熵状态。和我们刚刚讨论的 DNA 起源问题一样，这也是个"先有鸡还是先有蛋"的逻辑难题。

　　生物学家们从进化的视角审视，做出了如下猜测：这三个元件确实不太可能恰好同时具备，还按照特定的时空顺序组装到了一起。但是是不是有可能，在地球上的某个地方，这三个元件当中的一个或者两个已经天然存在了，只需要增加一个元件就能开工？如果有的话，这个地方就很可能是地球生命起源的候选地点。

　　这为我们寻找生命起源地提供了方向。人们发现，海底深处的热泉口附近，就同时具备了上述三个元件中的两个。所谓热泉，指的是在深海底部的某些地点，海水在高压作用下渗透进入地壳裂缝，再被更深处的地幔加热，重新喷涌而出所形成的喷泉。重返海洋的热水将地底深处的化学物质带入了海水。可以想象，在冷热海水交界的地方，海水翻腾气泡奔涌，来自地底深处的化学物质和海水之间持续发生着各种新奇的化学反应，因此形成了大量的固体沉积和高耸的岩石烟囱。如果剖开烟囱细看，还会看到海绵状的细小空腔。

岩石烟囱的这种特殊结构就同时满足了化学渗透过程出现的前两个条件。烟囱内部细小空腔的存在，提供了一个能够（部分）隔绝离子流动的屏障。我们完全可以设想，在某些烟囱内部，空腔壁的特殊性质会导致氢离子无法在空腔内外自由移动。与此同时，在热泉泉水和海水的交界面上，一定会出现天然的化学物质浓度差异。比如在不同的喷泉口，热泉泉水有时候是强酸性的，另一些时候则是弱碱性的。考虑到远古海洋可能是弱酸性的（因为溶解了大量二氧化碳），热泉泉水和海水两者接触的界面天然存在氢离子的浓度差异。

热泉附近有现成的"水坝"，还存在天然的氢离子浓度差（所以就不需要"抽水机"了）。那么只要出现一个"水力发电机"（ATP合成酶）的雏形，镶嵌在水坝上面，生命活动所需的能量载体ATP就可以被源源不断地制造出来了。

当然，我们现在还不知道最早的ATP合成酶是如何出现和开始工作的，也不知道岩石烟囱的微小空腔是怎么发展出今天地球生物的细胞膜结构的。但既然在热泉口附近，建立生命秩序的三个功能元件已经具备两个，它最有可能就是生命起源的地点之一。

这就是进化论思维方式的价值。它不仅解释了看起来违反常识的生命现象，还能反过来利用这种现象，预测和寻找新的生物学规律。

信息悖论和RNA世界

这种思维方式也能帮助我们理解另一个逻辑难题——作为遗传物质的 DNA 是如何在进化中出现的。

上一节提到，作为记录和传承秩序的载体，DNA 分子有很多得天独厚的优势。但它在执行自身使命的过程中，需要一大堆帮手的帮助。所以 DNA 是怎么出现的也是一个"先有鸡还是先有蛋"的问题。

这个问题的答案要从 DNA 活动的细节中寻找。在前面的讨论中，我们把生命体的秩序传承过程做了大大的简化，只考虑了 DNA 和蛋白质两者的参与：前者负责记录和传递遗传信息，后者在前者指导下被生产出来，负责推动具体的生命活动。但只要你对中学生物课还有一丁点残留印象，你都会记得在从 DNA 到蛋白质的过程中，还有一个中间产物 RNA。

我们可以把 RNA 看成是简化版的 DNA 分子，它同样是四种基本单元按照特定顺序串联而成的。二者的区别在于，RNA 一般是单链而非双链，组成单元是核糖核苷酸而非脱氧核糖核苷酸（区别仅仅是一个氧原子）；携带信息的四种碱基不是 ATCG，而是 AUCG（U[尿嘧啶] 替代了 T[胸腺嘧啶]）。

在 DNA 指导蛋白质生产的过程中，细胞会先根据 DNA 序列信息生产出一条与之互补、编码信息保持不变的 RNA 链，然后 RNA 链再按照"三碱基决定一个氨基酸"的方式指导蛋白质生产（图 3-5）。而在 DNA 自我复制的过程中，同样需要 RNA 分子的帮助。在自我复制启动之前，细胞需要先制造一小段能够和 DNA 链相结合的 RNA，用它来标示复制的起始位置，并启动之后的 DNA 碱基组装过程。

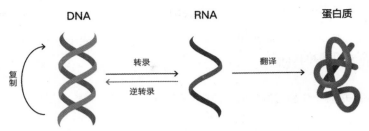

DNA　　　　　RNA　　　　蛋白质

复制

转录
逆转录

翻译

图3-5　DNA指导蛋白质生产

　　这看起来是一个纯粹多余的设计。我们完全可以设想一个不存在 RNA 的生物世界，DNA 和蛋白质两者直接配合就可以。但真实地球生命的秩序传承离不开 RNA 这个中间环节。也恰恰是这个反直觉、又普遍存在的现象，帮助我们进一步接近了生命起源的最初面貌。

　　这就是所谓"RNA 世界"的理论。不少科学家认为，在地球生命刚刚起源的时候，可能既没有 DNA 也没有蛋白质，RNA分子可以同时兼顾今天生命体中 DNA 和蛋白质的角色。

　　一方面，RNA 分子既然也是由四种碱基分子排列而成，它自身当然可以像 DNA 一样携带信息；另一方面，和"单调无趣"的 DNA 分子不同，RNA 分子在化学性质上表现得更加"活泼"，它可以像蛋白质一样折叠扭曲成某个特定的三维立体形态，推动至少一小部分生命活动的发生。在最极端的情况下，单独一个 RNA 分子（如果有持续的能量输入）就能完成秩序的稳定传承，前提是它可以独立完成自我复制。

　　在现存地球生命体内，生物学家还尚未发现如此强大的RNA 分子。但从 20 世纪 80 年代以来，人们确实陆续找到了一系列能够催化某些简单生物化学反应的 RNA 分子。这类分子被命名为"核酶"（ribozyme），用来直白地标示它们的双重身份（核酸+酶）。人们甚至还在实验室制造出了一些能够完成一部分自我复制的核酶。

所以，至少从逻辑上说，RNA 分子是有可能单独支撑起生命之树的树根的。

能量＋信息：生命现象的底层约束条件

读到这里你应该发现了，围绕能量和信息的两个"先有鸡还是先有蛋"的悖论，破解方式居然也很相似：在生命起源之初，可能既没有鸡也没有蛋，有的是一个有点像鸡也有点像蛋的东西。

对于能量悖论来说，最初的生命可能需要依托于特定的物理环境（海底热泉口）来产生 ATP，水坝、抽水机、发电机这三件套是之后才逐渐配齐的；而对于信息悖论来说，最初的生命可能需要借由 RNA 分子来执行信息载体和生物学机器的双重使命，之后才把功能分别让渡给了 DNA 和蛋白质。无论如何，当能量和信息两个条件同时具备之后，地球生命活动就算正式启动了。

请注意，这种启动方式带来了两个具有深远影响的结果。

第一，既然能量和信息都是生命现象的基本特征，不可或缺，那也就意味着一旦最初的生命形态确定了用哪种方式制造能量、用哪种方式记录和传递信息，这些方式可能会被永久性地保留下来。它们构成了地球生命共享的底层约束条件，可能被修改，但无法被彻底替代。

因为彻底替代就意味着至少有那么一个瞬间，生物体的秩序维持和传承存在停止的风险。而从树根到树冠，生命之树的生长必须是延绵不绝的，一旦中断就失去了原地接续的可能。这就像一架单发动机的飞机在天上飞行，你固然可以在飞行的同时对飞机做一点简单的维护修理，但无论如何是不能把发动机拆除的。

这就解释了为什么所有地球生命都使用氢离子水库来制造ATP，为生命活动供给能量。这并不是因为这个方式真的就是能量利用的最优解，而可能仅仅是因为在海底热泉口附近萌发的生命祖先们使用了这种方式。而祖先们之所以会发展出这种方式，可能仅仅是因为热泉口存在天然的氢离子浓度差，可以很方便地加以利用。而它们的子孙后代尽管已经远离了这种生活环境，却无法彻底抛弃这种能量利用方式，从而长久地背负着这个历史包袱。

类似地，今天的地球生物之所以仍然保留了RNA分子这个看起来纯属多余的东西，也不是因为DNA和蛋白质之间就真的无法通过进化相互适应，直接进行秩序传承。可能仅仅是因为地球生命的祖先首先使用了RNA作为遗传物质和分子机器。对RNA的全面淘汰，会直接打断DNA和蛋白质之间的联系，让地球生物陷入秩序传承直接断档的危机。

第二，在保留底层约束条件不变的同时，一代代的地球生物还在不断探索，对这些约束条件进行优化、补充甚至再利用。

还是先说能量问题。一直到今天，利用氢离子浓度差生产ATP的化学渗透程序，还保留在所有地球生命体内。但这不意味着地球生命在过去几十亿年的时间里就完全无所作为。比如，随着细胞膜的出现、氢离子泵的出现，地球生命不再需要依赖海底热泉口特殊的生活环境。在地球各个角落，利用各种能量来源，生物都可以蓄积氢离子制造ATP，繁衍生息。

这套生物学过程还被巧妙地利用到了其他场景中。一个特别重要的例子是光合作用——光合作用可能出现在35亿年前，远远晚于生命起源。虽然它的本质是利用太阳能制造能量物质，和我们讨论的分解能量物质、提供能量的过程恰好相反。但是植物和蓝细菌在开展光合作用的时候，仍然是先利用太阳光蓄积氢离子，用氢离子生产ATP分子，然后用ATP分子去制造碳水化合物。也就是说，植物和蓝细菌其实借用了现成的能量转换装置，派给它了一个全新的任务。

信息也是如此。RNA 曾经是生命世界的绝对主角，但在今天的地球生命体内，它已经把信息载体和分子机器的职能分别让渡给了能力更强的 DNA 和蛋白质。作为遗传物质，DNA 更加稳定坚固，复制错误更少；而作为分子机器，由 20 种氨基酸构成的蛋白质分子，能够实现的三维结构和生物学功能都要比 RNA 来得更丰富（图 3-6）。

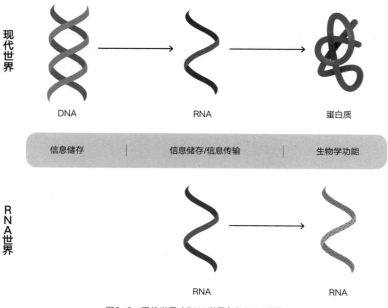

图3-6　现代世界（DNA世界）和RNA世界

但 RNA 也绝不仅仅是类似盲肠的进化子遗。围绕 RNA，今天的地球生物开发出了更多的玩法。

比如，借助一种叫作"RNA 剪接"的现象，同一段 DNA 序列可以生产几段彼此序列重叠但存在差异的蛋白质分子。有生物学家估计人体虽然只有 2 万多个基因，但能够生产的蛋白质可能多达 40 万种。再比如，人们也发现很多并不直接参与蛋白质生产的 RNA 分子（被统称为"非编码 RNA"）能够间接地影响其他蛋白质的生产过程，对生命同样重要。

在信息载体方面，最能体现生命创造力的，要数 RNA 病毒这类生物了。在 DNA 大行其道的现代世界，这类生物还是顽固地将 RNA 作为遗传物质。这可以看成是 RNA 世界的一抹余晖、一次反扑，也可以看成是 RNA 作为信息载体最后的荣耀。针对这种现象，一个合理的猜测是，对于这些病毒来说，RNA 分子作为遗传物质的缺陷，比如说错误率高，反而成了巨大的生存优势。它能够让病毒快速产生大量变异，以此逃逸宿主的识别和追杀。相信经历了新冠病毒大流行的我们，对这一点应该有直观而痛苦的领悟。

在这里，我要对过去四节的内容，也就是进化的起源方法论，做一个总结。

地球生命起源的很多细节可能已经永久性地消散在历史中，但我们可以推测，能量和信息这两个核心要素，应该在生命起源的时候就已经存在，共同实现了生命活动秩序的建立、维持和传承。

地球生命祖先选取的获取能量和存储信息的方式，也因此成为此后几十亿年时间里所有子孙后代生存繁衍的底层约束条件——只能修改完善，但无法被彻底取代。想到生命之树的样貌在那么久远的过去就已经被基本确定，我们在骄傲于祖先的荣光之余，大概也会对历史产生更强烈的敬畏吧。

第四部分

增长方法论

繁殖方式：选择效率，还是可能性

在这一部分，我们将要讨论生命的增长问题。我们一起来看看，生命在解决从 0 到 1 的起源问题之后，是如何实现从 1 到 10、到 100，再到千千万万的数量增长和多样性扩展的。

这一节我们首先讨论生物的繁殖问题。显然，繁殖是一种可以直截了当地实现生物体数量增长的方式。我们已经在"生物为什么要繁殖"这个问题上做了不少讨论，也取得了不少进展——在讨论进化的驱动力时，我们说过扩张性和匮乏性的矛盾，而扩张性指的就是生物要尽可能最大化自己生存和繁殖机会的本能。在讨论生命起源问题的时候，我们也说过秩序的稳定传承是生命现象最本质的两个特征之一，而这种传承本质上就是繁殖后代。

所以更准确地说，这一节我们要讨论的是繁殖的技术细节，即一个生物体在制造后代的时候，遵循了什么生物学原则，以及这些原则是如何被进化过程所塑造的。

两种繁殖方式：无性VS有性

地球生物有且只有两种繁殖方式：无性生殖和有性生殖。两者的区别很清晰：无性生殖的生物能够通过细胞分裂直接产生后代，并在此过程中将自身 100% 的遗传物质传递给后代。比如一个细菌一分为二产生两个后代细菌，一块土豆发芽长出一株新的土豆，某些海星自断一足，断掉的足会重新长出一只完整的海星。

有性生殖过程则要复杂得多：生物体在有性生殖过程中需要配偶的合作，因此它们需要投入额外的工作量去寻找配偶、和配偶顺利交配、繁殖后代。大体来说，在交配和繁殖的过程中，两个生物体通过一套名叫"减数分裂"（meiosis）的过程，分别产生只含有自身 50% 遗传物质的生殖细胞。然后两枚生殖细胞融合，遗传物质重新组合，后代重新获得了 100% 完整的遗传物质，一半来自父亲，一半来自母亲。后代再开启自身独立的生命历程，生存、发育、繁殖后代。

和无性生殖相似的是，有性生殖也有五花八门的类型。多细胞生物（比如人类）可以通过产生特殊的生殖细胞（精子和卵子）进行有性生殖。精子和卵子结合后，受精卵持续分裂，形成新的人类个体。像酵母这样的单细胞生物能进行两种生殖方式。单细胞酵母可以像细菌那样持续分裂，直接产生后代——这是无性生殖；但在某些特定场合，它也可以通过减数分裂形成两个携带自身 50% 遗传物质的生殖细胞。来自不同性别的酵母的生殖细胞彼此融合，直接形成一个新的酵母细胞——这是有性生殖。

无性和有性两种繁殖方式有各自独特的技术细节和应用场景。但我们很容易看出，单就产生后代、传递自身遗传物质这个使命而言，无性生殖的效率显然更高。生物体自己就可以完成繁殖，不需要另一个生物体的协助，而且每一个后代体内 100% 的遗传物质都来自自身。

相比之下，有性生殖额外增加双重的负担。一方面，交配繁殖无法独立完成，需要配偶的协助。因此在自然选择过程中，有性生殖的生物除了要应对来自自然环境和其他物种的压力，还需要应付来自异性配偶的选择压力；以至于在很多时候，有性生殖的生物为了得到繁殖后代的机会，需要付出影响自身生存的代价。比如前文提到的，雄孔雀漂亮但累赘的尾巴。另一方面，承受这些额外的付出之后，有性生殖过程传递遗传物质的效率还被打了对折。每繁殖一个后代，有性生殖的生物只能传递自身 50% 的遗传物质——因为另外 50% 属于配偶一方。

这还没完，有性生殖有一个很大的麻烦，它天然就不太适合保存优良性状。我们还是通过对比来看：如果无性生殖的细菌获得了某个有利于它生存的基因变异，那么通过 DNA 复制和无性生殖，它的每个后代都能得到一份同样的"优良"基因变异。而对于有性生殖的生物来说，因为父母任何一方都只有 50% 的遗传物质能进入生殖细胞，然后还要和来自配偶的遗传物质重新组合，因此根本无法确保这个"优良"的基因变异能够进入到多少后代体内，以及在后代体内是否仍然能保有"优良"的性状。如果这个基因变异是"隐性"的，那么我们几乎可以确定，后代身上不会出现该性状。关于这一点缺陷，看看我们人类自己就足以说明问题了。我猜你肯定听到过类似的抱怨："我怎么就没继承父亲／母亲的双眼皮、高鼻梁、记忆力、高智商呢？"

这么看的话，如果用"适合度"的概念——也就是谁能更好地繁殖后代——来评判，无性生殖应该是自然选择中永远的胜出者。在同等时间内，无性生殖方式能产生数量更加庞大的生物个体，也更容易累积对生存繁殖有益的基因变异。这样一来，有性生殖这种生殖方式按说根本没有崛起的机会——当它刚刚在进化历程中出现的时候，采用这种方式繁殖后代的生物应该会很容易被那些仍在进行无性生殖的同类碾压淘汰。其实，在今天的地球上，总数量最多的一类生物——细菌——仍旧是通过无性生殖繁殖后代的。

有性生殖：牺牲效率，换来可能性

所以这么看的话，我们真正要解决的问题是，看起来烦琐低效的有性生殖是怎么在十几亿年前出现后，一直顽强地保留下来的？不光是保留了下来，今天地球上所有的真核生物，包括动物、植物、真菌，都掌握了有性生殖的能力，甚至有相当一部分只能进行有性生殖。

这些生物比细菌更晚出现，结构也更复杂。这是不是意味着，有性生殖是这些复杂生物被逼无奈的选择呢？

好像也不是。一个很有说服力的旁证是，不少生物是雌雄同体的（比如蚯蚓）。按道理说，一条蚯蚓自己的精子和卵子就能直接融合和繁殖。但现实中，蚯蚓仍然会排除万难地找到配偶、进行交配。这说明两个同种生物交配繁殖一定有什么特别的价值。更重要的是，有些生物可以同时进行无性生殖和有性生殖（比如酵母、蜗牛，还有线虫动物门的很多物种）。但一个相当反直觉的现象是，这些生物往往倾向于在生存压力很大的环境中（比如食物严重匮乏，或者环境里寄生虫很多，严重威胁生物体生存的时候），使用看似烦琐低效的有性生殖方式。

这些现象提示我们，寻找配偶进行有性生殖一定有非常重要的生物学价值。而且这种价值是如此巨大，甚至抵消了繁殖效率降低带来的严重后果。

这个价值到底是什么？科学界至今还没有得出明确且一致的答案。但有一点是我们比较容易理解的：有性生殖大大提高了基因变异的变化速度和生物的遗传多样性。在某些特定的场合里，这种能力增加了生物体生存的可能性。

我们先来看看有性生殖如何快速积累基因变异。

假设某种生物有 a、b 两个基因。这两个基因分别有一个潜在的、对生物生存有好处的变异位点，我们把它们命名为变异 A 和变异 B。换句话说，这种生物想要更好地生存，需要在一代代繁殖过程中快速积累这两种变异，把基因型从 ab "升级" 到 AB 才行。

对无性生殖的生物来说，一次繁殖过程恰好同时获得 A 和 B 两个变异的概率太低了，所以更大的可能性是分两步完成：先在某一次繁殖中通过 DNA 复制错误获得基因变异 A，积累一部分生存优势；再在另一次繁殖中获得基因变异 B，从而得到理想中的基因型 AB。

但我们知道，一次特定的基因变异已经是小概率事件了；两次特定的基因变异要顺序发生，概率就会进一步降低。这种生物可能要等待很长时间才能获取理想中的基因型。假设一次特定基因变异出现的概率是 0.001，那么 AB 基因型出现的概率就是 0.001 的平方，0.000001。

而对于有性生殖的生物来说，这个任务就要简单得多了。我们完全可以设想，不同的生物个体中分别独立出现了 A 和 B 基因变异，两者交配繁殖后代，就有可能通过双方遗传物质的组合，产生同时有 AB 变异的后代。如果特定基因变异出现的概率仍然是 0.001，那么 AB 基因型出现的概率就是 0.001 的 25%（这是因为有性生殖过程中会出现基因型的随机重组），0.00025，远远高于无性生殖的估算数字（图 4-1）。

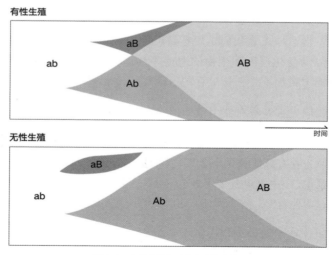

图4-1　有性生殖和无性生殖的比较

在有性生殖过程中，同样的方法也能用来快速淘汰有害的基因变异。类似上面的讨论，假设某种生物起始的基因型是 AB，而这两个基因变异都是有害的，需要被清除。那么无性生殖的生物仍旧需要两次特定基因变异才能实现这个目的；而有性生殖的生物只要分别清除 A 和 B，然后通过交配和遗传物质的组合，就能得到完全不含 AB 基因型的后代，有害的基因变异 AB 可以快速从群体中清除掉。

也就是说，有性生殖固然牺牲了传递遗传物质的效率，父母双方都只有 50% 的遗传物质能够进入后代体内并重新组合。但恰恰是这个遗传物质部分进入生殖细胞，再和配偶的遗传物质重新组合的过程，为快速积累和清除基因变异提供了可能。

有性生殖的另一个好处是增加了生物群体内的遗传多样性，为应对环境变化的方式提供了更丰富的可能性。

我们还是继续上面这个假想的案例。假设环境中存在同一个物种的两个群体，分别是基因型 AB 和基因型 ab。刚才的讨论中，我们假设基因变异 A 和 B 要么都有益，要么都有害，那么有性生殖能够实现两个基因变异的快速富集或者清除。但是如果 AB 两个变异当中，A 是有益的，而 B 是有害的，那怎么办呢？

理论上说，这种情形下最有利的基因型其实是 Ab。但对无性生殖的生物来说，它们无法和同类其他生物进行基因的重新组合，因此只能把基因型 AB 和基因型 ab 分别当作一个整体来通过自然选择的考察。如果 A 带来的好处大于 B 带来的坏处，那 AB 基因型整体的净产出还是利大于弊，就会被自然选择保留下来；ab 基因型则会被淘汰。Ab 这个理想基因型是不可能快速出现的，只能寄希望于在此后持续的繁殖过程中，在基因型 AB 的基础上继续变异来获得。

但对于有性生殖的生物来说，这个问题就很简单了。通过 AB 和 ab 的交配和遗传物质的重新组合，可以很自然地产生四种基因型不同的后代：Ab、aB、AB、ab。这四类后代（四种基因型）会分别接受自然选择的筛选。既然 A 变异有好处，B 会带来坏处，那么在自然选择中，基因型 Ab 表现出生存优势，逐渐占据主流；a 和 B 两个基因变异会慢慢被淘汰出局。请注意，上述现象其实也可以反过来理解：有性生殖实际上是快速富集了两个劣势的基因变异 a 和 B，并且把它们快速淘汰出局，防止它们干扰整个物种的生存。

人类世界中有一个著名的案例——引起镰刀型细胞贫血症的 HbS 基因变异，可以很好地说明有性生殖的上述价值。我们前面提到过，这个基因变异位于人体 β - 血红蛋白基因序列上。如果一个人体内两个血红蛋白基因都带有这个变异，那么他体内血红蛋白的功能就会受到严重的干扰，引起包括贫血、身体疼痛、易受细菌感染等健康问题，寿命也会大大缩短。

这初看起来是一个完全有害的基因变异，按说应该会在人类进化历程中被快速淘汰才对。但事实是直到今天，全球仍然有数千万人携带这个基因变异，特别是撒哈拉以南的非洲地区。这是为什么呢？

原因也要从有性生殖的价值中找。一个人如果携带两个 HbS 基因变异[①]，会罹患镰刀型贫血症，但也会获得对疟疾的部分抵抗能力。因为这类人的红细胞相对来说更加脆弱，被疟原虫感染后容易破裂，反而阻止了疟原虫在人体的繁殖。在奎宁和青蒿素这些疟疾特效药发明之前，这种基因变异为生活在蚊虫肆虐的热带雨林中的人类提供了基本的防御能力。

一个 HbS 基因变异没问题，两个则会引起疾病，那如何保证子孙后代的健康呢？这个问题对于无性生殖的生物是无解的，

---

① 如果只携带一个 HbS 基因变异则不会患病，因为人体内还有一个功能正常的血红蛋白基因。

但有性生殖的人类则可以"动些手脚"。设想：一对夫妻分别只携带一个 HbS 基因变异，他们长大成人，遇到彼此，开始生育后代。根据遗传物质排列组合的规律，我们知道他们生育的孩子中，会有 1/4 不携带 HbS 基因变异、1/4 携带两个 HbS 基因变异；剩下的 1/2 则和他们的父母一样，携带一个 HbS 基因变异。

在这个过程里，有性生殖通过遗传物质的排列组合，制造出三种不同基因型的后代，让他们分别接受自然选择。不难推测，1/2 携带一个 HbS 基因变异的孩子会活得更健康，对疟疾有很好的抵抗力；1/4 不携带 HbS 基因的孩子也会很健康，但遇到疟疾的时候可能会遭殃；1/4 携带两个 HbS 基因的孩子则会患上悲惨的镰刀型细胞贫血症，很可能根本活不到成年。有性生殖正是用一种看起来非常残暴的方式，实现了有利基因型（有且只有一个 HbS 基因变异）的快速富集，并以此为代价，将有害基因型（携带两个 HbS 基因变异）快速淘汰出局。

这仅仅是一个或者两个基因变异的假设情形，我们还可以做更大尺度的推演。假设某种生物的群体里有 1000 个基因变异，那么在理想情况下，这种生物可以通过有性生殖产生 2^{1000} 种不同的基因型。这为自然选择提供了无比广阔的舞台，也给这种生物在不同环境下的生存和繁衍提供了无穷的可能性。

讨论到这里我们可以给有性生殖做一点总结了：尽管围绕有性生殖还有很多尚未揭晓的秘密，但至少我们现在可以肯定，它的出现和版图扩张并非偶然。这是生命体的一种"有意为之"的增长策略：以牺牲繁殖效率为代价，储备足够多的可能性。

在环境压力清晰、进化方向明确的时空中，无性生殖能够借助繁殖的效率优势轻易击败有性生殖，医院 ICU 病房里无处不在的危险细菌就是证明——它们是高强度抗生素使用和筛选之后越战越勇的细菌战士。但我们也知道，在进化历史的多数时候，环境变化都是不可避免的、难以预测的。在这种前途晦暗不明、生死悬于一线的场所，储备足够的可能性，保证至少有一部分后代能够活下来，也是正确的选择。

顺便插句话，有性生殖的讨论也能帮我们理解，追求所谓血统纯净是个多么可笑的想法。这等于是在人类这个有能力进行有性生殖的物种中，人为放弃了基因重组带来的万千可能性。实际上我们也确实看到，人类悉心培养的纯种生物，不管是猫、狗，还是牛、羊，固然满足了人类的某些特殊的需要，但它们的健康情况以及繁殖能力总是让人着急。

非此即彼：繁殖的两条成功路径

围绕有性生殖这个主题，其实还有大量未解难题。

比如，有性生殖固然有明确的好处，但为什么一定要形成不同的性别？雌雄两性的分化一下子把生物择偶的范围缩小了50%。如果生物个体可以和任何一个同种生物交配繁殖，那么它的繁殖效率肯定会显著提高，同时还继续保留交换重组遗传物质的能力。

再比如，为什么绝大多数有性生殖的生物有且只有两种性别？要知道两种性别并不是不可逾越的天花板，一类名叫四膜虫的单细胞生物就有七种性别。但两性的设计占据有性生殖生物的主流，一定有它特别的道理。

还有，为什么两性生殖细胞的体积通常都有巨大的差异？人类精子的体积只有卵子的千分之一，这种特殊的设计有什么特别的好处吗？一个可能的解释是，在有性生殖出现的早期，两性的生殖细胞其实体积大小类似，但随后发展出了两种截然不同的生存策略——一类生殖细胞试图以庞大的数量取胜，相应地，每个细胞储备的营养物质非常有限；另一类生殖细胞则靠质量取胜，相应地，细胞数量就非常有限。两条策略各有其生存优势，逐渐形成了体积差异巨大的精子和卵子。[①]

限于篇幅我们就不继续展开讨论这些问题了。但有一点我想是明确的：通过刚才的介绍，我们应该有足够的信心相信，这些特殊设计背后，一定还有我们尚不清楚的生存优势，让这些看起来在降低繁殖效率的动作能够长久地保留下来。

至此，我们还要解决最后一个关于有性生殖的问题：既然有性生殖有这么多确凿无疑的（以及尚不清楚的）生存优势，那么为什么地球生命里总数量最多的细菌完全没有发展出这个能力来呢？

我们首先要明确，虽然细菌没有有性生殖能力，但它也能利用一些比较粗糙的机制在同类之间交换遗传物质，比如前文提到过的水平基因转移。这也从侧面证明，即便对于细菌来说，不同生物个体之间的基因重新组合也是有价值的。

关于细菌为什么没有发展出有性生殖能力这个问题，一个可能的解释是，生物体无法真正做到两全其美。

细菌的快速分裂繁殖能力和细菌本身简单的结构是分不开的。细菌内部没有复杂的空间组织结构，没有细胞核，也没有线粒体叶绿体这些细胞器。细菌分裂的时候只要复制一份 DNA，整个细胞再从中间一分为二，就完成了。而真核生物的细胞尺寸更大，内部结构也要更加复杂，在细胞分裂的时候除了要复制 DNA 分子，其他细胞结构也得拆散重组平均分配。这样一来，后者想要在繁殖速度上超越前者，逻辑上就是不可能的。

[①] 但按照这个说法，我们不太能解释为什么仍然有不少物种的生殖细胞在两性之间差异很小，比如很多有性生殖的真菌和藻类。

作为对比，在合适的条件下细菌可以 20 分钟就分裂一次，而培养皿里的人体细胞差不多要 24 小时才能分裂一次，差距悬殊。

因此，当真核细胞出现在进化历史上之后，它合理的选择就不是在繁殖效率上继续优化，而是干脆舍弃对效率的追求，寻找另外的生存之道。

反过来从细菌的角度讲，面对这些能够通过有性生殖的方式，把基因各种排列组合玩出无穷花样的敌人，把有性生殖的本事照搬过来只是东施效颦而已；干脆还是在自己的传统优势，也就是繁殖效率上继续优化，用庞大的数量来抵抗后者在可能性方面的优势。事实证明，它们也做得不错。

生物体没有能力在两个自相矛盾的发展方向上齐头并进，只能做出非此即彼的取舍——要么拼效率，要么拼可能性。结果是，历经十几亿年的竞争，一直到今天，两个方向上的生物仍然可以说是势均力敌。

生活史规划：选择多生，还是善养

在上一节里，我们着眼于繁殖过程本身，讨论了无性生殖和有性生殖的利弊和权衡因素。但关于繁殖，我们还要认识到一点：它固然是生命活动最重要的使命，但想要完成这个使命，生物自己首先要活下来，活到足以进行繁殖的年龄，顺利完成繁殖。生存是成功繁殖的基础条件。所以在这一节，我们会把繁殖和生存这两件事情放在一起讨论。

取舍的艺术

在前面的讨论中，生存和繁殖两个词经常被我们相提并论，它们也确实是生物体最核心的两个本能诉求。但在很多时候，生存和繁殖之间其实也是相互矛盾的。

以我们讨论过的能量问题为例：维持生存和进行繁殖都需要消耗大量能量，而能量的输入总是受到环境的限制，有一个上限。这就意味着生存和繁殖在某种程度上是在争夺有限的能量供给。甚至在很多情况下，繁殖过程本身还会影响能量的获取，从而进一步降低生存概率。你可能在纪录片里看过帝企鹅爸爸们在冰天雪地的南极大陆上孵蛋的场景。这些企鹅爸爸要在完全没有食物来源的条件下坚持 2 个月，才能等到宝宝们破壳而出。

既然如此，生命就要小心翼翼地权衡规划，在生存和繁殖这两项重要使命上需要分别投入多少能量，才能最大化自己繁殖后代的机会。

在进化研究中，人们用"生活史"（life history）这个概念来描述生命体在生存和繁殖之间权衡规划的过程。一种生物从出生开始，生长发育速度有多快、什么时候发育成熟并开始繁殖、一生中繁殖一次还是多次、每次繁殖多少个后代、后代体型有多大、什么时候开始失去繁殖能力、什么时候死亡……这些问题都是生活史规划的组成部分。生活史当然不是一个生物个体能够操控的，但在漫长的进化历史上，这些参数可以被调整到适合这种生物生存繁殖的范围内。

从逻辑上说，生活史规划应该有一个全局最优解。我们可以设想有这么一种生物，它能在出生后以最快的速度（比如几天乃至几小时内）完成生长发育，具备繁殖能力。此后它能以很高的频率（比如每周一次甚至每天一次）进行繁殖，每次繁殖很大数量的后代。而且每个后代生下来都是健康强壮的，存活率很高。此外，它还能把这种高强度的繁殖持续几年，甚至几十年……这种生物能够产生的后代数量理论上是最优的，它也应该是生存竞争中理论上的胜利者。

但我们必须承认，这种理想生物在现实中是不可能存在的。能量的限制、外部环境的约束，导致上述关于生活史的规划无法同时达到最优。

比如，这种假想中的生物既然有相当长的寿命，那么通常它的体型不能太小、生存技能也需要很强大。但这就意味着它的后代很难在短时间内发育成熟，毕竟长大总需要一个过程。再比如，如果一种生物有多次繁殖的能力，那么通常它不可能在任何一次繁殖中倾尽全力，毕竟总要保留一部分能量用来继续生活，准备下一次繁殖。而这就意味着单次繁殖的效果会受到影响。除此之外，每次繁殖过程中后代的数量和存活率通常也是无法兼顾的。在为了繁殖投入的资源总量一定的条件下，后代数量多了，单个后代能够获得的资源就少了。这往往会让它们体型更小、生存能力更差、存活率更低。

既然无法兼顾，那么生物在规划生活史的时候就只好有所取舍和侧重了。在进化历程中，生命需要完成一次次鱼和熊掌的选择，最终构建出自己独特的生活史。

孤注一掷还是分散投资

接下来我会从两个非常重要的生活史规划问题入手，帮助你从点到面地理解生活史规划到底是怎么回事。

第一个问题是，生物的一生是只繁殖一次后代，还是持续繁殖很多次？

这听起来像是一个傻问题：多繁殖几次不是更好吗？假设每次繁殖的结果类似，那多繁殖几次的话后代数量肯定更多啊！

但它还真没有这么简单。我们简单推演一下：如果某种生物一生只繁殖一次后代，那就意味着在这次繁殖完成之后，生物自己是不是还活着就无关紧要了（至少从自然选择的角度看就无关紧要了）。那么从理论上说，生物会把自己所有的资源和能量都投入到这次繁殖当中。

举几个极端的例子：生活在深海的某些鮟鱇鱼，进化出了所谓"性寄生"的生活史。体型很小的雄鱼在交配过程中会咬住雌性的腹部，和雌性融合在一起。随后，雄鱼的大多数身体器官会逐渐退化，只留下精囊，向雌性源源不断地提供精子。还有一些种类的雄性蜘蛛会在交配后主动让雌性把自己吃掉，帮它补充营养，从而更好地繁殖它们共同的后代。

在这些例子里，恰恰是因为没有后手、不需要为交配后的生活担忧，生物会调动自己所有的资源，孤注一掷地投入这一次繁殖过程中。后代当然会因此受益，不管在数量上还是质量上。

相比之下，多次繁殖的生物在任何一次繁殖中都必须有所保留。那么假设有两种生物，其他条件完全一致，唯一的区别是第一种生物繁殖一次就死，第二种生物要持续繁殖一段时间。那么第一种生物的后代因为能够获得来自上一代更多的资源，个头应该会比较大，生存能力也会相应提高，也就能在生存竞争中轻松战胜第二种生物的后代。

而且还需要注意的是，多次繁殖的好处很多时候仅仅是理论上的。毕竟生物生存在危机四伏的大自然中。如果在两次繁殖的间隔期，生物被天敌捕食了，或者被环境灾难杀死了，那么多次繁殖的潜在好处也就成了镜花水月。

但这么说的话，是不是意味着选择单次繁殖总是更好的选择呢？也不是。我们也很容易想到这种孤注一掷的做法蕴含的风险，就是对意外的抵抗能力很弱。如果单次繁殖的生物，在繁殖刚完成的时候正好遇到了意外，所有后代被一锅端了，那它就永远失去了繁殖后代的机会。而多次繁殖的生物好歹还有再来一次的机会，"留得青山在，不怕没柴烧"嘛。

把正反因素结合起来看，我们大致可以得到这样的推测：单次繁殖和多次繁殖各有利弊，在不同的环境里，生物会有不同的选择。如果环境非常恶劣或者经常遇到难以预测的环境波动，某种生物的整体死亡率很高，那孤注一掷的好处更大，因为不知道还有没有明天呢；而在相反的情况下，进化则会更青睐分散投资的生殖方式，因为没有必要把所有鸡蛋放在一个篮子里。

多生还是善养

关于生活史规划，我们要解决的第二个问题是：在每次繁殖的过程中，后代的数量和质量哪个重要？是争取多生几个后代靠数量取胜，还是少生几个高质量的后代，争取提高后代的存活率呢？

在资源的总体限制下，这同样是一个无法两全其美、必须做取舍的问题。在自然界，选择多生和选择善养的生物都很多，它还有一个相当常用的代号，叫作 r– 对策生物和 K– 对策生物。

比如，我们前面提到过的翻车鱼，交配一次能产 3 亿颗卵，就是典型的 r– 对策生物。但因为翻车鱼卵子的营养极其有限，于是后代刚出生的时候极其孱弱，体型只有成年个体的 6000 万分之一。只有极低比例的后代能顺利长大，继续繁殖。

相反的是善养，也就是 K– 对策生物。像大象、蓝鲸和我们人类自己，大多数时候一胎只繁殖一个后代，但会尽量保证这个后代的存活。为了实现这个目标，这些动物要付出沉重的代价——包括更长的怀孕时间，让后代在自己体内多得到一些支持，比如大象的孕期是 22 个月，蓝鲸是 10 ~ 12 个月，人类则是 9 ~ 10 个月；也包括出生后漫长的哺乳期，比如大象的哺乳期是 2 年，蓝鲸是 6 ~ 7 个月，人类是 1 ~ 2 年。作为回报，这些动物后代的生存率远超过 r– 对策动物。

既然这两种策略通过纸面比较无法轻易分出胜负，那么不同地球生物又是根据哪些因素来做出这个生活史选择的呢？

我认为，环境条件可能还是最重要的考虑因素。如果环境总是剧烈波动、难以预料，那么一次争取多生几个，就是更合理的选择。毕竟在这种环境下，谁也无法确定什么样的后代能够活下来。相反，如果环境条件很稳定，或者有很强的周期性和可预测性，那么尽量提高后代的质量就是一个更好的选择。毕竟在这种条件下，什么样的生物能够适应环境是有明确的指向性的。自然选择筛选出来的成功父母，能在这个明确的方向上加大投入、进一步提高每一个孩子的生存机会。

除了环境是否稳定之外，环境是否拥挤也是一个重要的影响因素。如果生物所在的环境已经生活着大量同类和相近的生物，后代一出生就要面临来自同类和环境的双重竞争，那么善养一派可能有优势，把孩子养得更健康、更强壮，说不定就能赢在起跑线上。相反，如果环境中竞争者不多，或者生存空间足够大，那么多生一派就会占据上风，说不定孩子们都可以找到属于自己的独特生存空间呢。

不光生物如此，生物体内的细胞也大致遵循类似的规律。比如人们发现，在组成肿瘤的癌细胞中，也存在 r- 对策和 K- 对策的不同选择。肿瘤组织深处，微环境较为稳定，但细胞密度更大，营养物质缺乏，竞争更为激烈，筛选出的就是 K- 对策的"善养"癌细胞；而肿瘤组织外围，微环境变化无常，经常受到人体免疫系统的干扰，但癌细胞之间的竞争没有那么白热化，r- 对策的"多生"癌细胞就占据了上风。这种奇妙的路径选择，可能也是肿瘤旺盛生命力的来源之一——尽管对于人体来说这当然不是什么好事。

人类的后代质量最优化策略

也许你发现了，这里我们讨论的是孤注一掷还是分散投资、是多生还是善养的问题，以及上一节讨论的无性生殖还是有性生殖的问题，本质上都是效率和质量以及可能性之间的取舍问题。尽管存在这样那样的例外，我们还是可以得到一个一般性的结论：在生存空间广阔，但未来走向晦暗不明的时候，追求效率和数量、野蛮生长是一个好的选择；而在竞争激烈，但未来可预测性比较强的时候，牺牲部分效率，换来更好的质量，可能是帮助生物顺利渡过难关的法宝。在商业世界里，我们经常听到类似的说法，"在蓝海要高速增长，在红海要苦练内功"，可能也是同样的道理。

需要注意的是，在理想情况下，生物应该能根据不同的环境条件，在两种不同的生活史规划中自由切换——环境波动了就多生，环境稳定下来再善养。但我们已经知道，生命之树上的任何生物都受到过往进化历程的影响，存在路径依赖。比如，哺乳动物天然就是善养派，因为胎生和哺乳两个环节决定了母亲在孩子身上无论如何都要做一笔巨额投资。这样一来，就算地球环境出现了突变，多生策略变得更有优势，哺乳动物也很难切换转向。

这一点在人类世界中表现得特别明显。

在繁殖过程里，作为K-对策的生物，人类对后代质量的强调是超过数量的。除了上面讨论的这些因素之外，人类还发展出了独特的保证"善养"的技能。比如人类的女性在绝经之后，也就是失去繁殖能力之后，还有相当长的寿命。这一点在生物学上看似乎是一种资源的浪费：既然到四五十岁就会失去繁殖能力，进入更年期，那干脆把资源集中于绝经之前使用，最大化繁殖后代的资源投入，岂不是更合理的选择？

关于这个难题，有个颇为引人瞩目的"外祖母假说"，认为这种人类特有的现象也起到了提高后代质量的作用。失去生殖能力的四五十岁的女性可以参与到自己孙辈的抚育过程中，利用自己的经验，大大提高第三代的生存机会。考虑到人类婴儿出生后还需要长达数年的悉心抚养才能独立生活，来自外祖母的额外帮助是有重大意义的。

而在进入文明时代之后，人类更是通过自身的工作，持续增加了环境的稳定性，进一步提高了后代的生存机会。比如，我们通过修建房屋，提高了我们居住环境的稳定性；通过发展农业，提高了食物供应的稳定性；还通过建设医院、发明药物，提高了生活环境的安全性。这些努力，让我们能够进一步向强调后代质量而非数量的方向倾斜。

伴随着经济的发展，世界各地的人们都不约而同地越来越不愿意生很多孩子了，而更愿意在每个子女的教育上投入越来越多的时间和资源。这种现象大概也不完全是纯粹的经济或者文化现象，或许也能从生物学里找到更本质的解释。

适应辐射：到边疆去，到新世界去

生物世界的增长，除了单纯数量上的增加，还有多样性层面的增长。围绕增长方法论这一母题，这一节我们来讨论生物多样性的增长。

生物多样性的增长当然建立在生物个体数量增长的基础之上。因为只有生物个体的数量足够多，彼此间的生存竞争和自然选择才会发生。生物的不同特征、不同的物种、不同的"属—科—目—纲—门"才有可能出现。

但与此同时，数量增长不一定会天然带来多样性的增长。就拿人类来说，智人大约在 20 万~30 万年前诞生于非洲大陆。但在 10 万年前，因为某种至今仍难以确定的原因，整个智人物种的个体数量曾经跌至只有数百到数千人。在那之后几万年的时间里，人类个体数量暴增了上百万倍，成就了今天人类世界超过70 亿的总人口。但在这种人口数量爆炸增长的过程中，并没有形成新的人类物种。

这种现象意味着，生物多样性的增长还需要一些特殊条件。

边缘物种形成

前文提到，新物种的形成需要走过地理隔离、独立进化和生殖隔离这三个阶段。两群同种生物之间的基因交流被地理障碍阻隔，彼此独立进化足够长的时间后，它们的差异可能会大到无法再次交配繁殖，从而形成了新物种。也就是说，只要两群生物之间的基因交流被有效阻隔了，新物种就有了形成的可能。

这里要进一步追问的是，有没有某些条件，可以快速推进新物种的形成呢？

有一个模型很有启发性：奠基者—冲刷效应（founder-flush theory）。这个模型告诉我们，新物种往往出现在原有物种生存空间的边缘地带。

我们用一个假想的例子解释一下这个模型。某种动物生活在一个盆地里，这里水草丰美，而盆地周围群山环绕，无法逾越。在这种情况下，盆地内部自然很难出现物种分化。但如果在某个时间，有几只动物偶然翻过了盆地边缘的高山，进入盆地外全新的栖息地，结果可能就完全不同了。

这几只动物当然还是属于原来的物种。但因为遗传漂变的关系，出逃的小群和留守的大群，在一开始会难以避免地呈现出基因变异分布频率上的差别。就像有 1000 个球，100 个是红色，900 个是白色，如果随机抓取 100 个，那红、白球比例大概率还是 1：9，和总体大致保持一致。但如果只随机抓两三个，那红白球分布的比例可能就会有很大的波动性，远远偏离原有的 1：9 分布。这就是所谓的"奠基者"效应。

接下来，这群奠基者会在新的生存空间里继续繁衍。由于它们进入的是一块资源尚未开发的处女地，相比留守的亲戚们，奠基者们生存竞争的强度较小，数量增长得可能更快。在这个快速扩张的阶段，奠基者们会以洪水冲刷平原的势头，占领新的栖息地。与此同时，自然选择也会持续挑选那些更能适应新栖息地的基因变异。这就是"冲刷"效应。

我们可以继续借红白球来计算。假设奠基者是 3 个球，2 个红色、1 个白色，那么这个小群的初始基因型分布就已经和原有物种很不一样了，从红白比例 1：9 变成了 2：1。紧接着，它们会在短时间内持续"繁殖"，重新扩张到 1000 个球。只要在这个过程中，红球的适应度比白球大 1%，就能在 100 代以内占据

90% 的新种群，把红白比例从原有种群的 1：9，变成奠基者的 2：1，再变成新种群的 9：1。这个时候，以白色为主的原种群和以红色为主的新种群，已经出现了相当显著的差异，甚至可能已经分化成了两个物种。

通过"奠基者—冲刷—选择"三个步骤，就能实现新生物学特性和新物种的快速形成。

抛开上面的技术细节不谈，我们可以看到，新物种形成的热点区域，其实是"边疆"，是老物种生存空间的边缘地带。这里的边疆，很多时候确实指地理意义上的边缘地带，比如大陆周围的岛屿。如果大陆生活的某种生物主动（比如飞行）或者被动（比如被风浪裹挟）迁移到了大陆附近的小岛，或者一个岛屿上的生物主动或者被动迁移到了岛屿周围的其他小岛，"奠基者—冲刷"效应就有了发挥空间。夏威夷群岛上的果蝇就是一个经典案例。人们相信，同一种果蝇祖先完成了"奠基者—冲刷—选择"这几个步骤以后，在夏威夷大大小小的岛屿上形成了上百个独立物种。

但边疆的含义也并不单纯是地理意义上的——只要一个生存空间尚未被原物种有效地占领和开发利用，就可以是新物种形成的新边疆。

寒武纪大爆发

基于这个总结，我们甚至可以往极端了推想：如果用直升机把刚才那个盆地里的动物一群一群地运往盆地之外的新世界，有的就近，有的求远，有的扔上高山，有的抛向岛屿，那是不是就有可能在短时间内，实现多样性层面的剧烈增长？

确实如此。生物学里把这种现象叫作"适应辐射"（adaptive radiation）。在适应辐射发生的时候，大量丰富多彩的物种会在短时间内突然出现，占据环境中五花八门的生态位。这就像生命之树的某个主干上突然长出一丛新的分支，也如同节日的烟花在一瞬间把光芒向着四面八方抛洒。

进化历史上最著名的一次适应辐射，就是寒武纪大爆发。这里简单交代一下背景：尽管地球生命的起源可以追溯到40亿年前，但在此后漫长的时间里，地球生物圈应该是相当单调无趣的（至少以人类视角看是如此）。统治地球生物圈的主要是人类肉眼都无法分辨的单细胞生物和很少一部分无壳软体动物。但是，这种现象被开始于大约5.4亿年前的寒武纪大爆发彻底改变了。现代动物世界的大多数门要么首次出现在这场持续了一两千万年的进化事件中，要么就是在这段时间内出现了剧烈的分化和多样性的增长。而在此之后，除了极少数例外，地球动物界几乎再也没有出现新的门。

值得注意的是，作为生物分类中一个处于顶端的分类单位，我们可以粗略地认为每一个门代表一类特殊的身体构造特征。现代动物世界可以分成30多个门，比如包含所有脊椎动物的脊索动物门，物种数量约6.6万种，它们的特征包括贯穿身体背部的脊索和神经索；包含所有昆虫的节肢动物门，物种数量约120万种，它们的特征包括分节的身体和坚硬的外骨骼；包含蜗牛、海螺、乌贼等的软体动物门，物种数量约10万种，它们的特征包括缺乏骨骼支撑的头、足和内脏团，两条贯穿腹部的神经索……

在寒武纪大爆发这段很短的时间内，地球动物对可以形成复杂身体结构的各种可能性进行了彻底的探索，几乎穷尽了所有生物学上能够成立的身体构造方式。借由生命之树打一个比方的话，在寒武纪大爆发之后，动物这个分支上的主要枝干分叉都已经成型；之后5亿年里的变化，都只是这些分叉上新长出的树叶罢了。

寒武纪大爆发曾经让达尔文深感困惑，因为这种爆炸式增长的多样性和他一贯坚持的渐变进化理论相悖。当然我们在前文中已经讨论过，进化速度并不一定总是需要非常缓慢，突然的"换挡变速"可能也是进化历史的常态。而近年来通过对寒武纪前后的化石群的研究，人们也开始逐渐掌握寒武纪生物的祖先是何时出现，以及在爆发之后又发生了什么变化，进一步证明了进化论的正确。

对我们来说，真正需要重视的问题是：为什么大爆发会发生在寒武纪这个特定的时间段？这背后有没有什么普遍性的原因能够解释和预测生物多样性的爆炸式增长？

从外部条件上来说，在寒武纪之前的埃迪卡拉纪末期发生了一次重大的生物灭绝现象，几类称霸于埃迪卡拉纪的生物，比如圆柱体形态的克劳德管虫，在5.4亿年前从化石证据中突然消失。这种大规模灭绝，可能为寒武纪大爆发准备好了外部条件——大量生存空间被腾出，幸存的物种拥有了可以自由开枝散叶的新边疆。

人们确实也发现，在生物进化历史上，多次大灭绝都伴随着物种多样性的爆发。比如，在寒武纪大爆发4000万年后出现了一次生物集群灭绝现象，紧接着就上演了另一次生物多样性爆发事件——奥陶纪大辐射。另一次我们非常熟悉的生物集群灭绝，也就是6500万年前扫荡了恐龙家族的大灭绝事件之后，鸟类和哺乳类动物的祖先也发生了一次多样性的大爆发。

但光是生物大量灭绝、腾出生存空间，似乎还不足以解释寒武纪大爆发的全部原因。因为进化史上，也有几次多样性爆发并不以大灭绝为前提，也有几次灭绝事件后并没有发生什么大爆发。

所以，原因还要从内部去找：在寒武纪大爆发过程中，地球动物世界自身有什么特点，让多样性的快速增长成为可能呢？

适应辐射的内因

对于这个问题，我认为有两个角度的解释很有启发性。但要先提醒一句的是，这些解释和大灭绝导致大爆发的解释一样，目前仍然只是在争论中的假说。我们作为参考无妨，但不必把它当成金科玉律。

一个解释是同源异形基因，也就是 Hox 基因的出现。如前文所述，这类基因往往在基因组 DNA 上按顺序排列。其排列顺序也决定了动物从头到尾的方向上每一节身体应该长成什么样子。比如，昆虫的身体一般有三节，头、胸、腹，头上有触角和口器，胸部会长翅膀和三对足。而控制头部形成、胸部形成、腹部形成的几个 Hox 基因，就是按照这个顺序排列在基因组上的。人类的 Hox 基因数量更多，有 39 个，但作用方式很类似（图 4-2）。

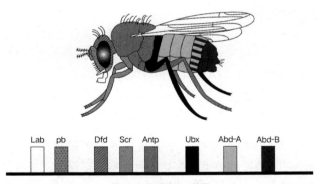

图4-2 果蝇的Hox基因

如果 Hox 基因的功能发生异常，或者排列顺序被打乱，那么动物身体的结构就会发生剧烈的洗牌和重新组合。比如，果蝇体内有一个名为 Ubx（超级双胸基因）的 Hox 基因，它发挥功能的位置是果蝇胸部的最后一节和腹部的第一节。如果这个基因失去功能，果蝇在相应的位置上就会长出"第二个胸"和"第二对翅膀"。

这样一来，在 Hox 基因出现之后，围绕 Hox 基因出现的各种变异和排列组合就能在短时间内制造出千奇百怪的动物身体结构。这可能是寒武纪大爆发发生的基础。打个通俗的比方，Hox 基因像是提供了一整盒能够用来构造身体的积木，进化可以用这些积木自由拼搭出各式各样的身体结构。

另一个解释是生存竞争的加剧。有一些科学家认为，在寒武纪大爆发时期捕食者和猎物之间的竞争变得异常激烈，这迫使两者都向着更强有力的、更多样化的方向发展。生物进化学家安德鲁·帕克（Andrew Parker）还提到了一个更具体的猜测，他认为原始的眼睛恰好出现在寒武纪之前，在眼睛的帮助下，生物即便在较远的距离也能看到其他生物的存在。生物体之间进攻和防御、捕食和逃逸的对抗到达了一个新高度。

我们可以如此猜测：在眼睛出现之前，生物之间即便存在捕食和被捕食的关系，手段应该也是很单一的。保持不动、静待猎物被水流带入口中，可能就是最好的捕食手段。反过来说，保持不动、防止被水流带入捕食者口中，可能也是最好的防御手段。但是眼睛出现之后，捕食者可以发展出诸如快速逼近、隐匿偷袭、大力捕杀等方法，精确地追捕猎物；而相应的猎物也可以发展出诸如快速逃避、隐蔽躲藏、打造坚硬护具等方式逃避追杀。

我们把这两种解释结合在一起，或许可以得出一个推论：Hox 基因的出现，让寒武纪生物的身体结构多样化成为可能；而生存竞争的加剧，则让这种多样化成为生存之必须。两者共同作用，造就了五花八门的新的动物类型、新的生存方式和新的发展路径。

这些进化新路径的出现，让许多原本对生命现象紧闭大门的生存空间正式向寒武纪生物开放。这就像生物长出翅膀以后，整个天空就成了新的生存空间；而在生物长出肺部之后，整个陆地也成了新的生存空间。

相爱相杀：生存竞争不是零和游戏

生物世界中展现出了生物体数量和物种多样性的增长（甚至出现过寒武纪大爆发这样辉煌灿烂的多样性爆发事件）。关于生物世界的增长问题，我们还需要认识到的一点是，它不仅可以体现为物种数量和物种身体结构特征的增长，还体现在不同物种之间相处方式的增长上。

我们身处的地球生物圈之所以呈现出一片生机勃勃的景象，固然是因为千万物种栖身其中，但更是因为它们彼此紧密的配合。这种相处关系的增长方式也表现出了无穷的包容性和创造力。

这一节我们会通过三个方向的讨论，来看物种之间能形成哪些类型的相互关系。

竞争：两败俱伤或生态位分离

物种关系的第一个方向是比较直接和残酷的，我称之为"竞争关系"。两个生存方式高度类似的物种，在同一环境中生存繁殖，可能会出现你死我活、非此即彼的竞争关系。这一般是因为它们需要从环境中攫取的资源高度一致，需要占据的栖息地高度重合。

在实验室环境里，如此相互竞争的物种会出现所谓"竞争排除"，即以一方取得压倒性胜利，另一方彻底退出该生存环境为终点。苏联科学家高斯（Georgy Gause）发现，如果把两种很相近的微生物（双小核草履虫和大草履虫）放在一起培养，一开始两者的数量都会快速增加，但逐渐前者开始占据优势，直到彻底把后者压倒和清除。这两个物种之间并没有直接的攻击、捕食行为，但两者竞争同一种食物；前者繁殖速度快，对食物的消耗量大，挤压了后者的生存空间，因此产生了竞争排除的结果。

但是在自然界中，我们很少直接看到竞争排除的现象正在发生。这倒不是说自然规律有多么仁慈。实际上我们也知道，物种入侵很多时候确实伴随着惨烈的竞争排除。比如，300万年前巴拿马地峡形成，北美洲动物得以进入南美洲之后，南美洲的剑齿虎就灭绝了。原因很可能是来自北美大陆的剑齿虎与之直接竞争食物和栖息地。再比如，原产欧亚的植物蒜芥，在19世纪被引入北美大陆之后就成了当地臭名昭著的入侵物种。主要原因是蒜芥能够向土壤分泌一种化学物质，干扰周围其他植物的生长，久而久之漫山遍野就全成了蒜芥的地盘。

之所以竞争排除在我们身边似乎并不那么常见，更可能的原因是时间。两个物种因为生存方式高度类似而产生竞争，直到竞争出一个你死我活的结果，这个过程相对进化尺度而言是非常快的。而我们个体能直接观察到的大自然，也无非是进化历史中一个极其短暂的时间断面，于是很少看到正在进行中的竞争排除，只能看到竞争排除的结果。

那么，竞争排除的结果是什么呢？最简单的当然就是一胜一负，胜者独霸一方，败者销声匿迹。但在很多时候，生物还给出了另一种答案——生态位分离。

我们在介绍生存竞争时已经提到，生态位的内涵不仅包括物种的地理分布，也包括它们不同的生活方式、食物来源、行为习惯等各种因素。这些因素中，只要有一个出现了显著差异，两个物种就能在很大程度上实现和谐相处。比如，非洲草原上的斑马和瞪羚，前者主要吃草叶，后者主要吃草根；即便二者生活在同一片草原上，也能实现生态位分离。

生态位分离很容易被理解为直接竞争失败的一方无奈的选择。事实上，我们应该把它理解为竞争中的物种的共同选择。只要不是一方兵败如山倒，一方速战速胜，生态位分离对于双方来说都是有利的。

这其中的道理不难理解。假设有这么两个物种，它们的生态位本来是高度重叠的，那么对于任何一个物种来说，在生态位重叠的部分，都会面临来自另一物种的直接竞争，总需要投入资源去应对。不管获胜还是失败，它们的生存和繁殖机会都会受到影响；无非是胜者影响小一点、败者影响大一点而已。那么，在同一物种内部，处于生态位不重叠区域的个体就有了更大的生存和繁殖机会。久而久之，两个物种会同步表现出远离竞争核心区、向生态位边缘"迁移"的趋势，最终实现生态位分离。

这个时候，两个物种之间的竞争强度会大大降低，甚至消失，进入"井水不犯河水"的生存状态。这个道理挺像《孙子兵法》所说的"不战而屈人之兵""上兵伐谋，其次伐交，其次伐兵，其下攻城"。只要进入短兵相接的作战，杀敌一千总要自损几百，胜率再高，也没有不打仗、埋头繁殖的效率高。

掠夺关系：捕食和寄生

物种关系的第二个方向，我称之为掠夺关系。

这种关系的表现是，一个物种的生存和繁衍，部分甚至全部依赖于另一个物种所提供的资源。这种掠夺可以是赤裸裸的，比如草食动物食草，自己又被肉食动物捕食；也可以比较隐蔽，比如人体中的寄生虫、细菌和病毒，专门吸附在大鱼身上吃大鱼的残羹剩饭的鲫鱼，还有缠绕在大树上偷取养分的寄生植物菟丝子。

按常理推断，在掠夺关系里，被掠夺者是弱势一方。被吃掉的自不必说，生命可能都没了。就算是比较隐蔽的寄生关系，被寄生的生物也总要付出代价。比如鲨鱼被鮣鱼吸附之后，运动能力会受到影响，运动消耗的能量也会无谓增加，这些都是可以想见的代价。

顺着这个道理想下去，你可能天然会有一种道德判断：掠夺者是坏的，消灭它们对被掠夺的生物是有好处的。但我必须提醒你，这种想法大错特错。和上面讨论的生态位分离的问题类似，两个物种如果能形成一种稳定的关系——哪怕是捕食和被捕食、寄生和被寄生这种看起来完全是一方得利、一方受害的关系——对双方也会有一定的价值。

这种价值至少有这么两个方面。

第一，可能很反直觉的是，掠夺者的存在，可能还帮助了被掠夺者的生存和繁殖。

在非洲塞伦盖蒂草原，人们发现，草食动物的啃食会刺激植物补偿性的生长。也就是说，被吃掉一部分叶片这件事，会刺激草长得更茂盛。更有意思的是，草原上的食草动物逐水草而居，每年都会发生两次大规模迁徙。这样一来，被食草动物啃食过一轮之后，那些幸存下来的植物，反而能在竞争者较少的环境里旺盛生长，为自己的生存和繁殖创造更有利的条件。

第二，掠夺者的存在提供了一种持续的自然选择压力，对于推动被掠夺者的持续进化有一定的价值。你如果熟悉"鲶鱼效应"这个概念，就应该很容易理解这种选择压力的重要性。

还是拿捕食和被捕食这种关系来说：如果不存在捕食者，被捕食者之间还会存在彼此的竞争，也会因此形成和分化出新物种。但有了捕食者这个额外的压力，被捕食者进化的可能方向就大大增加了。这件事当然不一定对被捕食者有直接的好处，但从生命之树的角度看，它大大繁荣了生命之树的生长脉络。

比如，被捕食者可以进化出让天敌难以下嘴的化学成分，例如含有神经毒素、一吃致命的蝾螈，含有危险的植物血凝素和皂素的豆角，含有引发口腔痛觉反应的辣椒素，专门防止哺乳动物吞食的辣椒，等等。类似地，被捕食者可以发展出坚硬的铠甲和尖刺，让捕食变得代价高昂；可以跑得更快，让捕食者知难而退；也可以进化出酷似周围环境的伪装和酷似危险生物的警戒色来躲避追捕。

如果没有捕食者的存在，这些进化方向和生存方式是无法想象，也不太可能出现的。道理很简单：合成毒素、长出铠甲、跑得更快，都要消耗额外的资源和能量；如果没有捕食者的压力，生物怎么会在这些方向上无谓地浪费资源呢？

而相应地，捕食者也同样会在被捕食者的驱动下找到相应的解决方案。比如，被捕食者合成了毒素，那捕食者也许可以进化出相应的、分解毒素的酶；被捕食者长出了铠甲，那捕食者也许可以进化出锋利的爪牙。

这样一来，掠夺关系的存在和竞争关系一样，也在持续推动生物的进化，塑造出千变万化的物种以及物种之间的相处方式。

共生关系：始于利益，成于惩罚，终于共赢

物种关系的第三个方向，我称之为"共生关系"。它表现为两种生物之间彼此需要，一方的生存繁衍离不开另一方的支持。

共生关系的紧密程度因物种而异。比如，前文介绍过的在极地生长的地衣，是真菌和藻类的共生体，前者负责把吸收的水分和无机盐提供给后者，后者通过光合作用给前者提供能量来源。两者联系紧密，无法分开独立生活。但也有一些物种的共生关系相对比较松散。比如，我们其实也可以把某些开花植物和昆虫看成是共生体，前者为后者提供花蜜作为食物，后者帮助前者传播

花粉。但显然这种共生关系并非完全无可替代，也只在某些特定时段才有价值。

正如人们常常会想当然地赋予掠夺关系负面的感情色彩和道德评价，人们也习惯赋予共生关系正面的道德色彩，把它看成一种温情脉脉的关系。但这或许只是人们自作多情。共生关系还是由利益驱动出现的，而它之所以能稳定地存在，不是因为道德和温情，而是物种之间的相互制约和惩罚。

我们甚至可以把它看成是一种特殊的寄生关系——不是一方掠夺、一方吃亏，而是双方都在对彼此进行资源的掠夺罢了。

就拿开花植物和传粉昆虫的关系来说，我们完全可以想象，在合作的开始阶段，昆虫仅仅是抱着寻找食物的目的前来探索花朵，饱餐了一顿花蜜之后飞往下一朵花。但这个行为无意间帮植物完成了散播花粉、繁殖后代的任务。只要有这种互惠的利益交换作为基础，两个物种就可以朝着加深这种互惠关系的方向分别进化。

比如在植物一方，花朵的颜色和形状、花蜜的含量、开花的时间，都可能会朝着帮助昆虫更好地找到自己、从而帮助自己传播花粉的方向进化；而在昆虫一方，对食物的偏好、口器的形状、觅食的时间、自身的消化系统，也都可能朝着更好地把这种植物当成食物来源的方向进化。和刚刚讲到的生态位细分的逻辑类似，很多昆虫和植物甚至形成了一对一的、极度专一的共生关系。

但如果仅仅存在利益交换，两个物种也还是无法形成稳定的共生关系的。

还是拿植物和昆虫的关系来说，我们完全可以想象，在最初的"蜜月"期之后，两个物种也都可以朝着相互背叛的方向进化。比如，昆虫可能会进化出只拼命吃花蜜但拒绝传粉的类型；而植物也可能进化出长得很好看、很能吸引昆虫来传粉，但就是不怎么提供花蜜或者往花蜜里兑水稀释的类型。

从进化逻辑上说，这些"叛徒"物种的出现是不可避免的。但这样一来，两个物种的共生关系实际上就无法长期维持。所以，稳定的合作除了需要共同的利益基础，还需要对背叛者的惩罚机制。在共生关系中也是如此。

这种惩罚可以是间接实现的。比如，如果昆虫"叛徒"了，那么本来依靠它传粉的植物就无法顺利繁殖，反过来会影响这种昆虫的食物来源。惩罚有时候也可以很直接，比如在不少案例里，共生关系的一方会发展出识别对方已经背叛、加以反制的能力。这一点，我们在第六部分讨论复杂组织的时候还会详细展开。

在共同利益和惩罚机制的共同作用下，稳定的共生关系才能存在。这一点，可能对于人类世界的合作同样有指导意义。

乍看起来，在物种关系的三种形态——竞争、掠夺和共生——之中，两个物种的地位完全不同。竞争中的物种彼此是敌人，掠夺关系中的物种有强弱高低，共生中的物种则是互惠互利的。但讨论到这里，我们应该已经能意识到，地球生命不天然好战，也不天然热爱和平，它们唯一的诉求就是生存和繁殖后代。如果确实有别的物种挡了道，那就只好与之刺刀见红地竞争和对抗；但只要有机会，也对自己有好处，它们随时会选择彼此分开、井水不犯河水，或者干脆互惠互利。生命不做道德判断，也并不觉得这些不同的相处方式有高下之分。

对于生命的增长命题而言，正是伴随着物种之间相处方式的丰富，地球生命的生存空间被大大拓展了。这个有点像工业革命之后人类自身生活方式的变化——地球还是这个地球，但人类找到了在社会中切分出越来越细的"生态位"的办法。不同的工作、不同的技能，甚至串联彼此的价值链条应运而生。人类得以开展各种细致的分工合作，完成在农业社会时期无法想象的复杂工程，供养农业社会时期无法想象的庞大人口。

第五部分

适应方法论

负反馈：维持稳态，对抗环境波动

在这一部分，我们会用 7 节的篇幅讨论地球生物是如何适应多变的地球环境的。

当然，地球生物适应环境的方法，从根源上说，都是"可遗传的变异、生存竞争、自然选择"这三个环节制造的，并伴随着生殖隔离固定在不同的物种当中。这些内容我们在前文介绍过，此处不赘述。我们具体要看的是，不同的生物在经历进化的淘洗之后，到底发展出了哪些适应环境的方法，我们又能从中提炼出哪些普适性的原则。

环境扰动和负反馈装置

这一节，我们先讨论生物体如何通过负反馈应对环境中微小的波动。

在亿万年尺度上看，地球环境动辄沧桑巨变，但对于每一个具体的地球生命的短暂一生来说——少则几天、几个月，多则几年、几十年——地球环境却可以认为是极其稳定的。这一点非常重要，因为只有在稳定的环境条件和稳定的预期下，生物才能朝着某个明确的方向持续积累有利的基因变异，呈现出明确的进化的方向。你应该很熟悉刘慈欣的科幻作品《三体》——在三体星系的环境中，烈日凌空动不动就发生，又或者是连着几百年毫无生气的寒冷冬夜。在这种环境变化巨大且毫无规律的地方，生命现象也许仍旧可以萌发，但很难持续繁衍和进化。

但在这种大尺度的稳定中，地球环境仍然会不可避免地出现微小的波动和变化。比如，地球的自转和公转会带来持久和周期性的昼夜和季节变化，以及随之出现的环境温度、湿度、风向、天气现象、阳光照射情况等条件的变化。这些变化当中，有些有明显的周期性和可预测性，有些则完全是偶然和随机的。比如，一棵植物会适应季节和日夜的周期性变化，但无法准确预测今天下不下雨、开花的时候有没有足够大的风或者足够多的昆虫帮自己传播花粉；一头肉食动物也无法准确预测猎物什么时候会出现、自己抓不抓得住、捕食的时候会不会有同类过来抢。

但我们在前文也介绍过，生命现象能够出现的基础之一是秩序的建立、维持和传承。这种对秩序的硬性要求和环境条件不可避免的波动，天然就存在矛盾。既然生命需要利用能量输入对抗热力学第二定律，建立自身秩序，那可想而知，哪怕能量载体ATP的供应暂停0.01秒，都有可能给生命活动带来毁灭性的打击。那么这种持续的能量需要是怎么与难以预测的食物来源相协调的呢？

还有，人体正常体温总是维持在37摄氏度附近，人体器官和组织、人体细胞中很多蛋白质分子的最佳工作温度也已经在漫长的进化历程中被调整到了37摄氏度附近，体温过高或者过低都会对人体产生致命的影响。但是不管我们在哪里生活，地球环境的气温总在持续波动，早晚的温度、四季的温度都不一样；就算同一时间、同一地点，树荫下和阳光下的温度也不一样。那么，在持续波动的环境温度条件下，人体又要如何适应，并仍旧能保持体温的稳定呢？

而且我想提醒你注意的是，在持续变动的环境中保持秩序和稳定的输出，这不仅是生物系统的需要。事实上，所有建立在严密秩序之上的东西都有这个需要，包括人类制造的复杂机器和人类建立的复杂组织。从某种程度说，复杂似乎也确实意味着脆弱。

但如果说复杂一定会带来脆弱，那么生命世界里的复杂生物就压根儿不可能出现了。实际上就算是一个细胞，它内部高度的秩序感也已经足以令今天的人类望而兴叹。为了在建立复杂秩序的同时对抗环境波动，负反馈装置（negative feedback system）应运而生了。

这种装置的设计原理很简单，通常由两个基本单元组成：一个是检测装置，负责检测环境中某个条件的变化；一个是输出装置，根据检测到的环境变化输出一个反向的作用。简而言之，负反馈装置提供了一种"稳态"（homeostasis），会持续不断地把环境波动向着相反的方向拉扯，抚平变化。这种装置能够在持续波动的环境中，尽可能地保证生命秩序的稳定存在（图5-1）。

图5-1　负反馈装置

18世纪晚期，英国工匠詹姆斯·瓦特（James Watt）在蒸汽机上安装的离心调速器可能是人类第一个载入史册的负反馈装置。它通过简单的机械构造，抚平了蒸汽气压波动的影响，实现了蒸汽机稳定的功率输出。而在现代生活中，负反馈装置更是无处不在。空调和暖气的温度自动设定装置、糖尿病患者使用的自动胰岛素泵、电脑芯片里抚平微小电压电流波动的电路设计，都是靠负反馈来实现其功能的。

生命现象的两类负反馈

作为地球上最复杂、最有秩序的组织，生物体内部也一定需要大量的负反馈装置来对抗各种环境条件的变化。接下来我们一起来看看，生物负反馈装置可以如何归类，它们分别又是如何工作的。

第一类负反馈装置的作用是对抗环境条件的偶然波动。我会用几个不同层次的例子来帮你理解它如何工作。

第一个例子发生在器官和器官之间，作用于哺乳动物的能量调节。

我们知道，哺乳动物只能从食物中获得能量，持续而充分的进食是生存的必须。但在自然环境中，哺乳动物的食物来源会出现无法控制的波动，饥一顿饱一顿是常态。有什么办法可以保证动物在没食物的时候知道自己饿了、需要赶紧觅食，吃饱了以后知道自己饱了、不要贪吃，从而让自己的能量摄入和能量储存维持在一个合理水平呢？

负反馈装置就起到了这个作用。这里只介绍一个贯穿脂肪组织和大脑的负反馈装置——瘦素（leptin）系统。

瘦素是一个由动物的脂肪组织合成和分泌的激素，能够通过血液循环进入大脑。在那里，瘦素起到了"饱足"信号的作用，它会通知大脑"我饱了，不要再吃了"。

这就构成了一个优美的负反馈装置。如果动物吃得太多，脂肪细胞数量上升，脂肪细胞分泌的瘦素就会变多，瘦素会通知大脑降低食欲，少吃东西，把脂肪储量降下去。反过来，如果动物饥寒交迫，吃得太少，脂肪细胞数量下降，瘦素分泌变少，大脑就会表现出更强烈的食欲，指挥动物多吃一点。在这套装置的作用下，动物的长期食物摄入水平以及体重，就被维持在了一个稳定的水平上。[①]

---

① 当然，哺乳动物的进食和体重平衡，并不仅仅依赖瘦素这一个负反馈装置。它还会受到营养物质的水平、激素信号、神经信号等多重影响。

第二个例子发生在哺乳动物细胞内部，是一个微观的负反馈装置，和胆固醇的水平稳定有关。

胆固醇是构成细胞膜的重要化学物质，它能够插入细胞膜之间，保证细胞膜的流动性。因其重要性，动物细胞都有一整套自己合成胆固醇的机制。与此同时，哺乳动物还能从食物中获取外部的胆固醇，比如鸡蛋黄就含有丰富的胆固醇。这样一来，哺乳动物细胞就需要实时响应外部来源的胆固醇含量，调节自身合成胆固醇的强度，来保证胆固醇总体水平的稳定。

这个目标也是靠负反馈装置实现的。

食物来源的胆固醇被消化吸收之后，会被包裹进一种叫作"低密度脂蛋白（low density lipoprotein, LDL）"的颗粒，在血管里流动，接触到每一个身体细胞。这部分外来胆固醇会被细胞表面的受体蛋白（即"低密度脂蛋白受体"[LDL receptor]）识别，然后被吞噬进细胞内部。之后，外来的胆固醇和细胞内部合成的胆固醇将会混合在一起，被细胞不加区分地利用。

如果从食物中摄入的胆固醇比较多，细胞当然就会吞噬更多的胆固醇。这些胆固醇进入细胞后，会产生两种效果：减少细胞内部合成制造胆固醇的速度，降低细胞表面受体蛋白的数量。这样一来，细胞内部的胆固醇供应量会下降，细胞从外部吞噬胆固醇的速度也会下降。相反，如果从食物中摄入的胆固醇不足，那么细胞就会同步增加胆固醇内部合成和外部吞噬的速度。

在这套负反馈装置的作用下，不管通过食物摄取的胆固醇水平如何波动，人体细胞内部的胆固醇总供应量都会维持在一个相对平稳的水平上。

顺便说一句，各国权威的膳食指南曾经强调，蛋黄这样富含胆固醇的食物需要适量摄入，高血脂风险人群更要小心谨慎。但近年来这条建议被删掉了。因为人们逐渐意识到，在这套抚平胆固醇供应量波动的负反馈装置的作用下，血管中过高的胆固醇和食物中有多少胆固醇的关系并不大。

上面两个例子中，尽管负反馈装置作用的空间尺度大相径庭，但它们的构造原理和作用是很类似的，都是对抗环境——比如食物供给——的偶然波动，保持某些重要生物学指标——比如进食量、体重和胆固醇供应量——的稳态。

第二类负反馈装置的构造原理也很类似，但实现的目标有所不同。它的作用是发现并利用环境的偶然波动。我用一个例子说明一下这类负反馈装置，它就是生物学历史上非常著名的"乳糖操纵子"（lac operon）。

在一般情况下，大肠杆菌最常用、最习惯的食物来源是葡萄糖。但在缺乏葡萄糖的情况下，它也能转换能量利用的模式，使用另一种哺乳动物肠道内常见的糖类——乳糖。请注意，大多数时候大肠杆菌的葡萄糖供应充足，专门负责分解利用乳糖的生物学机器纯粹是多余的，最好彻底关掉以节约细菌的资源消耗。毕竟这套系统自身的开动和维护也需要消耗能量。

负责这套装置开启和关闭的，是大肠杆菌基因组 DNA 上的乳糖操纵子序列。所谓乳糖操纵子，包含了 3 个和利用乳糖有关的、按顺序排列的基因，分别是 LacZ、LacY、LacA。这 3 个基因有一个共同的启动开关位于 Z 基因之前。在葡萄糖充足的时候，一个抑制蛋白 R 会牢牢结合在乳糖操纵子的启动开关位置附近，阻止这三个基因被转录和翻译，抑制乳糖利用机器的工作（图 5-2）。

但一旦食物来源产生波动——葡萄糖消失了，而乳糖比较丰富——大肠杆菌会快速切换状态，开启分解利用乳糖的这三个基因。这整个过程简单来说是这样的：进入细胞内的乳糖分子会和那个锁死乳糖操纵子开关的抑制蛋白 R 相结合，把它从大肠杆菌基因组 DNA 上给"拉"下来。这样一来，乳糖操纵子内部三个

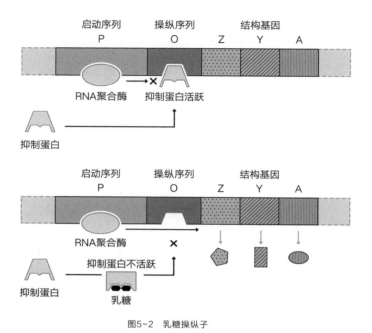

图5-2　乳糖操纵子

基因的开关就被打开，制造出负责消化利用乳糖的三种蛋白质。

当食物来源再次波动，例如乳糖被细菌全部分解利用，大肠杆菌就不再需要负责处理乳糖的这些蛋白质了。这个时候，抑制蛋白 R 脱离了乳糖的结合，就可以重新结合到 DNA 上，给乳糖操纵子"踩刹车"。

这套响应机制也是一个典型的负反馈装置。负责分解利用乳糖的乳糖操纵子只有在乳糖丰富的环境条件下才会打开，通过生产三种蛋白质分解利用乳糖，直到乳糖不再丰富为止。它不仅起到了抚平乳糖水平波动的作用，还能利用乳糖水平的波动，帮助大肠杆菌灵敏地应对食物来源的波动。

最后来看第三类负反馈装置，它的作用是针对环境中的周期性波动，表现出相对应的周期性。

在刚才两类负反馈装置的工作环境里，环境条件都是随机波动、难以预测的。但自然界也有不少具有强烈周期性的环境变化。比如，因地球自转而产生的、以 24 小时为周期的昼夜交替。为了应对这种周期性的波动，动物发展出了昼夜节律——人类通常是白天清醒，晚上睡觉；田鼠、猫头鹰等则是夜晚活动，白天睡觉。

人们很早就发现，动物的昼夜节律是自身具备的一个特征，不需要环境输入就能自发运转。阳光照射本身并不产生节律，它起到的是"对表"功能，负责每天早晨校准动物的昼夜节律。就算我们把老鼠养在全黑或者全明的环境里，它仍然会大致以 24 小时为周期表现出"活动—睡眠"的节律。这一点对生物来说非常重要，否则老鼠每到阴雨天就不知道现在几点钟、该干啥，是要出大麻烦的。

那这种自发的周期性变化是如何实现的呢？答案还是负反馈装置。

这个周期性的产生过程相当复杂，这里我们只讨论其中最核心的一个负反馈装置。简而言之，老鼠细胞内有两个蛋白质 PER 和 CRY，它们在细胞内的数量多少呈现明显的周期性。这种周期性的来源是，PER 和 CRY 这两个蛋白质被细胞生产出来以后，可以彼此结合在一起进入细胞核，抑制它们自身的生产（这个过程中 PER/CRY 会识别和结合另外两个蛋白质分子，BMAL1/CLOCK）（图 5–3）。

伴随着 PER/CRY 数量逐渐增多，它们对自身生产能力的抑制也会逐渐增强，这会导致细胞内新增的 PER/CRY 数量越来越少，原有的 PER/CRY 也会逐渐降解消失。结果就是细胞内整体的 PER/CRY 水平开始下降。而等 PER/CRY 的水平下降到一定程度，它们对自身生产的抑制得到了解除，细胞又会重新开足马力生产更多的 PER/CRY。如此周而复始。

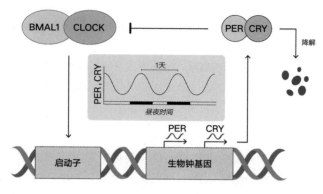

图5-3　生物的昼夜节律

　　我们完全可以想象，这套负反馈装置的时间周期，是由PER/CRY的生产速度、降解速度、抑制自身生产的灵敏度等因素共同决定的。在进化的驱使下，通过微调这几个蛋白质分子的特性和彼此之间的相互作用方式，老鼠细胞能够发展出一套大致以24小时为周期的波动装置。这套装置作为老鼠体内的"定时器"，指导老鼠表现出清晰的周期性行为变化。

　　我们也完全可以推测，未来哪怕地球自转周期发生了什么变化，地球生物应该也可以在进化的驱动下继续微调这套基于负反馈装置的定时器，来实现新的昼夜节律。

负反馈被破坏会怎么样

　　通过前文介绍的例子，我们看到了生物体多种样态的负反馈装置。它可能发生在细胞内部，也可以发生在生物体内不同细胞之间；它可以偶尔应急，也可以产生周期性的解决方案。只要生物体有应对某种环境波动、维持自身稳态和秩序的需要，就一定会有负反馈装置的身影。

　　只是，既然有这么多精妙的负反馈控制系统，为什么生物体仍然会出现各种问题呢？比如，既然有瘦素这样的体重和食欲控制系统，人为什么还是会发胖、超重、患上各种各样的代谢疾病呢？既然有精妙稳定的体温控制系统，人为什么还会发烧呢？既然有自成周期的昼夜节律系统，人为什么还会晚上失眠、白天犯困呢？

在很多时候，这是负反馈循环遭到破坏的结果。以瘦素这个负反馈装置为例，人们已经发现，肥胖的原因大致可以分成两种：一种是极少数的人体内，负责合成瘦素的基因出现了变异，根本无法生产瘦素，那么他们的大脑就检测不到饱足信号，这是非常罕见的"先天性瘦素缺乏症"（congenital leptin deficiency）。但在绝大多数肥胖人群当中，体内合成瘦素的基因没有问题，出现问题的是他们大脑中负责检测和响应瘦素信号的系统，这就是造成肥胖的另一种原因。即便脂肪组织分泌了大量的瘦素，大脑仍然我行我素地认为自己还没吃饱，这就是所谓"瘦素抵抗"（leptin resistance）的现象。上述两者对应了负反馈装置的两个基本单元——检测装置和输出装置——分别被破坏的结果。

相应地，我们也比较容易从逻辑上想到解决方案：对于前者，只要定期注射瘦素就能减肥（这一点比较容易从技术上实现）；但对于后者来说，提高大脑对瘦素的灵敏反应才是出路（这一点至今都很难实现）。

事实上，人体的很多疾病都可以被看作负反馈装置被破坏的结果。比如，稳定的血糖水平同样依靠一种负反馈装置——血糖升高，胰岛素分泌进入血液，指导身体细胞回收多余的血糖；血糖降低，胰高血糖素分泌进入血液，促进血糖的生产。如果一个人体内负责生产胰岛素的细胞大量死亡，人体无法感知血糖升高，就会出现 1 型糖尿病；相反，如果胰岛素分泌正常，但响应胰岛素的机制出了问题，人体无法对血糖升高做出反应，会出现 2 型糖尿病。两种疾病都破坏了血糖的负反馈调节，两种疾病的表现也都是血糖的失控和升高。

另外，在某些情况下，人体甚至还会主动破坏负反馈装置，创造异常环境。发烧是一个我们都很熟悉的例子。人类大脑中的体温调节中枢能够通过负反馈装置，将体温维持在 37 摄氏度左右。在正常情况下，当它检测到体温超过 37 摄氏度，就会通过出汗、降低新陈代谢率等方法降低体温；当体温低于 37 摄氏度，它也会通过促进肌肉收缩（打寒战）、增加新陈代谢率的方法提高体温。

但当人体被病原微生物感染之后，大脑中的体温调节中枢会特意破坏这套负反馈装置，让人体体温升高，充分激活人体免疫系统的潜力，尽快消灭入侵的病原体。这也是为什么当一个人发烧的时候，一味退烧有时候不见得是好办法，因为这样反而会降低人体清除病原体的效率。

正反馈：启动状态切换

　　地球生物体内无处不在的负反馈装置，是生物用来对抗环境波动、维持自身稳态和秩序的重要工具。它们保证了生物体在这个充满变化和意外的世界里，仍然能够顽强地生存和繁衍。但我们知道，负反馈的运行机制，是根据输入产生一个与之相反的输出，抹平甚至消除环境波动的影响。可想而知，它主要起到了"维持现状"的作用。

　　但在某些时候，生物也需要突破舒适区，进入全新状态，实现全新的生存方式。这种情况下，负反馈装置反而成了生物的绊脚石，在状态切换过程中制造了摩擦力。

　　为了解决这个问题，生物需要一套全新的适应方式——正反馈装置（positive feedback system）。

　　和负反馈类似地，正反馈装置一般也由两个基本单元构成：检测装置负责检测环境中某个条件的变化，输出装置则根据变化在此之上叠加一个同方向的影响，从而起到强化初始变化的作用（图5-4）。

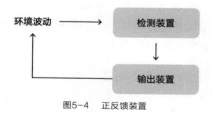

图5-4　正反馈装置

　　我们可能都有这样的经历，唱歌的时候如果话筒距离音箱太近，会产生刺耳的啸叫声。这种现象就是正反馈带来的——环境中但凡有一点点微小的声音被话筒检测到，就能通过音箱放大后播放出来，音量会得到一次强化。音响播放出来的声音还会再次被话筒检测到，再次被音箱放大。反复循环和强化之后，就会产生刺耳的声响。

通过这则描述，我们其实可以感受到，正反馈的启动往往是一件很危险的事情。不同于倾向维持现状、大事化小的负反馈，正反馈可以把一点小事以惊人的速度放大到难以忍受的地步，"唯恐天下不乱"。也正是因为这个特性，正反馈在生物系统里远没有负反馈那么常见。在少数确实需要正反馈装置的场合，生物体往往还要在装置周围叠加各种各样的限制条件，防止它失控。

接下来，我会用几个案例来描述生物系统内的正反馈装置。我们一起来看它们如何构成，又能实现怎样的目的。

生物系统的两类正反馈

第一类正反馈装置的作用是帮助生物感知微弱但重要的信号，完成生物体自身状态的切换。

举个例子来讨论一下，这种装置在细胞分裂的过程中起到了关键作用。真核细胞的分裂，学名叫作"有丝分裂"（mitosis），大致可以分成两个阶段：在分裂间期，细胞生长壮大，储备繁殖所需的原材料，完成 DNA 复制；接着进入分裂期，将 DNA 等重要生命物质平均分配到细胞两侧，然后细胞中央收缩、凹陷断裂，从一枚细胞变成两个后代细胞。

从分裂间期进入分裂期的这个决定，是细胞生命历程中最核心的状态切换之一。在进入这个状态切换之前，细胞会做一系列精细的质检工作，特别是要确保 DNA 复制准确无误。如果 DNA 还需要修修补补，那就停下来暂时等待。而一旦开启这个状态切换过程，细胞就会全力推进和完成整个细胞分裂步骤，不再瞻前顾后。

这种"全或无"（all or none）方式的状态切换对于细胞是很重要的。一方面，它保证细胞在分裂之前已经做好了各种准备工作。否则，如果连 DNA 复制都没做好，细胞还继续分裂，那就是白白浪费宝贵的繁殖机会。另一方面，它保证一旦开始分裂，就全力推进到完成。否则，在分裂中间随便就停下来或者提前结束，产生一些奇怪的后代细胞也是在添乱。

正反馈装置在这个过程中就起到了核心作用。当细胞做好分裂前的准备时，一个名叫 CDK1 的蛋白质会被激活，打响细胞分裂的第一枪。但请注意，如果只有少数几个 CDK1 蛋白分子被激活，是不足以通知所有和细胞分裂相关的分子机器的。实际情况是，少量激活的 CDK1 会激活另一个名叫 CDC25 的蛋白质，而活动状态下的 CDC25 反过来会继续激活更多的 CDK1（图 5–5）。

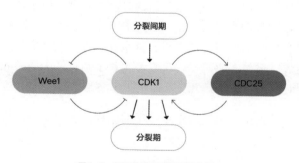

图5-5　细胞分裂里的正反馈装置

这个简单的正反馈启动后，细胞中上百万个 CDK1 蛋白分子会以惊人的速度从整体未激活状态进入整体激活状态，从而启动细胞分裂。这种情况一旦开始，就没有回头路可走——细胞会在大量活动 CDK1 蛋白分子的驱动下，彻底完成细胞分裂。

在这个例子中值得一提的是，正反馈循环不仅可以通过

CDK1 和 CDC25 两个分子之间的相互激活来实现，还可以通过两个分子之间的相互抑制来实现，发挥"负负得正"的效果。具体来说，被激活状态下的 CDK1 蛋白会抑制一个名叫 Wee1 的蛋白质，而后者本来起到了抑制 CDK1 活动的作用。这样一来，一个 CDK1 分子的激活还同时解除了更多 CDK1 身上的束缚，有丝分裂的状态切换从而可以进行得更加猛烈。

在生物体内需要状态切换的地方，我们都能找到正反馈装置的身影。它们像是推动高山上摇摇欲坠的巨石，也像是在茫茫野草丛里投下一根火柴，初始的微弱力量能够快速放大，推动整个系统的彻底变化。

比如，在苹果成熟的季节，第一颗成熟的苹果会释放微量的乙烯气体，周围的苹果在接触到乙烯以后会加速成熟，从而释放更多的乙烯。这个正反馈推动了满树的苹果在一夜之间由黄变红。当女性生产时，刚刚进入宫颈的胎儿会对这个狭窄的部位产生一个挤压力量。这个力量开始的时候并不大，但它被宫颈附近的神经细胞检测到之后，会释放催产素，进一步促进子宫收缩，从而产生更强的挤压力量，释放更多催产素。正是依靠这样的正反馈装置，已经在妈妈子宫里安静生长了两百多天的胎儿，会在生产过程启动后的短短几个小时内呱呱坠地。

第二类正反馈装置的作用是帮助生物体识别意外风险，启动应急补救措施。

这一类正反馈装置的构造和第一类很接近，但它的作用不是感知微弱的起始信号并加以放大，而往往是因为面对危机，反应时间太短，需要利用正反馈起到第一时间抢险的作用。

比如，当血管因为外伤而破损时，生物体会快速启动凝血机制，在破损处形成物理屏障，防止血液流失，也阻止外来的污染物进入血管。这个机制的启动就依赖好几个正反馈装置。

当血管破损时，在血液中流淌的血小板会顺着血液进入伤口，并因此被激活。激活后的血小板会从圆形变成类似八爪鱼的形状，彼此之间连接在一起，便于它阻塞血管的破口。而被激活的血小板也是一系列后续反应的启动信号。它会发出一些化学信号进入血液，吸引、激活和连接更多的血小板。这个正反馈装置就能保证在伤口附近快速聚集越来越多的血小板，阻塞血管的破口。

同时，血管的破口还能促进血液中凝血酶的形成。凝血酶在伤口附近制造出细丝状的血纤维蛋白，牢牢绑定伤口附近的血小板。这也是一个正反馈装置的作用——凝血酶分子一旦形成，就可以激活更多的凝血酶，实现大量凝血酶分子的快速激活。

特别值得注意的是，这些反应之间还嵌套了更多的正反馈。比如血小板的激活除了能实现自身的聚集，也能激活凝血酶；而凝血酶除了能制造血纤维蛋白之外，还能反过来促进血小板的聚集和激活。这样一来，在外伤发生后的几秒钟内，伤口附近就会在几个正反馈装置的合力推动下完成一次爆炸式的应急反应。我们也很容易联想到，凡是生物体内有可能被意外风险击中的地方，都会有正反馈装置的身影。

正反馈的刹车

正反馈的价值和力量不言而喻，但这种能够快速和无限放大初始信号的能力，往往也意味着巨大的风险。即便在我们刚刚介绍的这两个案例中，正反馈装置内部蕴含的风险也是显而易见的。比如，细胞内环境本身也存在微小波动，如果某个时刻偶然有几个 CDK1 蛋白分子被意外激活，就可能随时启动不可逆的细胞分裂过程，把还没准备好繁殖后代的细胞带上错误的轨道。凝血功能要是随意启动，也有可能阻塞血管，引发致命的中风。

也正因为有这样的风险，生物体会在所有正反馈装置附近，装备上各式各样的刹车装置，保证正反馈不会随意错误启动，或者启动后还有补救余地，又或者在完成使命之后可以被迅速终止。很有意思也容易想到的一点是，这些刹车很多其实就是负反馈装置。

在这一节的末尾，我还是用凝血功能作为案例，描述这类刹车装置是如何发挥作用的。

首先，生物体需要在源头上保证，引发凝血反应的初始信号被周密控制，不会随意出现，一旦出现就意味着确实有伤口，有对凝血反应的真实需要。这个道理很容易理解，就像美国固然有几千枚携带核弹头的武器，但使用核按钮的权力却一直掌握在美国总统、三军总司令一个人的手里，并且需要层层授权才能真正使用。

凝血反应本身就有一个特别谨慎和巧妙的启动机制。如我们刚才所说，血小板只有在伤口附近才会被激活。这是因为血小板需要和人体的胶原蛋白直接接触才能被激活。但胶原蛋白并不会出现在血管内部，它的位置处于血管壁外侧。这样一来，只有血管破裂的时候，渗出破口的血小板才能接触到位于血管外侧的胶原蛋白，启动之后的一系列凝血反应。

其次，要给正反馈装置装上阻尼装置，增加摩擦力，延缓它的激活速度，让它无法随心所欲地快速爆发。理论上，一个完美的正反馈循环是极不稳定的，一个凝血酶分子的错误激活，就能引发雪崩式的反应。因此，生物体在凝血反应的很多环节配备了相应的阻尼装置。

比如，血管里有一个名叫抗凝血酶的蛋白质分子，它的功能是持续稳定地降解凝血酶。这样一来，凝血反应就不会被任意的扰动所引发。凝血酶的数量要足够大，"跑赢"抗凝血酶的降解能力，才有可能积累足够的数量引发正反馈循环。甚至还有些阻尼装置的作用会随着正反馈的强度增大而增大。比如，凝血酶自身还会激活一个名叫蛋白质 C 的分子，反过来抑制凝血酶的继续生成。这样一来，凝血反应进行得越剧烈，来自蛋白质 C 的阻尼作用也就越大。这两个刹车装置能降低凝血反应的爆发速度，预防凝血反应错误启动，也能给错误启动之后的补救措施留足时间。

最后，正反馈装置需要有一个明确的终止信号。这一点对于凝血反应来说相对简单，血管破口被封堵，血液无法渗出，血小板和凝血酶无法接触位于血管外侧的启动信号，凝血反应的正反馈就从源头上被终止了。之后，伤口附近已经被激活的血小板和凝血酶会在各自的阻尼装置作用下逐渐失去活性。

典型的反例就是红斑狼疮患者中常见的血栓。红斑狼疮是一种自身免疫疾病，患者血管中的抗体会错误地识别和攻击血管内部的细胞，让这些细胞生产和释放大量本来只会在血管外部出现的、能促进血液凝结的蛋白质。这样一来，就算没有血管损伤，凝血反应也会被诱导出来，在正反馈驱动下彻底失控，乃至堵塞血液流通。

前馈：与时间共舞

在前面两节我们介绍了负反馈和正反馈这两套装置。它们看起来作用恰好相反，一个对抗输入、抚平意外波动；一个放大输入，实施状态切换。但它们在构造上也有很多共同点，比如两者都拥有一套闭环的反馈系统，输入能带来输出，输出也会回过头来影响输入（只是影响方向不同）。更重要的是，它们都可以看成是调节信号强度的装置，前者能减弱信号强度，后者则增大了信号强度。

但对于生物系统来说，需要处理和适应的环境变量，不光是信号的强度这么单一维度的信息。理解信号的时间属性并作出回应——包括环境波动何时开始、何时结束、持续多长时间，也包括生物需要何时启动反应、何时可以终止反应——同样非常重要。

为了和时间共舞，生物体发展出了和反馈系统相对应的另一套装置——前馈系统（feedforward system）。这一节会围绕这套系统如何运作而展开。

信号传导的常规手段

前馈系统是一套理解起来稍有门槛的系统。介绍它之前，我们先来看看生物体内部，一个生物学信号（比如环境的某个变化）想要引发某种生物学反应时，具体的信号传递是怎么发生的。

对于这个问题，我们可以用一个经典的例子加以说明：人在饱餐一顿之后，食物中的营养被消化吸收，血糖水平升高。这个时候胰腺会分泌胰岛素进入血液，通知身体的肌肉细胞回收葡萄糖储备起来，同时降低血糖水平。假设我们的观察对象就是一个肌肉组织的细胞，我们来看看在胰岛素分子接近这个细胞之后，细胞是如何感知它的存在并启动后续反应的。

这个过程的起点，是细胞外游离的胰岛素分子被肌肉细胞表面的一个名叫胰岛素受体（insulin receptor）的蛋白质所捕获。和大部分名称里带有"受体"的蛋白质类似，胰岛素受体分子插在细胞膜当中，一头暴露在细胞之外，可以结合胰岛素分子；另一头则深入细胞内部，会伴随着胰岛素的结合改变自己的形态。这样一来，受体分子的一端结合胰岛素分子之后，另一端会产生形态变化；细胞外的信号就被传导进入了细胞内。这个过程的终点，则是细胞将大量葡萄糖转运蛋白（glucose transporter，GLUT）插入细胞膜，让血液中过多的葡萄糖流入细胞内，再在细胞内把它们合成糖原分子储藏起来。

这里我们关心的主要问题是这一头一尾是如何被连接起来的。答案实在过于复杂，就算一个科班出身、专门研究胰岛素问题的生物学家也不见得能烂熟于心。我在这里提供的是一个过度简化的描述：胰岛素和受体结合之后，伴随着受体分子形态的变化，细胞内一系列蛋白质开关按照特定的顺序被依次打开，就像一条笔直的马路上，一盏一盏路灯依次亮起，其中有这么几盏非常关键、需要被依次点亮的路灯：IRS、PI3K、PIP3、PDK1、Akt。这个过程一直持续到道路的尽头，葡萄糖转运蛋白这盏路灯被点亮。

类似的信号传导过程在细胞内每时每刻都在发生，所有你能想到的重要生物学事件都离不开它。但这里我更想强调的是，这种线性的信号传导过程，固然有它的优势，比如目标精确，再比如信号在传递过程中可以层层放大，起到四两拨千斤的作用。但它也有一个绕不过去的麻烦：在时间控制上很不精确，启动和关闭经常有延迟。

为了说明这一点，我们把上述信号传导过程简化成 A、B、C 三个蛋白质依次激活的过程，A 激活 B，B 再激活 C。那么我们很容易想到，如果刚刚打开 A，就得过一段时间才能观察到 C 的激活。毕竟信号从 A 传到 B，从 B 再传到 C 都是需要时间的。反过来，如果这时候再关闭 A，那么你也得过一段时间才能观察到 C 的关闭。因为在 A 关闭后，B 的活动还要再维持一段时间才会减弱消失，这段时间内它还是可以继续激活 C。

一致性前馈系统：利用延迟，滤过意外扰动

我们就在此基础上来看什么是前馈系统，以及前馈系统如何解决线性系统反应迟钝的问题。

我们还是用 A、B、C 三个蛋白质的关系打个比方。如果我们在线性的信号传导之上增加一层关系：A 激活 B，B 激活 C，而 A 也能直接激活 C。这就构成了一个简单的前馈系统——多出来的一层关系不是向后传递信息，而是向前传递信息，顾名思义为"前馈"（图 5-6）。

在刚刚描述的 ABC 三角关系里，输入 A 以后有两个方式激活 C，一个是直接激活，一个是通过 B 间接激活，作用方向一致，所以它也被称为一致性前馈系统。

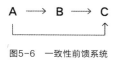

图5-6　一致性前馈系统

这个系统乍看起来纯属多余，不管有没有这一层新加入的前馈关系，A 都会顺利激活 C，实现信号的传导。但实际上，前馈关系的加入，让输入 A 和输出 C 之间的时间关系变得更精确了。

我们可以试着推演一下：假设在这个前馈系统里，C 一定要接收到来自 A 的直接激活和通过 B 的间接激活，才能出现响应（类似电路中所说的"与门"[AND Gate]）。那么当我们开启 A，C 的响应仍然会有个延迟，因为"A—B—C"的信号要通过中介 B，速度肯定比直接从 A 到 C 慢一些。当我们打开 A 的开关，要过一点时间才会看到 C 开始活动。

但是反过来，如果我们关闭 A，C 就会立刻被关闭，延迟消失了。这是因为 A 一旦关闭，尽管通过 B 对 C 的激活还会持续一小段时间，但 A 对 C 的激活立刻消失了。我们知道 C 需要受到双重激活信号才会启动，所以这个时候 C 就立刻停止了。

这套简单的前馈系统把线性传导系统里时间延迟的问题解决了一半：对信号启动的延迟还在，但对信号关闭的延迟消失了。这个看似小小的改进，有一个特别重要的生物学功能，就是滤过输入端短暂的意外扰动。

根据上面的推演，如果 A 的激活是个意外错误，持续时间很短，那它就完全不会对 C 产生影响。因为 C 对 A 打开的响应本来就有个延迟，对 A 关闭的响应却没有延迟。所以，在 A 短暂打开和关闭的过程里，信号还没来得及从 B 传递到 C，让 C 产生反应，A 对 C 的直接影响就已经消失了。

我们知道在复杂的生物系统里，各种各样意外和错误的微小变化总是难以避免的。而这套一致性前馈系统让生物体能够主动过滤掉持续时间很短的环境变化，防止系统总是被各种意外刺激频繁启动。只有 A 的激活长期稳定存在，C 才会产生响应；因为只有这样 A 才有足够的时间通过启动直接和间接两条路径来影响 C。

把负反馈系统和一致性前馈系统做比较的话，我们会发现二者都有抚平波动的效果，但做法完全不同——负反馈系统是主动产生一个对抗性的信号，与波动抗衡。比如在乳糖操纵子的例子里，乳糖的浓度升高，会让细菌生产分解利用乳糖的酶，反过来分解利用乳糖，降低乳糖的浓度。

而前馈系统则是从根本上避免对短暂的波动产生反应。比如同样在大肠杆菌里，除了分解利用葡萄糖和乳糖的机制，还有一套专门分解利用阿拉伯糖的机制，一般并不激活，仅在非常罕见的场合——比如实在没有足够的葡萄糖和乳糖的时候——使用。这套机制的激活就使用了前馈系统，保证不会因为偶然在环境里捕捉到几个阿拉伯糖分子，就浪费资源启动它。

非一致性前馈系统：产生脉冲式反应

前馈系统并不只有这么一种。由三个基本单元和三种相互关系组成的前馈系统，是理论上能存在的最简单的前馈系统。我们也很容易想到，这类前馈系统应该有 8 种组织方式。因为 AB 之间、BC 之间、AC 之间都有两种可能的关系，可以是激活，也可以是抑制。

刚刚介绍的一致性前馈系统是这 8 种当中的一种，AB、BC、AC 之间全部是正向激活的关系。人们发现，这种前馈关系在生物体当中出现的比例非常高，大肠杆菌中 80% 的前馈系统都是这种类型的。这说明能够产生延迟和滤过效应的前馈系统有着巨大的生存价值，更容易被选择和保留下来。

另一种出现比例也相当高的前馈系统被称为非一致性前馈系统。它的基本结构是这样的：A 激活 B，B 抑制 C，而 A 也能直接激活 C。在这个关系里，输入 A 可以直接激活 C，也可以通过 B 间接抑制 C。因为 A 对 C 的两种影响方向不一致，恰好相反，因此它被称为非一致性前馈系统（图 5-7）。

通过它，线性传导系统里另一半的时间延迟问题也可以得到解决：对启动的延迟消失了。这个装置还有另一个奇妙的效用：在系统被激活之后，哪怕输入持续存在，反应也会自动停止，因此会产生一个脉冲式的反应。

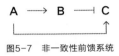

图5-7 非一致性前馈系统

我们也可以试着推演一下这种反应是如何发生的。当 A 开启时，C 的响应速度会很快，因为它是被 A 直接激活的；但是 C 在启动一段时间之后，A 通过 B 传导过来的抑制信号就到达了，C 会因此被关闭。因此我们看到的现象就是，打开 A 的开关，并且一直开着，但 C 只会在开头短暂地、脉冲式地开启一下，随即就被关掉了。

也因为这种脉冲式的反应，非一致性前馈系统拥有了一个意义深远的功能：它能自动过滤背景信号强度，灵敏地响应状态变化的幅度，而非信号的绝对数值。

我用一个假想的例子说明一下：某种生物体内的报警系统需要灵敏检测环境中某种特殊的气味，因为这种气味的存在往往预示着天敌和危险。更具体地说，假设这种气味在自然条件下强度大概是 1，当它的强度提高 50%，生物就应该马上提高警惕。

为了实现这个目的，最简单的方法就是在生物体内里预设一个 1.5 的报警阈值，一旦检测到突破阈值的信号，就启动报警反应。

但这样的设计有个很大的问题，它会因为报警信号的强度变化而失灵。如果生物的生活环境变了，导致自然条件下这种信号的正常值变成了 2，超过了原先的报警阈值 1.5，它就会一直报警，生物就压根儿没法正常生活了。

而非一致性前馈系统利用了脉冲式反应的特性，它不管背景信号强度是 1 还是 2，只有当信号突然增强——从 1 增加到 1.5 也好，从 2 增加到 3 也好——它才会发出警报。

当然，这一节我们主要从细胞层面讨论了几种前馈系统。事实上，前馈系统在生命现象的各个层次，从细胞到组织和器官，再到生物个体，都能找到大量的应用场景。

比如，你肯定有这样的经验，在嘈杂的环境里待久了，我们会忽略掉背景声音；在臭烘烘的房间里待久了，我们会忽略掉难闻的气味。只有声音和气味突然发生变化才会再次引起我们的注意。在这些场合，其实都是非一致性前馈系统在帮助我们过滤背景信息。

监察修复：应对常见挑战

反馈和前馈是生物体适应环境变化的基本策略，它们的组合和协同可以帮助生物体处理来自各个方向的环境波动，采取适合的响应方式。在接下来的几节中，我们带着这些基本的适应方法论，去看看生物体在具体的场景中是如何从容应对环境变化的。

为了让我们的讨论更聚焦，我会主要介绍生物体应对危机的方式。在生物体的生存周期内，除了正常范围内的环境波动，还有一些无法避免的重大危机，一旦处理不当就可能危及生存和繁殖。

按照美国数学家、投资人塔勒布（Nassim Taleb）的分类法，重大危机通常分为灰犀牛类型和黑天鹅类型。两者的破坏力都很强，区别在于，前者是那些大概率会出现、发展路径已经被人们清楚认知、甚至已经被人们习以为常的危机；后者则是那些极小概率、出乎意料、无法被人们提前预测和应对的危机。

生物体的危机模式大致也可以如此分类。这一节我们先讨论生物体面对的灰犀牛危机。既然这类危机出现的概率大、发展路径清晰，那么生物体就有可能、也必须要在进化历程中预先发展出一套反应机制，及时发现、修复问题，及时止损。接下来，我会用细胞内常见的 DNA 错误修复系统为例，来讨论生物体如何处理灰犀牛危机。

DNA的复制错误和修复

保证 DNA 分子的序列组成稳定不变，保证每一次 DNA 复制后得到的新序列也高度保真不出错，是细胞生命非常关键的生存技能。这一点，首先是通过碱基之间的精确配对实现的。在 DNA 复制的时候，只有 A 和 T 之间、G 和 C 之间能形成比较稳定的化学连接，其他组合则不行，这是由这些碱基分子的大小和化学结构天然决定的。这就足以保证 DNA 复制的错误率低至十万分之一。这已经是非常精确了。相比之下，传统出版业对纸质出版物的编校质量差错率要求是不高于万分之一。

但是，考虑到 DNA 序列信息的极端重要性，十万分之一的错误率也是无法忍受的。人类基因组 DNA 有 30 亿个碱基对、超过 2 万个基因。十万分之一的错误率意味着每复制一次就有 30000 个错误，每一次细胞分裂都会出现重要基因的突变，这个风险太大了。

这么看的话，DNA 的复制错误就是一种典型的灰犀牛危机。一旦发生，可能有巨大的破坏力；但它的出现植根于系统本身的特性，所以无法完全避免。

为了应对这种危机，生物体发展出了丰富的监察和修复工具，能够及时找出绝大多数 DNA 复制错误并加以更正，把 DNA 复制出错的概率降低到了百亿分之一。同时，细胞也发展出了很多止损工具；假如错误确实无法修正，也能保证它们的破坏不至于带来灾难性的后果。

在这个意义上，DNA 错误的修复系统为我们近距离观察生物体如何应对灰犀牛危机提供了一个珍贵机会。这里面的技术细节我们姑且略过不表，特别值得关注的是其中两个很有意思的方法论。

监察和修复的方法论

第一个方法是，就地发现，就地处理。

这个道理本身我们很容易理解。等到 DNA 复制完成之后再纠错，那就需要在亿万个正常的 DNA 碱基对里寻找少量可能的微小错误，难度不亚于大海捞针。如果可以在 DNA 复制过程中实时纠错，甚至在复制错误刚产生的时候第一时间发现它们，那么工作量就小多了。

具体而言，在 DNA 复制过程中，负责装配碱基分子的 DNA 聚合酶会以流水线的形式工作。它读取 DNA 单链上的碱基序列，安装一个与之配对的新的碱基分子（比如 DNA 链上是 A，则在新链的对应位置配上 T 与之配对）。然后，DNA 聚合酶向前移动一个碱基的位置，开始新一轮的读取和装配。

在每一个碱基装配完成之后，DNA 聚合酶还会再次检验配对是否正确。如果配对不正确，那么两条 DNA 链就无法形成一个完美契合的结构，DNA 聚合酶的移动和继续装配就会受到干扰，停留在出错的位置上。这个时候，DNA 聚合酶的另一个功能就被开动起来了。它能回头把刚刚配错的这个碱基拆掉，换成正确的，再向前继续装配。

也就是说，DNA 装配机器自带了一个实时的错误识别和处理功能。在这个机制保障下，DNA 复制错误的比例被降低到大约 1000 万次碱基装配才会出错一次，错误率降低了两个数量级（从原先的 10 万分之一到 1000 万分之一）。

但是，仍旧有很小一部分错配的碱基能够逃脱 DNA 聚合酶的识别和及时处理，成为新合成的 DNA 链的一部分。如果这种错误没有及时修复，可能会产生持久性的影响。比如，一个碱基 A 在进行 DNA 复制的时候错配成了 A—C（而非正常的 A—T）。这个没有及时修复的错误如果长久保留下来，那么等这条 DNA 双链需要再次复制时，生产出的两个 DNA 双螺旋就会有一个永久性的错误，在该位置变成了 C—G。

因此，对这些错误的修复也应该发生在 DNA 复制尚未彻底完成、下一次复制尚未开始准备的时候。此时，细胞能够通过某些特殊的标记方法知道这两条 DNA 链当中，哪条是原来的模板（A），哪条是正在新生成的（C）。一旦发现两者的配对并不完美，细胞的解决方案也很简单——它会默认新加上的是错误的，直接以原来的碱基（A）为模板，对新的碱基进行替换（把 C 换成 T）。这个二次监察和修复的动作，学名叫作"DNA 错配修复"（DNA mismatch repair），能够把 DNA 复制的错误率再降低三个数量级，直到惊人的百亿分之一。

上述方法论，追求的是把错误就地解决。但总会有一些错误实在无法处理，怎么办呢？这时，第二个方法论就起到了作用，它可以被概括为：面对无法克服的挑战，可以选择绕行。

一个典型的例子就是"DNA 备份复制"（DNA translesion synthesis）。如上文所述，DNA 复制的过程在正常状态下非常严谨，稍有错误就会立刻停下来纠正，之后才能继续推进。如果 DNA 链上的错误实在太多，DNA 聚合酶无法持续工作，DNA 复制就会被永久锁死在正在进行状态，细胞很可能会因此死亡。

这个时候，细胞会启动一套备份的 DNA 聚合酶，来替代原本追求精确度的 DNA 聚合酶。这套系统不再追求精益求精，遇到错误还能继续推进；即便在无法判断应该装配什么碱基的情况下，也会大致猜一个，装配上去再说。这套备份系统一旦启动，当然会引入更多的 DNA 错误；但它的作用可以看成是"两害相权取其轻""好死不如赖活着"。在某些场合，与其为了追求精确而牺牲生命，还不如最后再抢救一次。

除了 DNA 复制过程会出错之外，DNA 分子还持续面临着细胞内外各种环境因素的攻击。比如，我们都知道 X 光和 CT 检查不能做得太频繁，孕妇更是要非常小心。这正是因为电磁辐射会导致 DNA 双链从中彻底断裂。这样一来，别说复制无法顺利进行，DNA 序列信息本身的完整性也会受到影响。

这种双链断裂的灾难性事件有一个非常精确的解决方案。在细胞分裂过程中，细胞要先完成 DNA 复制，再分裂成两个独立的细胞。所以在 DNA 复制完成后、细胞分裂前这个短暂的时间窗口里，细胞内部其实有两套一模一样的 DNA。在这个时候，如果细胞发现 DNA 出现断裂，会用仍旧保持完整的那一套 DNA 作为参考模板，精确修复出现断裂的另一套 DNA。

但在大多数情况下，细胞往往坚持不到这个时候才修复 DNA。它需要第一时间把断裂开的、在细胞内自由飘荡的 DNA 断点给修补好。所以，细胞会动用一种叫作"末端结合"（end joining）的方法，简单粗暴地找到两个自由末端，将它们随意拼接在一起。因为没有正确的模板作为参照，这种末端结合通常会带来很多错误。比如两个断点可能都已经丢失了一小部分碱基，拼接以后整条链会缺掉一小段；甚至还可能把两个不匹配的断点连在一起。但还是那句话，"好死不如赖活着"。与其为了追求精确而牺牲生命，不如再马马虎虎地抢救一下。

止损系统

在大多数情况下，这套针对 DNA 复制错误的监察和修复系统能够成功抵抗细胞内外的灰犀牛攻击，维持 DNA 序列信息的最低限度的准确性。但是我们很容易联想到，这套系统应该有一个能力的天花板。总有些时候，内外敌人的攻击强度超出了系统可以应对的范围，DNA 错误实在太多，来不及修复或者绕行，那么生物体要怎么应对呢？

请注意，这里我们说的还是灰犀牛性质的风险。因为这些足以彻底破坏 DNA 序列准确性的威胁，比如高强度的射线辐射，是普遍存在的，它们的降临只是时间和概率问题。

这个时候，止损系统的价值就凸显了出来。它的存在就是为了给上述监察和修复系统兜底，防止问题升级和扩散。简单来说，当 DNA 错误多到无法第一时间修复的程度，细胞有两个应对策略。

第一，干脆叫停细胞整个的生命活动，专心修复损伤，防止把 DNA 错误传递给子孙后代。

我们已经知道，细胞的分裂是有周期性的。在分裂间期发展壮大、储备原料、完成 DNA 复制；在分裂期完成细胞形态的剧烈变化，将细胞一分为二。对于单细胞生物来说，持续的"生长—分裂"循环就是它们的基本生存状态。在条件合适的时候，细菌甚至可以做到每二三十分钟完成一轮细胞周期。

对于大部分 DNA 错误，细胞可以做到一边及时修复，一边推动细胞周期持续地运行。但如果错误太多无法及时修复，细胞活动就会彻底被叫停，等 DNA 错误被修复之后再启动。这就好像飞机起飞前检修，如果发现机翼上哪个非关键部件出现了裂缝，地勤人员有时候会用专用的胶带把它固定好，先执行完飞行任务再说；但如果是发动机出现了问题，那么飞机最好还是停回机库修好了再说。

第二，干脆启动自杀程序，防止把 DNA 错误传递给子孙后代。

对于单细胞生物来说，止损系统可以为 DNA 修复留出时间，防止让错误进入子孙后代体内。如果错误真的难以修复，细胞最终还是会重新启动细胞周期，持续分裂繁殖。因为对于单细胞生物来说，每一个细胞都是一个独立的生命，只要能活着，哪怕千疮百孔、伤痕累累，也比死了强。

但对于人类这样的多细胞生物来说，任何一个身体细胞的生存都要让位于人体的生存和繁殖。如果人体内的某枚细胞携带大量 DNA 错误，就意味着有可能出现肿瘤。允许它强行分裂繁殖，万一在那些控制细胞生长和分裂的基因内部出现了基因变异，让细胞开始不受控制地高速分裂繁殖，就有可能危及健康和生命。两害相权之下，细胞可能会启动自杀程序，防止基因变异继续积累和扩散。

抛开目的的不同，这两套止损策略的启动方式倒是很相似。整个细胞周期中，在 DNA 开始复制前，和 DNA 完成复制后、进入细胞分裂前，存在两个所谓的"检查点"（checkpoint）。细胞会在这两个位置反复检验 DNA 是否存在错误，再决定是否将细胞周期推进到下一个阶段。

显然，这两个检查点的存在，就是为了防止细胞把错误的 DNA 序列复制出来，传递给后代细胞。以刚刚提到的 DNA 双链断裂问题为例，在这种破坏性的事件出现后，除了刚刚我们介绍过的修复途径，细胞还会立刻启动止损系统。具体来说，暴露在外的 DNA 断点本身就是危险信号，它能够吸引、结合和激活细胞内一个名叫 ATM 的蛋白，启动一系列生物化学反应，暂停细胞周期，全力进行 DNA 修复。直到修复完成，断点消失，ATM 脱离 DNA 断点失去活性，细胞周期才能重新恢复。如果错误始终无法修复，那么细胞可能会启动自杀程序。

总的来说，生物体的这套系统是为了识别那些重大而常见的灰犀牛危机而生的。因其重大，生命必须有所准备；因其常见，生命在漫长的进化历史上就有可能对这些挑战做好充分准备。无论是哪种类型的 DNA 复制错误、出现在什么时间点、程度有多严重、是否可以修复，细胞都有相应的解决方案。

储备冗余：防范意外风险

处理了灰犀牛危机之后，我们再来看看生物是如何应对黑天鹅事件的。

在漫长的进化历史上，总会出现一些极其罕见，同时具有巨大破坏力的风险。我们当然无法期待地球生物能在这些罕见危机降临之前就准备好应对策略。即便在进化历程中，某些生物恰巧发展出了应对这些黑天鹅事件的方法，但这类危机极其罕见，生物体储备的相应技能在进化历史上的绝大多数时间纯粹是个累赘和摆设，并不会提供生存优势，很容易被自然选择所淘汰。

也就是说，面对这类罕见且重大的风险，生物体很大程度上只能被动应对，任凭摆布。但请注意，这并不是说面对"黑天鹅"，生死存亡就只能靠运气决定。我们仍然可以事后总结探究一下，面对黑天鹅事件，有哪些特征会提高地球生物的生存概率。

这一节我们要讨论的就是在黑天鹅危机之下，一种非常重要的生存技能——储备冗余。

简单来说，对于那些生死攸关的重要生物学功能，生物体通常会多准备一套解决方案，以防一套方案被攻击失灵时生存受到威胁。这看起来像是一种费时费力的傻办法，但考虑到黑天鹅可能会从任何角度发起进攻，或许只有这样的傻方法才能做到面面俱到。

当然，"储备冗余"这个说法可能会让你觉得，生物体在有意识地做一些危机防范工作。但事实并非如此。多数情况下，冗余的储备都是进化过程中随机出现的副产品。它只是恰巧在客观上起到了冗余储备和风险防范的作用，因此被保留了下来。

储备冗余方法论

储备冗余的第一个方法，是给生物体的重要功能直接加一个备份。

在地球生物的基因组中，一些重要基因一般会有好几个拷贝；要是其中哪一个出现了基因缺陷，也不会有太大影响。比如，生物学家系统分析过单细胞生物酵母的基因组，发现在五千多个基因中，超过一千五百个基因有一个以上的基因拷贝。对于这些存在冗余的基因来说，它们中的某一个基因对酵母生存的影响就要小得多。

我们可以通过一组对比研究来看：对于只有单个拷贝的基因，30% 在突变之后会死亡，还有 20% 在突变后会出现严重的生长繁殖障碍；而如果多个拷贝的基因被破坏了其中之一，分别只有 10% 左右的突变会死亡或者出现生长繁殖障碍。

再举一个具体例子：上一节讨论监察和修复系统的时候我们提到过，当 DNA 出现严重错误时，细胞会启动止损机制，要么暂停细胞周期，要么启动自杀程序，防止带有严重错误的 DNA 传递给子孙后代，以及癌症的发生。在这两套止损机制中，有一个重要的开关基因叫 p53，它在 DNA 出现严重错误时负责启动这两套止损机制。

人体中只有一个 p53 基因拷贝，而非洲象体内居然有 20 个 p53 基因的拷贝，冗余度大大提高。一个可能的解释就是，体型庞大的非洲象在生长发育的过程中需要更多轮细胞分裂，于是更容易出现 DNA 复制错误，因此对 DNA 错误的监察和止损机制有更高的要求，从而对 p53 这个重要基因留足了冗余备份。作为结果，大象的癌症发生率确实要远低于人类。

当然，这种备份并不只是发生在基因层面。人体的两个肾脏、男性的两个睾丸和女性的两个卵巢都可以看成是冗余性的备份；万一因为疾病或者意外失去了一半的功能，也能撑下去。还有，人体在流失部分血液的情况下，还会紧急动员原本储存在脾脏和肝脏内部的血液进入循环，这也可以看成是一种备份。

第二个储备冗余的方法不是数量上的备份，而是功能上的相互取代。简单来说就是为重要目标准备几条不同的实现途径，那么在其中一条失灵的情况下，别的途径可以继续提供支持。

氨基酸是生物体制造蛋白质所需的原材料。人体需要用到的21种氨基酸分子中，12种可以自行制造，另外9种则只能从食物中获取。请注意，这不是说人体一定要自行制造前面12种氨基酸，除了自己在细胞内合成，当然也可以直接从食物中吸收。人体细胞可以根据外来输入的数量决定自身还需要合成多少，这其实也是一种功能上的冗余。前文讨论过的胆固醇有内外两个来源，也是类似的例子。

此外，还有一个和人类健康直接相关的例子，从反方向证明了功能冗余的价值，那就是维生素 C 的获取。

绝大多数动物除了可以从食物中获取维生素 C，也可以自身合成。但在人类和一部分灵长类动物体内，这种功能冗余被破坏了，因为参与合成维生素 C 的基因在进化历史上出现了变异。这种功能冗余的破坏，导致人类必须定期食用富含维生素 C 的食物——比如新鲜的蔬菜和水果——才能保持健康。

这在丛林时代倒不是太大的问题，因为人类祖先可以摄入充足的新鲜蔬果。但到了农业时代，辛苦耕作的农民们就已经开始面对维生素 C 缺乏的问题。在大航海时代，这个麻烦变得更大了。海员中流行的坏血病，病因就是因为缺乏新鲜的蔬菜、水果，无法得到足够的维生素 C。一直到 1747 年，一位英国海军军医证明了给海员们每天吃柑橘和柠檬就能预防坏血病。这种数百年间杀死了上百万名海洋探险家的疾病才真正被破解。

同样的，功能上的冗余在生物体各个层次上也都有体现。比如，视觉固然是人类获取信息最主要的渠道，可能有超过90%的信息是通过"看"获得的，但失去视力的盲人仍然可以通过听觉、触觉继续获取信息，维持基本正常的生活。在这个案例里，听觉（收听广播电视）、触觉（触摸凸起的盲文）的输入就起到了功能冗余的作用，弥补了视觉输入缺失的遗憾。再比如，在地球生态环境中，食谱更广的动物一般会比只吃单一食物的动物有更大的活动范围，更不容易受到环境变化的影响——后者我们很容易联想到只吃竹子的大熊猫和几乎只吃桉树叶的考拉。这也是因为多种食物来源互相起到了功能冗余的作用。

第三个储备冗余的方法，是可塑性和补偿。它指的是当某个重要的生物学功能出现了问题，生物体能够快速找到一些现成的工具，改变它们原本的功能，让它们临时顶班。

这方面最引人注目的例子就是人脑的可塑性。我们知道人类大脑有基本的功能分区：前额叶皮层负责分析和决策等高级认知活动，杏仁核负责感受恐惧和危险，海马区负责学习记忆，布洛卡区负责语言的产生，等等。如果成年人的这些脑区出现了问题，确实会产生相应的功能异常。但如果在一个人年龄很小的时候，某些脑区出现了病变，结果可能就会不太一样——病人的大脑结构可能会出现永久性的异常，但他们的行为表现却可能保持基本正常。比如，一个刚出生没多久的孩子失去了大脑的海马区，可能并不影响他的学习和记忆。这说明在大脑逐渐发育的过程里，有一部分原本并不负责学习记忆的脑区被强行转换了功能，承担起了海马区的职责。

我们刚才提到，盲人通过听觉和触觉继续获取信息，是一种功能上的相互替代。其实他们听觉和触觉的灵敏度还会补偿性地大大提高。这一点体现在大脑结构上，我们会看到盲人的视觉皮层面积大大缩小，给听觉和触觉的信息输入和处理留出了更大的空间。这种可塑性进一步帮助他们通过听觉和触觉系统来获取信息。

创新：冗余的额外价值

我们可以把上面讨论的储备冗余的三个办法看成是层层递进的危机处理方案。我试着用一个比喻来描述三者的关系：越野车一般会顶着一个全尺寸的备胎，因为在野外，轮胎往往是最容易被损坏、影响车辆行驶的部位。虽然我们无法预测到底是什么路况中的什么东西扎破了轮胎，但既然它重要又存在被破坏的可能，那最好有备无患地多带一个出门。这就是储备冗余的第一种方法，增加数量。如果多次爆胎，一个备胎不够呢？也许还可以考虑给越野车装上翅膀，真爆胎了就放弃地面行进，直接腾空飞走。这就是储备冗余的第二个方法，功能互补。但就算是长出翅膀飞走，也还是需要轮子在地面加速，于是司机想了个法子，把汽车的方向盘拆下来裹上海绵，装在轴上当轮子使。这就是储备冗余的第三个方法，可塑性和补偿。

看起来很完美。但需要注意的是，储备冗余固然能够帮助生物体应对意外风险，但它本身并不是没有代价的。其中最直接的代价，是额外资源的投入。任何形式的冗余储备，不管是多个备份，还是保留功能上的可塑性，在大部分时间都是多余的；但维持它们的存在，保证它们随时可以启动，又会实实在在地消耗生物体宝贵的资源。这样一来就出现了一个悖论，在黑天鹅危机没出现的时候——这种时候占据了进化历史的巨大多数时段——冗余储备反而成了生物体的累赘和麻烦，可能会被自然选择淘汰掉。

我们可以用基因的冗余备份进一步来阐释这个问题。

基因的冗余备份，一般被认为是 DNA 复制错误的意外结果，在生物体繁殖后代的时候，某段 DNA 序列被错误地多复制了一份。当这个错误发生后，可能有出现三种不同的结果：一种是携带这些错误的生物个体被立刻淘汰。这种情况发生的概率应该最大，因为如此严重的 DNA 复制错误，大概率会破坏不少原有基因的功能。另一种能带来立竿见影的好处。这种可能性微乎其微，但也不是完全无法想象，比如某个基因功能很重要，复制一份之后，活性直接上升一倍，这是好事。刚刚我们讨论的大象的多个 p53 基因拷贝，应该就属于这种罕见的案例。

　　重点来看第三种结果，即这个错误看上去无关痛痒，多它一个不多、少它一个不少，那么它就有可能在生物体当中保留一段时间，之后再被逐渐淘汰。

　　我们提到，生物要对冗余投入额外的资源。拿基因拷贝的冗余来说，生物体在每次细胞分裂的时候，都要多复制这一段 DNA 序列，要多投入一些资源和精力保证它在复制时不出错。这可能就意味着生物必须多寻找食物、多吃东西，因此就会更多地暴露在天敌的威胁之下。在这个背景下，如果这个多余的基因内部再出现什么新变异，哪怕彻底破坏了这个冗余基因的功能，对于生物体来说可能也是无足轻重的，甚至还是乐见其成的。

　　所以，即便在进化过程中，生物因为基因复制错误拥有了一些接近中性的冗余基因，这些冗余基因中的绝大部分也会因为不能提供生存优势、只有增加负担，逐渐被淘汰出局。

　　而恰恰就在冗余基因意外出现和被淘汰出局这个短暂的时间窗口里，出现了围绕这个冗余基因进行创新的微弱可能。

　　生物的持续进化，源于遗传物质的随机变异。但在大多数时候，变异本身都是有害的。一种经历了亿万年进化的生物，体内的遗传物质的序列应该是反复筛选和优化的结果，随便一改动就带来进步，这种可能性远小于随便一改动就破坏了原本还不错的生物学功能。但是对于冗余基因来说，既然它的功能可有可无，就算彻底被破坏也无所谓，那么围绕冗余基因的变异就有了更多试错的机会，也更可能出现有正面价值的变异。

比如，通过变异，这个冗余基因的功能可能比原来的基因还要强，反而把原来的基因拷贝变成了可有可无的；再比如，这个冗余基因可能通过变异获得了一个全新的功能；还比如，两个基因拷贝可能通过变异实现了功能上的细分，可以在不同的时间地点各司其职地发挥作用；等等（图 5-8）。

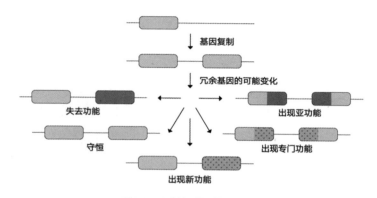

图5-8 冗余基因的可能进化方向

回顾前文提到的一个例子：大多数哺乳动物的眼睛里只有两种色彩感受器，分别对应蓝光波段和绿光波段，无法分辨红色和绿色之间的差别。而包括人类在内的一部分灵长类动物在进化史上获得了第三种色彩感受器。事实上，这种变化在基因层面就是因基因冗余而起。

大约 2000 万年前，灵长类的祖先体内负责检测绿光的色彩感受器发生了一次复制错误，从一个拷贝变成了两个拷贝。之后，这两个基因拷贝又分别发生了一些微小的序列变化，识别的光波波长相差 30 纳米，分别对应绿光和红光。因为这次突变，猩猩、狒狒和猕猴等生活在非洲和亚洲大陆的动物从此具备了三种色彩感受器，可以在郁郁葱葱的丛林中准确地找到成熟的水果。

这种"无中生有"的色彩感受器，就可以看作冗余带来的额外价值。

学习：创造新知识和新技能

　　到目前为止，我们介绍的适应策略有一个共同点——它们的反应方式是预先设定好的，只能对一套固定的环境信号产生反应。但我们必须承认，环境变化固然有一定的规律性，但在很多情况下也是无法准确预估的。生物体仅仅依靠预先安装好的适应工具，就会有些力不从心。

　　在这个意义上，主动理解环境、持续学习如何适应环境，成了生物体应对全新环境变化的不二法门。

什么是学习：来自简单细菌的案例

　　很多人会默认，学习是智慧生物（至少是复杂动物）的"超能力"。其实这种理解非常狭隘。既然环境的波动对于任何生物都会产生影响，而应对这种波动是生物生存的基本技能，那么我们可以推测，生物除了被动应对环境变化，也都有"意愿"更好地理解环境波动的规律，主动作出应对。换句话说，对各种生物来说，生存竞争都可能被逼出学习能力。

　　从应对环境变化的角度看，我们可以给学习做一个比较宽泛的定义：它是一种根据自身经历，调整生存状态和行为输出的能力。生物体具备这种能力以后，就可以根据环境在一段时间内的波动情况，对环境未来的变化进行推演，从而做好准备。

　　从这个定义出发，学习就可能不再是只有智慧生物才能完成的任务。在这里我用一个比较极端的例子——大肠杆菌的觅食——来证明，即便是细菌这样的单细胞生物也有学习能力，而且这种能力对细菌的生存非常重要。

和动物一样，大肠杆菌需要从环境中寻找食物，以满足自身的能量和营养需要。而食物在环境中的分布总是不均匀、不稳定的，大肠杆菌无法随时随地地张嘴就"吃"（更准确地说是细胞膜发生变形，以吞噬微小食物），它需要先搜索和定位食物源。

　　大肠杆菌是用一个非常精致的反馈系统来完成这个任务的。我们可以把一个不到 1 微米长的大肠杆菌想象成一枚细长的导弹。导弹的尖端固定着一个导航系统，由大量的 MCP 蛋白质构成。这种蛋白质能检测环境中是否存在自己需要的营养物质，比如蔗糖分子。而导弹的末尾则固定着一束能够旋转的鞭毛，相当于动力系统。

　　只是，大肠杆菌并没有特别精致的导航和运动控制能力。它之所以能不断调整运动轨迹、趋向于食物，是通过一种奇怪的运动状态切换来实现的——平时，大肠杆菌的鞭毛一会儿顺时针旋转、一会儿逆时针旋转，以秒为单位快速切换。由于这些细长的鞭毛都是左手螺旋形的，类似于电话连接听筒的那根线，它们在顺时针旋转时会彼此排斥分开。这样，大肠杆菌就没有明确的运动方向，只能原地翻滚。而当它们逆时针旋转时，这些鞭毛则会拧成一股更粗的螺旋，推动大肠杆菌向前运动。在食物不存在或者食物分布完全均匀的时候，大肠杆菌就会在翻滚、前进中不断切换，表现出无方向性的随机运动。

　　但是，如果 MCP 导航系统发现，细菌的前方出现了食物信号，它就会启动一系列生物化学反应，向控制鞭毛旋转的马达蛋白下达一个指令，让它少做顺时针转动，多做逆时针运动。于是细菌就会从随机运动切换成定向运动，直至接近食物。

　　我们完全可以把大肠杆菌的觅食过程看成是一个正反馈装置运行的结果。大肠杆菌的导航系统 MCP 蛋白感知到微弱的食物信号以后，自身动力系统的状态发生变化，产生定向运动，从而让大肠杆菌进入一个食物信号更丰富的环境中。

只是，这个正反馈机器有一个先天不足，就是无法实时响应环境中基础条件的变化。大肠杆菌这套系统检测的是环境中糖分子浓度的绝对数值——到达某个浓度就启动定向运动，没达到就做随机运动。假设远离食物的地方信号强度是 0，靠近食物的地方信号强度是 5，这套系统可以很好地工作。但如果同一个细菌身处另一个环境，背景信号的强度已经是 5 了，而食物附近的信号强度是 100，这个时候大肠杆菌就没有能力寻找到食物了，因为背景信号已经足够强，细菌无法分辨 5 和 100 之间的区别，它会朝着一个随机挑选的方向一路狂奔，甚至离食物越来越远。

这个时候，大肠杆菌必须知道目前所处的环境里背景信号强度已经是 5，只有遇到比 5 更大的信号强度才应该开启定向运动，否则还是待着不乱动。为此，大肠杆菌启动了一个负反馈机器——如果 MCP 蛋白长期被激活，它会继续激活一个抑制自身的蛋白质 CheB。这样一来，导航系统的灵敏度会被快速调整到和环境背景信号相匹配——大肠杆菌在信号强度是 5 的环境里待久了，就会对 5 和 5 以下的信号强度失去反应，只会在遇到更强信号的时候启动定向运动。

仔细想想，这其实就是一种学习能力——根据自身经历，对生存状态和行为输出进行调整。即便是像大肠杆菌这样简单的细菌，也要根据所处环境，实时调节自身导航和运动系统的灵敏度，在不同环境下精准定位食物。这对它们的生存和繁殖来说，当然是至关重要的能力。

更高级的学习：联想学习

只是，这种类型的学习固然重要，但并不产生新知识和技能，充其量只是帮助生物适应现有环境。为了根据环境变化产生新知识、新技能，动物们还发展出了另一大类学习——联想学习（associative learning）。

这一大类学习的特点是，动物可以在总是差不多同时发生的两个事件之间建立联系。

你大概听说过巴甫洛夫的狗和斯金纳的鸽子，前者来自俄国生物学家巴甫洛夫（Ivan Pavlov）。它说的是，狗如果总是在吃到狗粮前听到铃铛的声音，那过一阵子之后，它听到铃铛就会认为食物要来了，会做好吃饭的准备，甚至会提前分泌唾液。后者来自美国心理学家斯金纳（Burrhus Skinner）。它说的是，鸽子如果被训练成只要做一个特定动作——比如按压一个杠杆——就会获得食物，那鸽子每次想吃东西时都会做这个动作。

在这两个案例里面，铃铛和狗粮、压杠杆和获得食物，两个事件总是同时出现，动物的神经系统就会默认两者之间是有关联的，一个会引出另一个。动物们主动利用这些新获得的知识和技能，为自己获取更多食物，为消化食物提前做好准备，以便更好地生存。这本身就是创造一种从未有过的新知识和新技能的过程。动物们会主动利用这些新获得的知识和技能，调整自己的生存状态和行为输出，以更好地生存。假设巴甫洛夫养了两条狗，一只很快学会了铃铛和狗粮之间的关联而另外一只则没有，那么前者能够在听到铃铛声音之后快速做好获取和消化食物的准备，后者看到食物才后知后觉地开始准备。前者的生存能力肯定会大大高过后者。

这种联想学习发生在动物的神经系统中。围绕它的生物学机制，人们也已经积累了大量的研究数据。加拿大心理学家唐纳德·赫布（Donald Hebb）提出的赫布定律非常精炼地阐释了联想学习发生的基本逻辑：两个神经细胞如果总是同时活动，那么它们之间的连接就会增强（Neurons that fire together, wire together）。

我们回到巴甫洛夫的狗身上来做推演。假设狗的大脑里有这么三个神经细胞：狗粮细胞、铃铛细胞和口水细胞。狗粮细胞和口水细胞之间连接很强。所以，狗每次看到狗粮，狗粮细胞被激活，都会顺势激活口水细胞，开始分泌唾液。而铃铛细胞和口水细胞之间连接很微弱，狗听到铃铛并不会产生类似的反应。但如果巴甫洛夫总是在给狗粮的时候摇铃铛，那么对于这条小狗来说，大脑中的狗粮细胞、铃铛细胞和口水细胞就总是被同步激活。反复如此之后，铃铛细胞和口水细胞之间原本微弱的连接就会逐渐变强，最终强到只需要摇一摇铃铛，小狗就会流口水的地步（图5-9）。

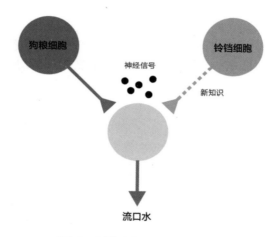

图5-9　巴普洛夫的狗：联想学习的本质

这个时候我们可以认为，小狗的脑袋里形成了"铃铛意味着狗粮"的新知识。

联想学习的延伸讨论

我们人类的学习，究其基本逻辑，与巴甫洛夫的狗、斯金纳的鸽子有很多相似之处。比如我们的各种生活常识，如"一九二九不出手，三九四九冰上走""朝霞不出门，晚霞行千里"，就应该源自祖先们观察到一些事件总是差不多同时出现。

再比如，我们从小到大学会了"对师长、亲友要有礼貌""写作业要认真，考试不得抄袭"，则源自我们做了这些行为会得到表扬，反之则会遭到批评和惩罚。

但与此同时，从大肠杆菌到巴普洛夫的狗，再到我们人类，学习的内涵和形式得到了进一步拓展。人类世界的学习有两个特别重要的地方，值得我们单独拿出来讨论。

第一，人类的学习对象大大拓展，一个重要原因是人类能主动为很多东西赋予价值。

在巴甫洛夫的狗这个事例中，动物学会了把一个原本中性的事件（铃铛声）和一个原本已知的重要事件（食物）联系起来。斯金纳的鸽子也经历了类似的过程。这些新知识、新技能，其实是从原本生死攸关的知识和技能（除了食物，还可能是动物的交配对象、劲敌等）中延伸出去的。我们可以大致认为，动物的学习有一个不变的核心，就是生存繁殖。所有的新技能都是围绕这个核心层层拓展的。

人类的学习则不同，我们学习的范畴可以是世间万事万物，因为人类可以为很多原本是中性的东西赋予价值。

举个例子，我们教一个小朋友见到老师要问好，并不需要每次做对了就给糖、做错了打手心。来自父母、老师、朋友的一句表扬或批评就足以起到作用。表扬/批评蕴含的正面/负面价值，是人类赋予自己的，它和生存没有什么必然的联系。说得更宽泛一点，人类的很多感受——荣誉、耻辱、认同感、意义感，等等——可能都是为了给一些事情和行为赋予价值，方便学习而出现的。

这一方面让学习的范畴大大拓展，人类从而可以掌握很多其他动物完全无法想象的新知识和新技能。另一方面，这也让学习在很多时候变成一个社会建构出来的产物——既然学习对象的价值感是人类自己赋予的，那么不同文化、不同传统、不同信仰、不同知识结构的人就很可能会对同一个对象有不同的赋值——同一种行为，在一种文化里可能被认为是勇敢，在另一种文化里可能就会被认为是鲁莽和野蛮；同一种知识，在一段时间可能被认为是奇技淫巧、毫无价值，在另一段时间可能就会被认为是无比珍贵和生死攸关的。一个自然的结果就是，在不同的时空中，人类会倾向于掌握完全不同的知识和技能，并以此为荣。

第二，作为人类我们需要认识到、也能够认识到的一点是，联想学习很容易产生对因果关系的错误认识。

还是拿巴甫洛夫的狗和斯金纳的鸽子来做个讨论。在这两个案例里，铃铛和狗粮、压杠杆和获得食物，两个事件之间原本没有什么必然的因果关系。它们之所以成对出现，完全是实验设计者的安排。但是对于实验动物来说，两件事既然总是成对出现，就预示着彼此间有因果关系，一件事导致了另一件。于是，它们就会根据这种因果关系来调整自己的生存状态和行为输出。

如果就此判断动物的学习能力天然有缺陷，显然有失公允。相关性的知识只需要靠观察就能获取，但因果性的知识则需要更严格的设计实验。

假设巴甫洛夫的狗真的特别喜欢刨根问底，一定要证明铃铛和狗粮有没有明确的因果关系。那么仅停留在观察层面显然是不够的。它要先安排平行试验 A，保持所有环境条件不变，仅仅把铃声消除，看看狗粮是不是就再也不来了；它还要安排平行试验 B，改变所有环境条件（比如换一个房间、换一个笼子、换一个饲养员），只保持铃声不变，看看狗粮是不是还会准时到来。显然，一条狗如果真有这么强大的探索精神，不搞清楚因果关系就不轻易行动，它在自然界可能一天都活不下去。在危机四伏、瞬息万变的自然界生存，生物只能通过相关性，间接地推测因果性的存在。

但到了人类世界，这么简单粗暴的处理就很容易犯错误。人类世界里的大量迷信、盲信，都是把相关性错当成因果性的结果。想要克服这种认知障碍，我们需要对抗的是一种千百万年进化形成的学习方式，一种倾向于把相关性理解成因果性以保证自己生存繁衍的本能。

　　这件事很难，因为它要和动物大脑的进化经验相对抗，但却也只有我们人类有机会做到。

终极武器：用进化对抗进化

综合前几节的内容，我们从逻辑上构造出了这样一类生物体——它既可以抚平环境的微小波动，也能够顺应环境产生状态巨变；它既可以应对常见的灰犀牛风险，也可以用冗余抵抗罕见的黑天鹅事件；它既可以熟练使用祖先流传下来的传统经验，也可以从生活中随时形成新的知识和技能。可想而知，对自然环境中出现的绝大多数变化，它都可以应对自如。

只是，除了适应物理和化学世界的环境变化，地球生物还要应对一种非常特殊的环境因素——其他地球生物的存在。这种环境因素的变化和物理化学环境变化的性质很不一样，它受到进化的持续驱动，在速度和尺度上的表现都非常惊人。

这一节，我们就用免疫系统对抗入侵微生物的例子说明一下这个道理。

生物和宿主：永恒的军备竞赛

我们说过，地球生物之间存在广泛的交互关系，比如竞争、掠夺、合作。不管这些关系看起来是温情脉脉还是剑拔弩张，对于地球生物的生存繁衍都非常重要。前文提到的羚羊和猎豹，前者孜孜求生，后者奋力捕食，二者的关系就处于充满张力的平衡之中。

但对于微生物和它的宿主动物来说，建立这种平衡其实很不容易。微生物的繁殖周期短，比如大肠杆菌能以每 20～30 分钟的速度繁殖一代，而宿主动物的繁殖周期动辄数月甚至数年。还有，微生物繁殖过程中出现变异的概率更大，比如我们提到过的

RNA 病毒，其基因组复制错误的概率要比 DNA 复制高 6~7 个数量级。

在这两个因素作用下，微生物的进化速度要远远快于宿主动物，前者发展出什么新的玩法，后者一个应对不及可能就会万劫不复；两者处于一种随时会被动摇和破坏的危险局面。

宿主如何应对这个问题呢？我们以人体的防御系统来展开讨论。

人体发展出了被动的防御系统，可以先把大部分常见的麻烦解决掉。皮肤就可以看成是人体最大的防御武器。这个面积接近 2 平方米，重量超过人体体重 10% 的组织，可以作为物理屏障阻挡各种致病微生物的入侵。它还可以动用各种负反馈装置应对入侵者。比如被蚊虫叮咬或被有毒植物触碰后，皮肤会有瘙痒的感觉，这种感觉会驱使我们逃离危险环境。

当微生物突破皮肤这道屏障，进入血液之后，它们大概率还是会被人体的各种被动防御系统所识别和消灭。比如，它们可能会被在血液里流淌的免疫细胞（比如中性粒细胞和巨噬细胞）直接识别和吞噬，也可能被血液中一类名叫补体（complement）的蛋白质识别并杀死。

如果入侵微生物数量少，它们在这个环节可能就被彻底消灭了；但如果入侵者数量多，这道防线的免疫反应不够应付，那么正反馈随之启动——免疫细胞会释放一些化学信号进入血液，吸引更多的免疫细胞前往战场。被入侵者激活的补体蛋白也会激活更多附近的补体蛋白加入战场。在这些正反馈反应的帮助下，免疫系统可以在病原体入侵的第一时间做出高强度的应急反应。

这种无须训练、持续预警和随时行动的免疫反应，被通称为天然免疫（innate immunity）。这种反应机制的核心是，人体必须知道哪些信号代表着入侵者的出现，否则就无从展开攻击。

实际上，微生物有而人体没有的所有特征，都可能会被天然免疫系统加以利用，用来区分敌我。比如，RNA 病毒携带的双链 RNA 就可以作为一种敌我识别信号，启动天然免疫。再比如，细菌表面的特征（如长长的鞭毛）、构成细菌外壳的特殊化学物质（如脂多糖），都会被人体的天然免疫系统识别。免疫系统甚至不需要知道入侵者具体是谁、有什么特性，只要知道"你长得和我完全不同"——比如发现了双链 RNA 和鞭毛——就可以立即开始行动。

请注意，尽管这种识别敌我差异的能力足够强悍，但它本质上仍然是用于对抗灰犀牛风险的。换句话说，天然免疫系统只能识别微生物常见的特征。

而在和宿主的对抗过程中、在天然免疫系统的持续压力下，微生物可能会随时修改自己的表面化学特性，让宿主的免疫系统无法识别；它们还会主动生产一些蛋白质，抑制宿主的免疫系统功能；它们甚至可以模仿宿主细胞的特征，让免疫系统混淆敌我。这里面的技术细节我们略过不提，但只要你信服进化的力量，应该就能够想象，面对宿主相对呆板的防御系统，只要给微生物足够长的时间和足够多的机会，它们一定能发展出突破的方法。

也就是说，在这场微生物和宿主之间永恒的对抗中，微生物天然有化身黑天鹅事件的倾向。相比宿主，繁殖速度更快、变异速度更高的微生物似乎永远是占据优势的一方。

即便在现代医学的帮助下，人类也没有彻底消灭掉什么危险的致病微生物（目前，天花还是唯一的例外）。但是，包括人类在内的脊椎动物想出了一个终极武器——想要对抗进化的力量，唯一的办法就是进化本身。既然宿主靠一代代繁殖来进化的速度相比微生物实在太慢，那就只好想办法在宿主生物体体内实现快速进化。

抗体的诞生：进化对抗进化

用抗体的形成作为例子来说明一下这个问题：抗体是免疫系统中一群特殊的细胞——B 细胞——所生产的一类蛋白质。这种蛋白质的形状类似一个大写的 Y 字，在 Y 字两个分叉的顶端，分别有一个小"口袋"，可以结合蛋白质、糖分子、DNA 分子和 RNA 分子等物质。人体免疫系统生产的抗体，结构大致相同，但在口袋附近的抗体却存在大量细微的变化，可能能高达 10^{12} 种。这种惊人的多样性带来了近乎全面覆盖式的识别能力，保证不管人体遭遇什么种类的微生物、这些微生物带有什么样的生物学特征，人体总有一些抗体分子能与之结合，并发出入侵警报。

这个方法看起来当然不错，但实现起来也有两个技术障碍：第一，抗体蛋白质是人类基因组 DNA 序列编码和生产出来的，而人类基因组总共只有两万多个基因，人体是如何生产出如此多样的抗体分子的呢？第二，即便真能生产出 10^{12} 这个数量级的抗体分子，受人体总资源的限制，每一种抗体分子的数量肯定非常有限，分布也会很零散。真有微生物入侵的时候，怎么保证能识别它的抗体恰好出现在附近，可以快速地将其剿灭呢？

为了跨越这些障碍，B 细胞两次使用了进化的基本逻辑。

第一次是，伴随 B 细胞的分裂繁殖，负责生产抗体的基因发生了一次剧烈的 DNA 序列的排列组合，学名叫作"V（D）J重排"。

简单来说，抗体基因可以分成三段——V、D 和 J，每一段里都有几个到几十个差异不大的重复片段。伴随着 B 细胞的分裂，V、D、J 分别只有一个小片段被随机选出来拼接在一起，形成一个抗体基因。不同片段的排列组合就会形成不同的抗体基因，也就能形成不同的抗体。比如，某个抗体基因有 40 个不同的 V、25 个不同的 D 和 6 个不同的 J，光这一个基因的排列组合，就能形成 40×25×6=6000 种不同的抗体（图 5-10）。

　　这还只是一个抗体基因，人类基因组有多个抗体基因。还有，V、D、J 片段重排时，在片段连接处还会出现难以避免的拼接错误，这些都进一步增加了抗体的多样性。最后的结果就是，V（D）J 重排过程制造了大约 10^{12} 种抗体。每一个 B 细胞都生产一种不同的抗体，抗体分子插入 B 细胞的细胞膜上，Y 字的头部朝向细胞外，时刻准备识别环境中的各种化学物质。

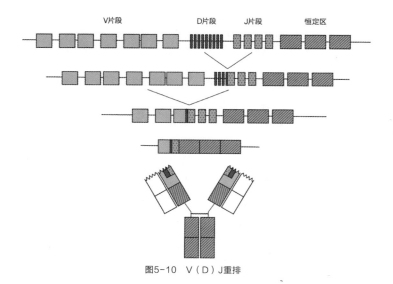

图5-10　V（D）J重排

　　抗体多样化的生产过程，和进化论公理体系的第一环——可遗传的变异——在逻辑上是完全一致的。之后，这些高度多样化的抗体分子就开始了自己的生存竞争和自然选择。在微生物入侵时，这些生产抗体的 B 细胞会接受第一轮竞争，比拼谁生产的抗体能更好地结合入侵微生物。失败者不需要付出死亡的代价，而获胜者会得到高额的奖赏。对 B 细胞来说，谁生产的抗体分子恰好能够结合环境中出现的微生物，谁就会进入高强度的繁殖阶段，产生大量生产同种抗体分子的 B 细胞。

在这个过程中，第二次进化又开始了。那些在生存竞争里初步获胜的 B 细胞会在高强度繁殖时启动另一个产生变异的机制，专门在抗体基因的 V 区域诱导 DNA 变异。这个名为"体细胞高频突变"（somatic hypermutation）的机制为抗体分子贡献了新一层的多样性。

这样一来，成功通过第一轮筛选，从而大量繁殖扩张的 B 细胞，彼此间生产的抗体分子还是会出现微小的差异。在新一轮的生存竞争和自然选择里，仍旧是那个结合能力最强的 B 细胞胜出，并且快速繁殖。可想而知，这个经过两轮变异和选择的特殊抗体对入侵的微生物有最强的识别能力，可以指导人体免疫系统对入侵的微生物展开精准攻击。

如果入侵微生物变异了、改变了身份特征，逃脱了这些抗体的识别呢？没关系，B 细胞可以重来一次上述的两轮"变异—选择"过程，获得对这些变异微生物的识别能力。人类正是通过体内免疫系统的高频进化，抵挡住了微生物的反复入侵。

细菌的免疫系统：上帝的手术刀

虽然人体还是那个繁殖和进化都很缓慢的人体，但是人体免疫系统中的 B 细胞却学会了微生物的生存本能，可以快速地繁殖和变异，让自己具备不断自我进化和完善的能力。这可能是对抗黑天鹅事件的一大终极武器。

而这个在人体内发生的进化过程，产生了一个有长远价值的结果："凡是杀不死我的，会让我变得更强大。"在某种微生物入侵被消灭后，那些为了应对该微生物而被制造和筛选出来的 B 细胞大部分会死亡，退出战场；而它们中的一小部分会被保留下来，成为人体长期甚至永久的免疫记忆。一旦同一种微生物二次入侵，人体就不再需要重复上述的进化过程，可以直接从记忆库里提取 B 细胞，第一时间产生大量抗体。

请注意，这不是人类这样的复杂生物才具备的能力，简单的细菌同样有类似的生存需要。对人体来说，细菌扮演着快速进化的入侵者的身份。但自然界有一类病毒专门以细菌为宿主，入侵感染细菌，在细菌体内复制繁殖。这类病毒被称为噬菌体。相比繁殖变异更快的病毒，细菌的动作显得很迟钝。所以，它也需要一套类似人类免疫系统的方法，用进化对抗进化。

　　近年来非常火热的一个概念——基因编辑系统 CRISPR/Cas9，能用来精准操纵人体和其他生物体的基因序列，被称为"上帝的手术刀"。但究其本质，它其实是细菌抵抗入侵病毒的防御系统。它背后的原理，也是自身高频的变异和进化。

　　简单来说，当一个噬菌体病毒入侵细菌之后，如果细菌侥幸逃脱不死，它就能把这种病毒的基因序列切割成很短的片段，插入自己基因组上一个名叫 CRISPR 的区域（我们可以把这个区域看成是细菌对入侵病毒基因特征的记录数据库）。当同一种病毒再次入侵，细菌里一个名叫 Cas9 的蛋白质剪刀会在各种库存的 CRIPSR 序列的指导下，识别病毒的基因序列并把它剪成碎片。

　　这个案例再次说明，进化恰好也是对抗进化带来的力量的最佳武器。

第六部分

复杂组织方法论

复杂：进化的归宿

在进化历程中几个具有普遍意义的节点性问题，即起源问题、增长问题和适应问题被解决之后，生命进化的车轮正式启动，并开始缓缓前行。在这一部分，我们来讨论生命复杂系统的运作方式。在我看来，复杂，是生命进化的必然归宿。在对于如何构造一个复杂系统、并维持它的顺畅运转这个问题上，生命也会给我们很多启发。

首先我们要解决的一个问题是，在漫长的进化历程中，生命是不是一定要走向复杂？

我们反复强调过，自然选择本身只关注生存和繁殖的结果。它不在意生物到底用什么方式生存和繁殖，更不会认为复杂生物天然比简单生物更高级、更值得网开一面。在 40 亿年的进化历程中，固然出现了人类这样的复杂智慧生物，但与此同时，还有难以计数的简单生物和人类生活在同一个星球上，比如细菌、古细菌、真菌、单细胞藻类等，它们的身体仅由一个细胞构成，但同样生机勃勃，延绵不绝。光是细菌的个体数量和总重量就远超包括人类在内的整个动物世界。而和存在时间仅有二三十万年的现代人类不同，这些简单生物早在进化历程的开端就已经出现了。从这个角度看，进化历史并不是必然会发生从简单生命到复杂生命的阶梯式跃迁。

还有，我们确实也在不少生物身上观察到了从复杂到简单的进化历程。一个重要的例子就是人体寄生虫会丢弃身体的感觉机能和消化机能，只专注于发展防御和生殖能力。这和它们的生存环境（人体）也是相匹配的。

但是从另一个角度看，进化历史确实又呈现出一种生命形态在逐渐复杂化的趋势——越简单的生命出现得越早、越复杂的生命出现得越晚。比如，最早的生命迹象出现在 40 亿年前，但一直到 20 亿年前，地球上都只有细菌这类单细胞生物存在。在 20 亿年前后，地球上出现了拥有线粒体的真核细胞，完成了一次复杂性的升级。到了 15 亿年前后，又出现了多细胞生物。到了大约 6 亿年前，出现了最初的动物。再到 5.4 亿年前，寒武纪大爆发前后，出现了今天动物世界的绝大多数门类。至于动物世界里公认最发达和复杂的类别——哺乳动物，出现在距今 2 亿多年前；而植物世界里公认最发达和复杂的类别——开花植物（种子植物），差不多在 1 亿多年前才开始出现。

如果单看任何一个生物门类，都不是一定要从简单走向复杂（有的甚至可能从复杂走向简单，比如上文提到的人体寄生虫）。但看生物进化的整体趋势，似乎的确在从简单向复杂发展。这是为什么呢？

针对这个矛盾，我认为美国科学家古尔德（我们在讨论"进化的速度"时提到，他是"间断平衡理论"的提出者之一）给出的解释是最有说服力的。古尔德打了一个挺有趣的比方：想象有个喝醉酒的人往家走，而他回家的路是一条狭窄的小道，路左边是一堵高墙，右边有一条深沟。醉汉走路的时候跌跌撞撞，脚步方向飘忽不定，可以认为是高度随机的。如果他随机向左，就有可能撞到墙；随机向右，则有可能掉进沟里爬不起来。根据这个设定，我们可以想象，只要这个醉汉的家足够远，他肯定会在某个时刻掉到道路右侧的沟里去。

套用这个"醉汉回家"的逻辑，我们能看到，生命的进化脚步固然充满随机性，但它有一个无法继续简化的最小组成单元——单细胞生物（比如细菌）。这背后的原因我们在讨论生命起源的时候已经有所触及。生命需要一套能够持续制造能量、维持秩序的装置（比如包含 ATP 合成酶的微型"水电站"），也需要一套能够记录秩序信息并传递给子孙后代的装置（比如 DNA 分子和围绕它工作的大量蛋白质分子机器）。更重要的是，这两套装置之间存在相互依存关系，前者为后者供能，后者记录前者的秩序信息，因此必须在时空上足够接近才行。这就需要一个物理屏障——细胞膜的结构——把它们局限在很狭小的空间内部。对地球生命而言，上述三个要素组成的细胞结构是必不可少的，无法进一步化简。

在 40 亿年的漫长历史中，生物进化的脚步如果是向着更简单的方向走，它会碰到一堵无法逾越的高墙——单细胞生物形态；而如果往复杂的方向走，则没有任何理论上的天花板。在漫长的进化历史上，我们完全可以想象，总有一部分生物一直保持在可能最简单的生存状态，也就是单细胞生物状态。但只要生物利用能量的能力足够强，强到可以突破"匮乏"构成的限制，就总有一部分生物会在复杂的进化道路上越走越远。把二者结合起来，我们就会看到上面说的似乎自相矛盾的结果：地球上数量最多的可能始终是细菌这类简单生物，但也会逐渐出现越来越复杂的生命形态，让地球生物的平均复杂程度逐渐提高。

换句话说，对于生命之树上任何一个特定分支来说，它都没有从简单变复杂的必然趋势。但因为总有一些分支在逐渐变复杂，就会让整棵生命之树呈现出越来越复杂茂盛的形态。

复杂的构造方法：层次堆积＋对称破缺

解决了复杂性为何出现的问题之后，我们再来讨论复杂性是如何出现的。在我看来，地球生命构造复杂性，主要基于两个基本原则。

我把第一个原则称为层次堆积——在 40 亿年前，蛋白质、DNA、RNA 这些生物大分子在狭窄空间内的堆积形成了细胞生命；在 20 亿年前，两类细胞之间的吞噬和共生，造就了携带线粒体的真核细胞生命；在 15 亿年前，大量细胞堆积在一起形成了多细胞生命；再往后，个体生命的堆积形成了生物群体。总而言之，较为简单的生命形态聚集在一起，只要彼此间产生某种合作共赢的机制，就有可能把这种聚集稳定下来，构造出复杂度更上一级台阶的生命形态。

比如，在细胞出现之前，生命活动的基本单元是分子（ATP合成酶分子、DNA/RNA 分子等）。但在细胞出现之后，哪怕是一枚小小的细菌内部也有数万个生物大分子，一枚真核细胞内部可能有多达上千万个生物大分子。而在多细胞生物出现之后，生物个体的复杂程度又有了一次巨大飞跃。人体内部的细胞数量较单细胞生物提高了十几个数量级，多达数十万亿个。而当生物之间能够形成类似人类这样的庞大社会时，复杂度较单个生物个体又有了极大地提升。

请注意，伴随着层次的不断堆积，不光是组成单位的数量大大提高，它们彼此间还能发展出新的相互作用方式。打个比方，如果房间里只有你一个人，你能做的事也就是吃吃饭、睡睡觉、上上网、发发呆。但如果房间里有 20 个人，你们彼此间聊天、恋爱、吵架都不难想象。如果房间足够大，里面待着的上万个人甚至还能发展出一个层级复杂、分工明确的小社会。

同理，在细胞生命内部，大量的生物大分子就有可能发展出诸如正反馈、负反馈、前馈等相互合作的方式。在多细胞生物体内部，不同细胞也能通过分工，发展出不同的功能，形成不同的组织和器官。在一个生物群体内部，个体之间分工合作的出现也不难想象。

当然，生物想要实现这类复杂的相互作用方式，仅仅靠堆积数量和层次是不够的。它们还要遵循另一个构造复杂性的原则，我把它叫作对称破缺（symmetry breaking）。

对称破缺原本是一个物理学概念，但今天已经被广泛地应用到了包括生物学在内的许多学科中。它的定义是这样的："系统内的一个微小扰动，破坏了整个系统的对称性。"

我们可以想象一个具体的例子来理解对称破缺：假如桌子上放了一个完美的圆锥体，你小心地把一个完美的玻璃球摆放在圆锥体的尖端，让它的重心正好落在圆锥体的中轴线上。这样一来，这个由圆锥体和球组成的系统是完美对称的。但同时，它又是高度不稳定的。因为桌面的微小震动、空气的轻微拂动，都会改变两者的位置关系，让球跌落下来，打破整个系统的对称性。这个现象就叫对称破缺（图6-1）。

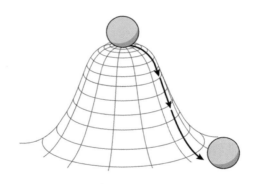

图6-1 对称破缺

生物组织内部，每一次层次堆积的过程都伴随着对称破缺。对称破缺一次次赋予生命体全新的复杂度。

我们在前文简单介绍过，构成地球生物的几种重要的生物大分子，葡萄糖、氨基酸、DNA等，都是具有不对称三维结构的化学物质。这意味着它们在自然界拥有和自己分子构成、化学特性完全相同，而三维结构镜像对称的所谓"镜像"分子，它们就像人类的左右手一样，长得一样，但并不重合，彼此镜像对称。

而地球生物对于这些镜像分子的使用有着惊人的选择性。比如，它们只能合成和使用左手形态的氨基酸和右手形态的葡萄糖。与之对应地，地球生物用于合成、制造、分解、识别氨基酸和葡萄糖的生物化学机器也有严格的左右手选择。请注意，这种左右手的选择在分子水平上是解释不通的——左右手的化学分子在物理和化学性质上完全一致；科学家们甚至已经能够在试管里制造出使用右手形态的氨基酸和左手形态的葡萄糖的生物学反应，看起来没有任何问题。

唯一可能的解释是，在细胞生命形成的时候，最早的生命恰好选择了左手形态的氨基酸和右手形态的葡萄糖，并由此衍生出了一整套有左撇子和右撇子倾向的生物学活动。这是一次偶然，而不是必须。这种对某一特殊镜像分子的选择过程，就是一次对称破缺。它排除了在理论上完全成立的另一种可能性，塑造了此后整个生命世界的独特面貌。

以此类推，在多细胞生命出现之后，生物体内部不同细胞的分工也是一次对称破缺。这些细胞从一个生殖细胞分裂而来，携带同一套遗传物质，但被内外部环境塑造和赋予了不同的使命。

同理，我们也可以把生物群体形成之后，群体内部不同个体的角色和地位分工理解为一种对称破缺现象。

在构造复杂性的过程中，层次堆积负责积累足够的数量，而对称破缺负责在数量很大、同质性很强的群体中制造差异、分工和合作。这两股力量交替把随机行走的生命牵引至更复杂的方向，从而诞生了越来越复杂的生命形态。

More is different: 研究复杂系统，需要新思路

至此，我们证明了在生物世界中，复杂系统的出现有其必然性，而复杂系统的构造有赖于两条基本原则。接下来的问题是，当

生物世界里的复杂系统开始出现以后，它又有怎样的运行规律呢？

我们在第一部分讨论了两种不同的科学理论，或者更准确地说，两种不同的理解世界的科学思维方式——放羊型理论和盖楼型理论。进化论作为一种典型的放羊型理论，没有试图把生物世界的复杂现象简化成几条简单规律，并期待这几条简单规律可以解释一切，而是就复杂说复杂，用一套复杂的逻辑来描述地球生命变化的方式。但是问题在于，为什么在复杂系统中，盖楼型理论那一套研究方法——从简单原理出发，线性推演出复杂系统的工作原理——就失效了呢？

对于这个问题，美国物理学家、诺贝尔奖得主菲利普·安德森（Philip Anderson）在他的一篇文章中做出了非常清晰的阐释。这篇文章发表于 1972 年，英文标题是 More is different，字面意思是数量增多会带来性质的变化。听起来有点拗口，但安德森在文中还引用了一句我们耳熟能详的话来解释他的想法——量变引起质变（quantitative differences become qualitative ones）。他认为，虽然我们相信万物都能被还原为简单基本定律，但从这些定律出发，却不可能重建整个宇宙。因为，"大型和复杂的基本粒子集合体的行为，不能按照少数基本粒子性质的简单外推来理解。在复杂性的每一个层次，都会有崭新的性质出现"。

安德森以超导、反铁磁体、液晶、生物大分子等为例，反复证明当一个系统的复杂程度上升时，会出现对称性持续被破坏的现象，新的定律、概念和原理也会应运而生。这就像物理学解释了基本粒子的运动规律，但基本粒子组织成分子之后，分子之间的相互作用要靠新的规律，也就是化学原理来解释。同理，把人体组织或机能完全还原为化学原理也是不可行的，因为在细胞、组织器官层面，还有很多新规律等待我们研究发现。

在接下来的讨论里，我们也需要带着这种 More is different 的思维方式，去理解生命复杂系统的运行规律。

分工与协作：怎样实现个体能力的有效叠加

我们会用两节的篇幅，讨论复杂生物组织内部的两条基本互动规律：分工与协作、对抗与博弈。值得注意的是，在复杂组织内部，分工合作、对抗博弈同时存在，并共同维持着组织的秩序。粗糙区分的话，分工和合作关系主要出现在同一层次内部，比如分子和分子、细胞和细胞、生物个体和生物个体之间。至于不同层次之间体现的对抗和博弈关系，我们会在下一节讨论。

细胞分工为何重要

多细胞生物体内不同细胞之间的分工，是我们研究的一道切口。在进化历史上，从单细胞生物到多细胞生物的跨越意义重大。我们可以对比多细胞生物和单细胞生物，看一下细胞的分工有什么重要价值。

这里要说明的是，从单细胞生物到多细胞生物的跨越，在进化上意义重大，但技术难度似乎并不特别大。一个旁证就是，在进化历史上，多细胞生物可能独立起源了数十次之多。

这一点从逻辑上并不难想象。我们知道，单细胞生物的繁殖方式是细胞分裂。一个细胞从中断裂，制造出两个独立细胞，两者分离开来、各自求生。在细胞分裂的最后一步，只要出现一些特殊的基因变异，导致两个后代细胞无法彻底分离，继续粘连在一起，一个简单的多细胞生物就能诞生了。

最原始的多细胞生物体内应该仅仅只是堆积了更多的细胞数量，细胞之间还没有出现功能分工，每个细胞的功能完全一致。但即便如此，这种生物也具有特殊的生存优势——个头变大，让自己更不容易被捕食。

比如，有一种很常见的单细胞生物叫小球藻。研究发现，如果在水中加入一种体形稍大、专门以吃小球藻为食的鞭毛虫，只需要短短一个月，小球藻就能迅速进化出一种多细胞形态。八个小球藻紧紧靠在一起，外面还包裹上一层厚厚的细胞壁。这样一来，它的尺寸就大大超过了它的天敌，从而逃脱了被吃的命运。同理，生物体型变大以后，它对环境波动——比如风浪的推动、其他生物分泌的毒素——的抵抗力也会增强。

当然更重要的一点是，多细胞生物出现以后，细胞之间就有了出现分工的机会。

单细胞生物只有一个细胞，所以这个细胞需要完成生命从生到死的所有活动——获取能量、防御危险、繁殖后代，等等。但这些活动很多时候无法同时完成，甚至是相互冲突的。

举个例子：在酵母细胞繁殖后代的过程中，有一种叫作"微管"（microtubule）的蛋白质起到了关键作用。它能够形成长长的细丝，像绳子一样牵扯着 DNA 移动，把 DNA 平均分配到两个后代细胞里。但微管蛋白质除了参与细胞繁殖，还会参与细胞的运动。酵母细胞表面那些能够拨动水流的鞭毛和纤毛，同样是由微管分子组成的细丝。

这样一来，生殖和运动（往往也意味着生存）的需要之间就产生了矛盾。生命在生殖的时候没办法运动，运动的时候就不能分裂繁殖。这带来的问题是显而易见的。如果正好在繁殖的时候，天敌来了，怎么逃命？如果在恶劣的环境下，必须不停地运动逃生，怎么安静下来繁殖后代？

而多细胞生物能轻易化解这个矛盾。如果一个生命由两个粘在一起的细胞组成，那就可以做一次非常简单的分工。一个细胞专门负责生殖、不负责运动；另一个细胞专门负责运动、不管生殖的事。这样，生殖和运动这两个机能就不需要反复暂停和切换了，而是可以持续地同时进行。

自然界有一种叫作团藻的多细胞生物就是这样的。它由两种不同的细胞构成，一种是体形较小、长着鞭毛的体细胞，专门负责运动，数量多达数万个；另一种是个头很大、没有鞭毛，专门负责复制和分裂的生殖细胞，数量只有几百个，被体细胞严密地包裹在内部，可以心无旁骛地繁殖后代。

细胞分工和对称破缺

细胞分工的生物学价值很大，那么细胞分工又是如何出现的呢？

基本原则其实还是我们讨论过的对称破缺。单细胞生物的细胞分裂是对称的，产生的两个后代完全一样。但对多细胞生物来说，只要在细胞分裂中动些手脚，让两个后代细胞不完全相同，出现差异，细胞分工就能出现了。

具体来说，对称破缺的实现有两个路径——外因和内因。

我们先以人体小肠上皮细胞为例，讨论一下外因的作用。

小肠是人体吸收营养的主要器官。为了最大化食物的接触面积，提高吸收效率，小肠上长出了密密麻麻的褶皱，这些褶皱的凸起被称为小肠绒毛，是营养吸收的主要部位。小肠绒毛表面的细胞会直接接触食物，工作强度很大；它在这种恶劣的工作环境中的平均寿命很短，只有一周左右。褶皱的凹陷部位则藏着一部分小肠干细胞，用来持续分裂和补充新的绒毛上皮细胞。

这些干细胞的分裂过程就是典型的对称破缺现象。在每一次分裂中，小肠干细胞产生的两个后代细胞中有一个仍然处在凹陷内部。它在凹陷内部的特殊化学环境的保护下，保留了分裂能力，继续扮演干细胞的角色。另一个后代细胞则会被"挤出"凹陷，向上移动。而一旦离开了这个微环境，它就会变成一枚有营养吸收功能、但不再有分裂能力的小肠上皮细胞，开始自己为期一周的生命之旅。

在这个案例里，小肠褶皱凹陷处特殊的化学环境打破了细胞分裂的对称性，让分裂后的两个细胞走向了不同的命运。

接下来我们看内因。内因决定分工的逻辑有些复杂，我们用上皮细胞和神经细胞之间的分工来论证一下。

这两类细胞有共同的来源，但它们在细胞分裂过程中会自发形成功能的区分。这主要因一对叫作 Notch 和 Delta 的蛋白质而起。

在分裂刚完成的时候，两个相邻的细胞几乎没有区别，都会生产同样数量的 Notch 和 Delta。但这两个细胞之间的平衡就像我们提过的圆锥体和玻璃球一样，是精妙但脆弱的。可能在某个瞬间，细胞 A 生产的 Delta 比细胞 B 多了微不足道的一点点，这个微小波动随即被一个正反馈装置放大，细胞 A 和 B 从此走上了不同的命运。

具体来说，由于 Notch 和 Delta 两个蛋白都定位于细胞表面，不同细胞表面的 Notch 和 Delta 还能互相接触、相互影响。细胞 A 表面多出了一点的 Delta 蛋白，能通过接触细胞 B 表面的 Notch 蛋白，抑制细胞 B 生产更多的 Delta。既然细胞 B 生产的 Delta 变少了一点点，它对细胞 A 表面 Notch 的抑制就被解除了一点点，因此会让细胞 A 更多地制造 Delta。在这个反馈反复的作用下，两个细胞最初那一点点 Delta 蛋白的微小差异，被迅速放大和固定下来，最终产生了两个截然不同的细胞：一个拥有大量 Delta，另一个则几乎没有。这种差异就足以让两个细胞分别走上上皮细胞和神经细胞的分工之路（图 6-2）。

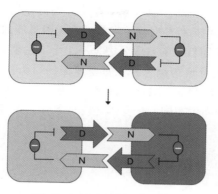

图6-2　上皮细胞和神经细胞的分工

　　归根结底，不管是外部化学环境，还是内部的正反馈，都可以打破细胞分裂过程中的对称性，制造出两个存在差异的后代细胞，实现不同的生物学功能。类似的事件在多细胞生物成长发育的整个过程中都在反复发生。

　　这个过程里，每一个细胞的命运都会持续地发生转折，我把它叫作"潜能换功能"。举一个例子：在多细胞生命最早诞生的阶段，一枚受精卵具备无限的分工潜能，因为未来这个生物体的所有细胞后代、所有生物学功能都隐藏在这颗受精卵之中，它具备繁殖出任何特定细胞的能力。但到了生物发育的末端，绝大多数身体细胞在具有了某种具体的生物学功能之后，就永久性地失去了繁殖能力。

　　你可以如此想象细胞持续分裂、持续产生对称破缺、获得分工、潜能消退的过程：山顶上的一个铁球，它有无数种可能的下坠路线。但随着它从山顶滚落，一路下山，在每一个岔路口都面临一次新的选择；选择一个岔路，也就意味着走向一条特定的下坠路线，完成一次对称破缺。伴随着它的持续下坠，它的路线选择空间（也就是潜能）在快速减少，但会越来越逼近自己的一个确定性的终点（也就是功能）。

在复杂生物内部，细胞从 1 到无穷大的分化过程也是如此。在人的一生刚刚启程的时候，它是拥有无限潜能的受精卵，有且仅有一个；伴随着它的持续分裂，一个个"岔路口"渐入眼帘。人体细胞开始分道扬镳，并在每条道路的尽头找到了自己独特的使命。肌肉、骨骼、血液、神经……正是这些截然不同的"使命"被精巧地布置在同一个身体之内，才有了我们每个人现在的样子。

细胞间的合作

讨论完了细胞间的分工，我们再看看它们之间如何合作。

细胞之所以需要合作，一个最简单的解释就是，唯有合作能实现单个细胞无法实现，或者实现起来效率不高的功能。

回到小肠上皮细胞的例子。在这个例子里，单个上皮细胞其实已经具备了工作能力，因为它有一部分表面朝向小肠内部，可以直接吸收小肠内的营养物质。但是，单个细胞的吸收效率显然不高。在人体中，是无数个小肠绒毛细胞彼此用细胞的侧面紧密连接在一起，把正面朝向小肠内部，形成了一段长达 4 ~ 6 米、表面积达 200 平方米的小肠，就像用一块块砖头砌起了一道严丝合缝的墙。相比单个细胞，这些细胞合作形成的小肠器官在吸收营养方面显然有更好的表现——它形成了一道严密的物理屏障，让食物残渣缓缓流过小肠表面，保证营养物质有充分的时间和机会被吸收。

更进一步来说，细胞间的合作，也能实现单个细胞根本无法实现的功能。神经系统就是一个特别好的例子，神经细胞的工作需要多个神经细胞彼此连接才能实现。作为旁证，地球上最简单的神经系统，也至少由几百到几千个神经细胞构成。

单个神经细胞的经典形态是，在一枚细胞的两端分别长出一丛树杈状的突起和一根细长的突起。前者被称为树突，用来接收信号；后者被称为轴突，用来输出信号。信号在树突和轴突之间单向传输，构成了一个简单的信号采集和输出系统。

神经系统的工作需要多个神经细胞的配合。有些时候，神经细胞之间形成纵向的连接，一枚细胞用树突接收到信号，把它传向轴突，再接力给下一枚神经细胞的树突，然后继续向下传递。它们正是凭借这种方式实现了信号的长距离输送。另一些时候，神经细胞之间还能形成负反馈、正反馈、前馈等信号网络来处理信号。设想由 A、B 两个神经细胞形成的网络，神经细胞 A 在采集信号之后能够输送给 B 并将其激活，但 B 在被激活之后却输送了一个抑制性的信号给 A，这两者之间就形成了一个负反馈环路，能防止细胞 A 的过度激活。

也就是说，神经信号的长距离传输也好，神经信号的精细处理也好，都需要神经细胞彼此形成连接，彼此发送和接收信息。而这些，都离不开神经细胞之间的合作。

对抗与博弈：如何解决组织内部的利益分歧

如果说分工与合作是复杂生物组织内部同一层次不同单元之间的主要互动模式，这一节我们要介绍的则是组织内部不同层次之间涌现出来的规律——对抗与博弈。

对抗：源于利益的不一致

复杂生物组织本身是一个高度的利益共同体，这也是复杂组织能够成立和持续到现在的基础。但之所以还是会出现局部对抗，根源在于，当新的层次被堆积出来、从量变到质变后，较低层次和较高层次之间的利益并不总是一致的。

比如，在大量分子堆积构成了细胞这个新层次之后，分子和细胞的利益就不完全一致。当然，细胞的生存对于分子来说很重要；一旦细胞死亡，细胞内所有的分子也都失去了"生存"机会。所以在大多数时候，分子的活动都有基本的底线，即不会破坏细胞的生存；只有在极少数情况下，这个默认的规则才会被破坏。

比如，人类基因组 DNA 上大约 20% 的长度都被一个叫作 LINE1 的"自私基因"占据了。这个基因的生物学功能至今仍不是特别清楚（有研究提示它可能对于早期胚胎发育有贡献），而且绝大多数 LINE1 的基因拷贝也已经失去活性，成了基因尸体，只有大约 100 个 LINE1 基因拷贝至今仍然是活跃的。但它们最擅长的事情并非造福人类，而是在人类基因组上启动自我复制，并把自己的复制品插入人类基因组上一个全新的位置。如果新拷贝插入的位置恰好是一个重要基因，还有可能破坏这个基因的原有功能，导致包括癌症在内的疾病。这种损人利己的基因复制方式证明了分子和细胞之间的利益冲突。

相应地，人体细胞也发展出了一系列新技能来遏制这种自私基因的疯狂扩散，形成了"基因—细胞"层面的双向对抗。

比如，生殖细胞会专门准备几套针对 LINE1 的监察机制。一旦在细胞中识别到 LINE1 基因的 RNA，就把它切断，让它没有机会反转录成 DNA、再次插入人类基因组；或者干脆把 LINE1 基因所在的整个 DNA 区域锁定，不给它自我复制和扩散的机会。这样一来，"自私基因"和它所在的细胞之间就形成了一个充满张力的平衡——一方总是试图损人利己地突围和自我复制；另一方则时刻准备好了铁拳出击，让生命得以磕磕绊绊地继续前行。

同理，在细胞大量堆积形成多细胞生物这个新的层次之后，细胞和多细胞生物个体之间也会出现利益的不一致。

我们知道，单细胞生物会通过定期的分裂产生子孙后代。今天地球上任何一枚细菌，都可以追溯到几十亿年前某一个正在启动细胞分裂过程的祖先细菌那里。在这个意义上，单细胞生物可以被认为拥有永生①的潜能。

但在多细胞生物体内，除了少数几个幸运的生殖细胞可以成功获得繁殖后代、逃脱死亡的机会，绝大多数身体细胞的生命都非常短暂，短则数天到数周，最长也不过是人一生的长度。换句话说，生殖细胞和体细胞之间的分工，带有永久性的命运不平等。

---

① 请注意，永生（immortal）和不死（amortal）是相关但不同的两个概念。永生指"可以"不死，有逃脱死亡命运的机会；而不死指的是根本不会死亡。任何一个单细胞生物都有可能因种种意外而死，但总有一些单细胞生物可以持续分裂繁殖后代，让生命谱系绵延不绝。

这些分裂繁殖潜能被压制、寿命有限的身体细胞，因此有了通过基因变异，重新获得繁殖和永生机会的潜在"冲动"。癌细胞正是这样出现的。这也解释了为什么癌症会出现在所有多细胞生命类别中。

而为了解决癌细胞对生物个体的威胁，多细胞生物也发展出了一系列对抗手段。比如我们前面提到过的 p53 蛋白质，它能够在发现 DNA 错误之后叫停细胞分裂，修复 DNA；如果实在无法修复，甚至还会启动细胞自杀程序，及时止损。这个蛋白质只有多细胞生物有，我们完全可以把它看成是因个体和细胞对抗而生的工具。再比如，人体的免疫系统拥有自我进化、对抗高速进化的病原微生物的能力。而这种能力也被免疫系统用来对抗同样在高速变化的癌细胞。人体内每天都会产生成百上千的癌细胞，但他们当中的绝大多数都被人体免疫系统在第一时间识别和杀伤了。

说到这里，我们还可以想得更远一点：在生物个体形成群体，甚至是社会之后，类似的利益不一致，以及由此导致的"个体—社群"层面的对抗也会长期存在。

就拿人类社会来说，家庭、宗族、社会组织、政党、国家这些组织的出现，既能保护成员，也能把他们组织起来，实现单个人无法完成的任务。但就像自私基因和癌细胞无法避免一样，个体的自私行为也无法杜绝。而人类社会也在利用各种手段，比如作为号召的道德、作为底线的法律，以及作为调节手段的教育等，防止出现这些现象。我们可以在所有社会组织中找到这些建立在"个体—社群"对抗层面的机制的踪影。

重复博弈稳定了复杂组织

不同层次间的利益分歧带来了永恒的对抗，这种对抗确实提供了充满张力的稳定性。但就像细胞生物无法阻止自私基因的出现一样，多细胞生物也无法彻底避免癌症的发生。而且，为了维持这种充满张力的稳定，对抗双方都要付出巨大的代价。就像正在进行拔河比赛的双方，即便是为了维持表面的均势，也需要全力以赴地投入。

那么，是不是有这么一种可能：在承认生物组织内部各单元的利益不完全一致的前提下，不同的利益相关方经过"谈判"，明确自己的行动边界，然后在这个共识的基础上解除武装、节约精力、和平共处呢？

这确实是有可能的。对此，英国生物学家约翰·梅纳德·史密斯（John Maynard Smith）提出了一个特别具有说服力的模型，叫作"鹰鸽博弈"（hawk dove game）。我们看一个具体的例子：史密斯假设一个动物群体里有两种不同性格的动物个体，鹰派凶狠强硬，鸽派温和退让。如果两个鹰派在觅食时碰头，彼此打起来两败俱伤，二者都扣 2 分；两个鸽派碰头，各让一步分得一半的食物，二者都得 1 分；如果鹰鸽碰头，则鹰胜鸽逃，前者得 2 分，后者得 0 分（图 6-3）。

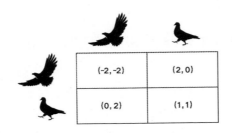

图6-3　鹰鸽博弈

通过这个模型设定，我们马上会意识到：全是鹰派的动物群体是不稳定的，因为两个鹰派碰头就一定会打起来，造成两败俱伤的局面。这个时候，如果群体里出现一个鸽派，它的生存机会反而可能是最大的，因为虽然鸽派遇到鹰派不得分，但也不至于扣分。那么遵循进化的逻辑，鸽派的生存优势相对更大，这个动物群体里会出现越来越多的鸽派。

反过来，一个完全由鸽派组成的群体，同样会有不稳定的问题。这时，如果群体中偶然出现一个鹰派，它每次和鸽派争夺食物时都会获胜，从而拥有最大的生存机会。那么同样道理，这个组织里就会出现越来越多的鹰派。

根据上面介绍的计分规则，我们会发现，如果这个群体里鹰恰好是 1/3、鸽派恰好是 2/3 的时候，群体是最稳定的。因为这时候，做鹰和做鸽的收益恰好相同（前者是 $-2 \times 1/3 + 2 \times 2/3 = 2/3$，后者是 $1/3 \times 0 + 2/3 \times 1 = 2/3$），如果任意一方的任意一个成员选择切换身份，自身的利益会受损，也会降低整个群体的稳定性。

当然，刚刚这个计分规则是我们随意指定的，仅仅是为了计算方便。但这个计算背后的逻辑是成立的：一个生物组织里的单元之间，通过反复博弈，能找到一个让所有成员利益最大化的稳定结构。这就是著名的"进化稳定策略"（evolutionary stable strategy，ESS）。

这种重复博弈不光能让不同的利益相关方放下武器、和平共处，甚至还能在它们之间形成稳定的合作关系。

狒狒群体里的挠背行为就是一个真实的博弈案例。科学家们发现，成年狒狒会帮助彼此梳理背部的毛，这可以看成是一个互惠的动作：梳毛的狒狒自己付出了时间和精力，帮助了另一只狒狒，同时期待另一只狒狒投桃报李。我们很容易想象，如果两只狒狒一辈子只见一次面，那这种合作根本无法形成。如果天上掉馅饼，一只陌生狒狒突然帮另一只狒狒梳毛，那被梳毛的狒狒的理性选择应该是被服务完了之后赶紧逃跑，捞一把就走，避免偿还的责任。

但因为狒狒是群居生物，不同个体间有很长的时间相处，这就给反复博弈创造了机会，也使形成稳定的合作关系成为可能。一只狒狒如果希望有同伴帮它梳毛，合理的策略就是主动帮别人梳毛，然后期待得到回报。如果不幸遇到了一只自私的狒狒，无法得到回报，大不了这次努力白费，以后远离它；而如果遇到了一只狒狒也对等地帮助自己，那这两只狒狒就能形成稳定的合作关系，彼此梳毛、互惠互利。

　　我们甚至可以继续推演：在狒狒群体里，那些不愿意回报的狒狒，只会在最初相互试探的阶段占到便宜，很快就会被其他成员识别并标记出来，再也得不到免费的梳毛服务。对于梳毛的好处，科学界有几种解释，有的认为这么做可以驱除寄生虫，也有的认为这是动物间的社交行为。但无论如何，无法获得梳毛服务的狒狒，它的生存和繁殖机会肯定降低。这样一来，群体中最终被筛选出来的，就是愿意互惠合作的狒狒个体。你看，重复博弈不光带来了稳定的组织，还给组织中所有的狒狒都带去了福利。

　　刚刚描述的主要是生物个体之间的博弈，但你肯定也能想到，类似的博弈还会出现在生命现象的不同层次中。比如，不同基因之间也可以通过进化稳定策略形成稳定的合作关系；甚至不同物种之间也能借助重复博弈形成稳定的互惠合作关系。

　　举例来说，有一类物种间的合作被称为"清除共生"，比如小丑鱼和海葵。小丑鱼帮海葵清除寄生虫，而海葵则为小丑鱼提供居住地、抵抗天敌。这种互惠关系其实并不会自然而然地出现，因为小丑鱼也可能在抢夺海葵的食物之后就逃跑，而海葵也可以干脆以小丑鱼为食。因此，和上面说的狒狒的案例类似，这种物种间的合作关系，也需要重复的测试和博弈才能稳定形成。一旦形成，双方物种都可以适度放下武器，停止军备竞赛，享受互助带来的好处。

　　我们也可以用类似的原则去理解人类社会。

关于人类世界的基本面貌，长期以来，有两个针锋相对的隐喻——桃花源和利维坦（Leviathan）。桃花源不需要我多介绍，指的是一个衣食无忧、宁静祥和、人和人充满天然善意的社会。利维坦的隐喻则来自英国哲学家霍布斯（Thomas Hobbes）。他认为，原始人类的生存状态是所有人与所有人为敌，围绕利益进行的无休止的斗争，只有血腥和欺骗，毫无善意和合作。在霍布斯看来，只有国家——也就是霍布斯说的利维坦形成后，厌倦了终日争斗的人类才会心甘情愿地把部分权利上交给这个《圣经故事》中的恐怖巨兽，换取基本的安全和秩序。

相比桃花源，利维坦的隐喻听起来似乎更符合我们对丛林世界的认知。但是根据我们刚刚的讨论，就算人类个体之间、人类团体之间的利益确实存在不一致，也不一定就要进入所有人与所有人为敌的丛林状态。只要允许重复博弈发生，不同的利益相关方就有可能达成共识和平相处，甚至形成合作。实际上，人类学研究已经反复证明，在世界各地的原始部落中，即便没有国家机器，只要存在稳定的社会结构和反复互动的机会，人和人之间、族群和族群之间，也能形成稳定的社会秩序。

美国科学家罗伯特·阿克塞尔罗德（Robert Axelrod）在名著《合作的进化》中，用计算机程序对这种合作关系的进化规律做了一次推演。结果发现，如果允许博弈重复发生，那么最后胜出的行为策略，是所谓的"有底线的好人"策略。就是，在交往中率先表达善意，选择合作；如果对方背叛，则立刻采取报复，但报复是对等的，并不升级；如果对方在被惩罚后改正错误，又继续恢复善意和合作。

这个结论也能帮助我们理解人类社会中对抗、博弈和合作现象——为什么在诸如火车站、飞机场这样的地方，容易遇到质次价高的无良商家？这正是因为顾客和商家只是萍水相逢，博弈只会发生一次。但在居民区附近的小店，要和小区居民长时间反复地互动，只有物美价廉、讲究诚信的商家才能活下来。

细菌型组织：生物联盟会创造怎样的奇迹

前面两节里，我们讨论了复杂生物组织内部涌现出来的新规律——分工与协作、对抗与博弈。但你可能注意到了，我们用到的例子都是多细胞构成的复杂生物体。

我把这种类型的复杂组织称为"大象型组织"。这么命名，主要是因为大象作为多细胞构成的复杂生物，同时也是陆地上体型最大的动物，可以形象地展示出这类复杂组织的力量。

但我想提醒你的是，在构造复杂性的道路上，地球生物还想到了大象型组织以外的其他方式，分别是细菌型组织和蚂蚁型组织。它们是接下来两节的讨论内容。

虽然大象型组织的构造各不相同，但它们有三个基本的共同点：一，生物个体由大量细胞堆积而成；二，个体内的大量细胞存在功能分化，特别是身体细胞和生殖细胞的分化；三，所有细胞均由同一个生殖细胞持续分裂而来。恰恰因为构成多细胞生物体的细胞都是同一个受精卵分裂而来的，遗传物质也来自同一个受精卵的 DNA，所以任何一个细胞成功地繁殖后代，就意味着所有细胞的遗传物质都获得了繁殖机会。这是大象型组织形成和稳定存在的基础。只有这样，身体细胞才会在共同利益的驱动下，放弃自身繁殖和永生的机会，转而在有限的生命中帮助生殖细胞完成繁殖。

这给我们一个很重要的提示：任何一个复杂组织的形成，不管用了什么具体的方式，共同利益都是它的基础。这一点，对于我们将要讨论的细菌型组织也一样适用。

细菌型组织：单细胞生物的松散联合

在大多数人的认知里，细菌是一种完全独立生活的生物，孑然一身、自由自在，根本不会，也不需要形成什么复杂的组织结构。这种认知虽然不能说错，但还是不够准确：细菌确实在大多数时间可以独立生活，但它们也会密切关注周围环境中同类生物的数量。当环境中同类生物的密度超过某个阈值时，它们有能力步调一致地改变生存状态，实现单个细菌无法完成的伟大事业。

这种现象被生物学家叫作"群体感应"（quorum sensing）。它的工作原理并不复杂——比如人体中常见的大肠杆菌和绿脓杆菌，即便在独立生活的时候，也会向周围环境释放一个标示自身存在的化学信号。这个信号因物种而异，可以统一被称为"自诱导物质"（autoinducer）。这样一来，环境中自诱导物质的浓度就和细菌个体的密度成正比。个体密度越高，自诱导物质的浓度也就越高。

而当环境中自诱导物质的浓度足够高时，它就会反过来被细菌检测到，在细菌内部启动一系列基因活动，改变细菌的生存状态。比如，大肠杆菌和绿脓杆菌会脱去鞭毛，转而分泌一种保护性的黏液，把一大堆细菌个体团团包裹起来（图6-4）。

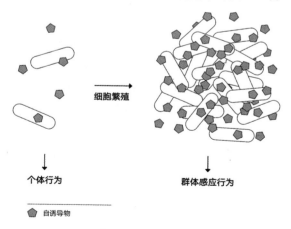

图6-4　细菌的群体感应

这种细菌各自释放信号，同时各自独立检测信号的简单机制，导致了这么一种结果：在环境中细菌密度很低，也就是自诱导物浓度很低的时候，它们就当彼此不存在，各自生长繁殖、互不打扰。而一旦细菌的密度达到了某个水平，在高浓度的自诱导物质的作用下，细菌个体就会步调一致地启动某些生物学过程，比如脱去鞭毛、分泌黏液、形成一坨致密的细菌聚合体。这种结构被称为"生物膜"（biofilm）。人类牙齿上的牙菌斑就是由生物膜构成的。从某种程度上说，生物膜可以被看成是大量细菌聚集在一起形成的紧密组织。

但和大象型组织里的细胞不同的是，环境中的细菌可能毫无亲戚关系，它们费心费力地维持这套"信号释放—检测"机制，时刻准备着步调一致地行动，肯定有什么共同利益。

这个共同利益是什么呢？我们简单推演一下。

就拿大肠杆菌和绿脓杆菌来说，它们生活的人体环境固然食物充足，但人体免疫系统也不是吃素的。免疫系统可以忽略和容忍少量细菌的存在，但当细菌繁殖过于嚣张时，它就会对细菌进行打压。而群体感应策略给出了一套细菌世界能想出来的完美解决方案。

在这个方案中，细菌的生长可以分成截然不同的两个阶段：在密度低、不引人瞩目的时候，细菌可以自由活动，持续生长繁殖。但等密度升高到一定程度，快要引起免疫系统注意的时候，细菌会快速且同步地切换状态，形成严密包裹的生物膜，从而获得一定的对免疫系统的抵抗能力。这也是牙菌斑一旦形成，就很难靠刷牙来清除的原因。

在生物膜内部，细菌的生长和繁殖可能会受到一定的影响，毕竟营养的获取没有之前那么方便了，但这至少换来了暂时的安全。安全，就是细菌个体之间的共同利益，是它们得以抛开竞争关系、形成复杂组织的基础。

费氏弧菌和短尾乌贼：群体感应的灿烂光芒

如果说上面细菌形成复杂组织的作用无非是求生，那么在接下来这个案例里你会看到，群体感应还能实现远比生存更加辉煌灿烂的效果。

这个案例发生在费氏弧菌（一种特殊的发光细菌）与它的特殊宿主夏威夷短尾乌贼之间。

费氏弧菌之间也存在群体感应的机制，比上面讲的大肠杆菌和绿脓杆菌的群体感应还要更加耀眼。它们通过反应和释放一种名叫 AHL 的自诱导物质，感知彼此的存在。当 AHL 浓度升高到一定程度，也就是费氏弧菌的密度到达一定程度后，AHL 就能驱动费氏弧菌大量生产荧光素酶，让细菌和夜晚的萤火虫一样发出耀眼的荧光。

这个耀眼的组织机制可想而知非常浪费能量，自然也得有深刻的生物学意义。费氏弧菌寄生在夏威夷短尾乌贼体内，这种乌贼很特别——白天睡觉、夜晚出动，在浅海的海底捕食。当它在晴朗的夜晚出动捕食时，明亮的月光穿过浅层海水，照在它身上，就会在海底形成一个浅浅的阴影。乌贼的猎物看到阴影就知道天敌来了，马上逃跑，于是乌贼很难顺利抓捕食物。在这种情况下，乌贼体内的费氏弧菌聚集在乌贼的肚子里向下发光，恰好能照亮乌贼在海底形成的阴影区，消除这块阴影。这样一来，发光的细菌形成了"保护色"，能帮助乌贼更好地隐蔽自己，悄悄地接近猎物。

但你可能会问，为什么费氏弧菌不能一直发光呢？为什么需要一个看起来多余的群体感应机制来调节发光的时间呢？原因不难理解。每个微小的细菌发出来的光是很有限的，如果乌贼肚子里费氏弧菌的数量不够多、密度不够大，那么它们发出来的光不够强，不足以消除阴影，对乌贼的生存没有价值，反而浪费了细菌自己宝贵的能量来源。群体感应机制的价值就在这里：群体密度低的时候不发光，节约能量用来繁殖；群体密度足够的时候才集体发光，帮助乌贼生存。

在这个案例里，费氏弧菌形成了一个在特定场合里步调一致发光的松散组织，帮助自己的宿主更好地生存，也为自己创造了稳定的生存机会。乌贼有了更多的机会生存和繁殖后代，也就给费氏弧菌的子孙后代找到了新的宿主。这就是这群细菌个体相互配合、构造复杂组织的利益基础。

细菌型组织＝农业时代的人类组织？

根据上面两个案例，我们可以简单总结一下细菌型组织的共同特点。我认为，主要有以下三点：

第一，暂时性。这类组织只在特定场合、完成特定任务时才起作用，比如抵抗宿主免疫系统的攻击，比如同步发光帮助宿主觅食。而在其他场合，生物个体可以自由活动、独自生存繁殖。这样一来，每个细菌成员的生活史就被划分成了截然不同的两个阶段：大部分时间独自求生，只在少数场合，在特定信号的刺激下被组织起来完成任务。

第二，松散性。这类组织的结构非常松散。即便在群体感应过程中，单个细菌也可以随时脱离或加入，并不会受到组织的约束。甚至如果组织内部出现了自私的细菌个体，比如出现了偷懒不释放自诱导信号的大肠杆菌、节约能量不发光的费氏弧菌，也可以轻松"搭便车"，组织没有惩罚它们的措施。

第三，去中心化。在群体感应的过程中，每个生物个体都在独立感知并响应环境，功能上没有任何差异；不存在分工，也没有地位差别。还是以费氏弧菌为例，宏观上看这些细菌个体是步调一致地发光的，但从微观层面看，发光的"决定"是这些细菌个体独立做出来的，只不过是这些细菌对自诱导物浓度的阈值设定非常接近而已。

这种松散的组织形态，很像人类世界在农业时代形成的组织。在一个典型的古代农业社会，成年男性一生可能只有两种状态——平时耕种土地、缴纳赋税，彼此也不存在什么分工。只有遇到灾害或者战争的时候，才会被组织起来抢险救灾或者攻城略地。而在战时，农民们甚至需要负担自己的兵器、服装和口粮。这种组织形态特别能体现细菌型组织的特点。

这种组织形态的短板和长处分别是什么呢？

我想，细菌型组织的短板在于效率低下。因为它只在特定场合才起作用，也因为它只能用来应付非常单一的任务，更因为它没有形成细致的分工和合作。而这种组织的长处在于生命力极其顽强，很难被彻底摧毁。这是由其去中心化、松散、开放程度高的特性决定的。

这两点或许解释了人类进入工业社会之后，为什么日渐式微的细菌型组织仍然在某些场合被保留了下来。现代世界的某些宗教组织就有类似的特征——组织形态松散，绝大多数教徒仅仅需要在特定时间和地点参加宗教活动；教徒之间的联系也比较松散，成员可以自由选择加入或离开；组织内的分工也不太严格。

虽然，这种松散和去中心化的组织形态效率不高，但若想彻底破坏它，难度往往也很大。

蚂蚁型组织：分布式智能拥有怎样的优势

本节我们要讨论的一类复杂组织——蚂蚁型组织，它的构造模式恰好介于细菌型组织和大象型组织之间。为了说清楚它到底是怎么回事，我们先来看细菌型组织与大象型组织的区别在哪里。

前面介绍过，细菌型组织有暂时性、松散性和去中心化这三个特征。与之对应的，大象型组织的特征可以总结为以下三个关键词。

第一个是长期性。不同于只会在特定场合形成组织的细菌，在大象型组织内部，细胞之间的相互关系非常稳定，不会轻易被改变。在受精卵持续分裂，生物个体生长发育的过程中，大量身体细胞之间的位置关系、功能联系都会被固定下来。这个特征是身体细胞形成分工合作的基础性要求。

第二个是严密性。不同于组织松散、对于自私者和叛徒也没有惩罚的细菌型组织，大象型组织中的身体细胞如果通过基因变异获得了不受控制的繁殖能力（或者不受控制的运动能力），要么会启动内置的细胞自杀程序，要么会被免疫系统当作癌细胞迅速杀死。

第三个是中心化。不同于不存在分工和地位差别的细菌型组织，在大象型组织体内，细胞之间的分工、时空定位被安排得非常精细。更重要的是，大象个体的行动决策是高度中心化的，大脑负责检测环境信息、制定行动方案、获取食物、抵御外敌、求偶交配……其他身体部分必须配合大脑的指挥。打个比方，当一头饥饿的大象向前方的果园一路狂奔时，它前腿肌肉群里的某个肌肉细胞并不需要知道，也不可能知道发生了什么，它只需要在神经系统的指令下规律地收缩运动就可以了。

如果说细菌型组织类似农业时代的人类组织，那么具有长期性、严密性和中心化特征的大象型组织，就很类似人类世界进入工业时代之后的组织形式。卓别林（Charles Chaplin）主演的电影《摩登时代》里刻画的现代工厂流水线上，每位工人的角色和分工被严格地制定和监督，彼此之间要紧密配合，才能生产出结构复杂的商品。这种典型的大象型组织，无论是在规模还是在效率上都具有显著的优势。即便是今天，绝大多数成功的政府、军队和公司，仍然是按照大象型组织的模型构建的。

但在大象型组织中，有几个突出的问题一直未能得到解决。比如，新机会和新变化很难在这种严密的组织模式里产生。这就好像大象身体内叛逆的癌细胞会在第一时间被清除一样，为了避免破坏组织工作效率，人类社会组织里的刺儿头大概率也会很快被辞退。电影《摩登时代》中的人物就要用扳手按照特定的节奏拧紧流水线上的六角螺帽。如此机械的任务分配固然极大提高了生产效率，但对组织成员的纪律约束也到了令人无法承受的程度。

再比如，因为大象型组织的行为决策是高度中心化的，所以它不能快速应对外部环境的变化。我们常说大象很难起舞，但当指挥大象行为决策的大脑发了疯，却可以轻而易举地带着它庞大的躯体一路狂奔。

相反，细菌型组织因为成员的加入和离开完全不受约束，而且每个成员都在独立感知环境变化，能很好地化解大象型组织遭遇的本质性的难题。我们还可以进一步思考的是，生物世界里有没有一种组织形式，兼具了大象型组织规模和效率上的优势，以及细菌型组织在自由度和敏锐响应环境变化上的优势呢？

有，它就是蚂蚁型组织。

真社会性昆虫的组织方式

蚂蚁型组织，指的是真社会性动物的组织方式。这类生物包括全部的蚂蚁，部分种类的蜜蜂、胡蜂、白蚁等。在哺乳动物中，只有裸鼹鼠属于这一类。

"真社会性"作为生物学的专有名词，区别于我们常说的"社会性"——生物个体之间的任何互动都可以被看成是某种程度的社会活动，但"真社会性"指的是一种非常特殊的生存状态。具体来说，有这么四条标准。

第一，大量个体聚集形成社群，长期共同生活在一起；第二，群体中存在繁殖角色的分工，只有少部分个体拥有繁殖能力；第三，群体中，生活着超过一个世代的个体，常常是两代、三代同堂；第四，群体中，成员会集体维护群体的安全和秩序，共同照顾后代。

其中，特别关键的是第二条标准。我们以蚂蚁为例，描述一下真社会性动物的组织结构。

在一个蚂蚁窝①里生活着一只蚁后、一小群雄蚁和成千上万只工蚁。三类蚂蚁的分工极其明确：蚁后是蚂蚁窝的奠基人，体型最大，寿命最长，繁殖力也很惊人，负责源源不断地产卵，为蚂蚁窝繁衍后代。雄蚁的主要任务就是和蚁后交配、贡献精子，寿命一般只有几天到几周。工蚁的数量最多，但完全没有繁殖能力，它的主要使命就是维护蚂蚁窝的安全和秩序，协助蚁后孵育后代。而在工蚁内部还有更细致的分工——有的筑巢、有的照顾

---

① 地球上生活着超过 1 万种蚂蚁，它们虽然都是真社
会性动物，但生活习性和社会结构却存在很大的差异。
这里我们讨论的是一种"典型"的蚂蚁窝结构。

卵、有的外出采集食物、有的抵御外敌，等等。显然，蚂蚁窝的组织形式满足真社会性动物的所有标准。

至于为什么工蚁明明失去了繁殖能力，还要尽职尽责地为蚁窝做贡献，这一点我们已经讲过。简单来说就是，工蚁放弃自身繁殖，转而照顾蚂蚁窝和蚁后的这种行为，是建立在共同利益的基础上的。自私也是无私，利他也是利己。

婚飞：蚂蚁组织的成长性

通过上面的描述你会发现，蚂蚁型组织其实很像一个分布式的大象型组织。一个蚂蚁窝的所有成员加在一起，可以被看成是一个类似大象的复杂生物——只不过这头"大象"的身体不是严密聚合在一起，而是分布式的。其中，蚁后和雄蚁就是这个生物的生殖器官，而不同角色的工蚁则组成了这个生物身体的其他各个器官。

但就像我们讨论过的，大象型组织固然有规模和效率方面的优势，但它同时面临着无法允许新生事物出现、对环境变化迟钝的问题。而蚂蚁型组织则很好地解决了这些问题。

我们来举例说明：蚁后和所有工蚁一样，都是雌性。但在工蚁孵化和发育的过程中，蚁后释放的一些化学物质能抑制工蚁卵巢的发育，让它们长成个头不大、无法生育的工蚁，不能和自己争夺繁殖权。这种严格的纪律性，确实挺像大象型组织内部细胞之间严密的组织关系。

但是在一些特定的场合，这种严格的纪律性也会被动或者主动地被打破。这时候，蚂蚁窝新生的机会就来了。

比如，如果蚁后突然因病或者意外死亡，它所产生的抑制性的化学信号消失，负责照顾后代的工蚁就会从受精卵里随机挑选一只看起来不错的，对它悉心照顾，喂养更有营养的食物，协助它成为下一任蚁后。因为得到了特殊的照顾，这只新蚁后的生长发育速度会明显快于其他的受精卵。它会长出巨大的卵巢用于繁殖后代，也会在成熟上位之后分泌新的抑制性化学信号，阻止更多蚁后的出现。这样一来，蚂蚁窝就能顺利完成一次蚁后位置的更替，而不会破坏蚂蚁窝的社会结构。

这还仅仅是现有社会结构的角色更替。更重要的是，在每年特定的一段时间，蚂蚁窝的一小部分受精卵会突破限制，发育成介于工蚁和蚁后中间状态的"繁殖蚁"。这些后代长着翅膀，拥有繁殖能力，但体型没有蚁后那么庞大。在春夏之交的傍晚，这些繁殖蚁会和雄蚁一同冲出蚂蚁窝，在空中盘旋、交配。然后，繁殖蚁会带着满满一肚子的精子远离蚂蚁窝，寻找合适的树洞或者墙缝，在那里脱去翅膀、生下第一批后代、从零开始建设一个新的蚂蚁窝。

这个新任务的失败率当然极高，但如果成功，蚂蚁世界就实现了一次新的扩张，这只幸运的繁殖蚁就成了新蚁窝的蚁后。这种现象被叫作"婚飞"（nuptial flight）。

从复杂生物组织社会结构的角度理解，婚飞这种现象在纪律性和成长性之间找到了一个平衡：绝大多数时候，基因层面的共同利益、蚁后对工蚁的化学控制，保证了蚂蚁窝内部组织结构的稳定；但少数时候，这种严密结构也会被撕开一个口子，在不破坏原有蚂蚁窝社会结构的情况下，繁殖蚁的婚飞为蚂蚁窝的开枝散叶提供了可能性。

用加拿大诗人莱昂纳德·科恩（Leonard Cohen）的话说，"万物皆有裂痕，那是阳光照射进来的地方（There is a crack in everything, that's how the light gets in）"。借由它来描述蚂蚁窝的组织结构恰如其分。

蚂蚁搬家: 工蚁的群体智能

凡是见过蚂蚁窝和蜂巢结构的人，都会对蚂蚁型组织的智慧和力量深信不疑——在没有设计师、发令官，甚至任何个体都无法一窥全局的前提下，这种个头微小的昆虫造出了堪称恢宏壮观的建筑物。

它们一定做对了什么。

这里我们以蚂蚁搬家为例，来具体展示蚂蚁到底是如何彼此配合，完成单个个体无法想象的复杂任务的。

你小时候肯定观察过蚂蚁搬运食物。成百上千的蚂蚁列队往返、反复搬运，井然有序地把食物送回蚂蚁窝。你肯定也听过这样的说法：小蚂蚁彼此间可以碰碰触角、交流信息，告诉对方食物在哪里，传递搬运食物的命令。但不得不说，这个理解太高估单个蚂蚁的智力，又太低估蚂蚁型组织的威力了。要靠这个方式点对点地传达命令，对每只蚂蚁接收、处理和传递信息的能力要求很高，但信息传播的效率和准确性又很差。其实，想要实现这种集体行动，小蚂蚁们需要的不是烦琐的交流方式和高超的个体智力，而是精妙的组织设计。

我们可以把蚂蚁搬运食物分成两个环节来理解。

第一个环节主要靠个体力量。一窝工蚁爬出蚂蚁窝，向着周围环境展开遍历式的搜索，每只蚂蚁搜索的轨迹是随机的。可一旦找到食物，蚂蚁立刻能够根据自己的运动轨迹，计算出食物和窝之间的距离和方位，搬一块食物沿着最短路径回家。简单来说，蚂蚁在一路觅食爬行的过程中，都会记录自己爬行的方向（根据阳光、地标等进行识别），也会记录自己爬行的距离（根据步数计算）。找到食物以后，蚂蚁可以立刻根据上述两个因素推算出窝在哪里。

这个能力当然非常厉害，但更重要的是第二个环节：这只幸运定位到食物的蚂蚁，如何把相关信息传递给整个蚂蚁窝，触发集体行动呢？

蚂蚁的实现方法非常简单优雅——在搬运食物沿最短路径回窝的路上，这只蚂蚁会不断地用腹部触碰地面，留下一些自己分泌的化学物质，把这条食物和窝之间的快速通道标示出来。这些化学物质虽然有一定的挥发性，但它的影响范围还是非常有限的。如果附近恰好有几只蚂蚁路过，它们就会闻到气味，沿着这条路找到食物，也啃下一块食物往家里搬。请注意，这几只新加入的蚂蚁也会同样的在道路上留下化学标示。留下气味——吸引邻近蚂蚁——留下更多气味——吸引更多蚂蚁，这套正反馈机制会让这条路径的吸引力在短时间内急剧放大，吸引大量蚂蚁参与到搬运食物的工程里。

更有意思的问题来了：如果食物搬完了，或者别的蚂蚁又找到了一块距离更近、营养更丰富的食物，蚂蚁组织怎么做判断和取舍呢？

答案还是一样的，不需要指挥官，不需要设计师，蚂蚁依靠上面的方法就可以做出最合理的选择。

我们设想一下：假设某块食物被搬完了，那么沿着化学信号标示的小路前往食物源的蚂蚁，就会两手空空。这时候它们要么重新寻找新的食物，要么加入别的蚂蚁、搬运其他食物。这样一来，原本这条小路上就不会再有新的化学信号补充，原有的信号逐渐挥发消失，它也就丧失了对蚂蚁的吸引力。换句话说，伴随着食物的消失，搬运食物的道路也有自我擦除的能力。

如果蚂蚁们同时找到了好几块食物，或者同一块食物有几条可能的搬运路线，它们也不需要打开上帝视角帮自己做决断。哪块食物最大、最好吃，哪条路线最近、往返时间最短，这条路上自然会聚集更多的蚂蚁，留下更多的化学信号，从而吸引越来越多的蚂蚁加入。一段时间后，几条可能的路径之间会形成一个明显的"胜利者"——它被最高浓度的化学信号覆盖，对蚂蚁成员有最强的号召力，从而形成了我们看到的万众一心、井然有序的搬运场面。

这个过程有点儿像食物之间、道路之间在展开"自然选择"，在红皇后和马太效应的双重作用下，胜利者会快速获得压倒性的优势（图6-5）。

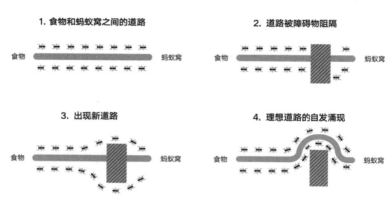

图6-5　蚂蚁搬运食物的路线选择

根据这些分析，我们也可以把蚂蚁型组织的内部合作看成是一种基于群体的、分布式的、自下而上形成的智能。这种智能首先当然建立在蚂蚁个体的能力之上，毕竟单只蚂蚁如果找不到食物，或者找到了食物但不知道家在哪儿，一切配合就无从说起。但这种智能更核心的要素，是大量蚂蚁之间的密切配合、大量蚂蚁之间去中心化的组织结构。

所以，蚂蚁型组织的工作方式，是充分发挥单个个体的作用，让它们感应环境变化，直面环境挑战，独立做出行为决策，所谓"让听得到炮声的人呼唤炮火";同时，让个体之间可以进行平等和局部的沟通，互相影响，所谓"让一棵树摇动另一棵树，一个灵魂唤醒另一个灵魂"。

第七部分

进化论与人类

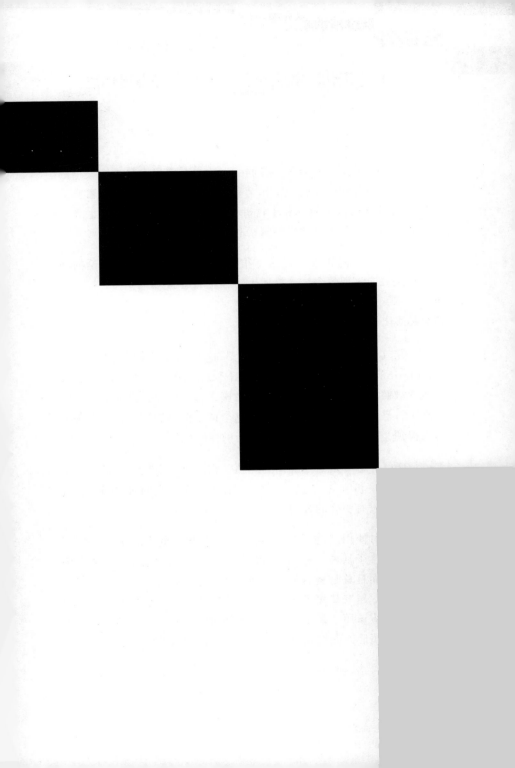

进化、演化和退化：从用词看进化论

在这本书前面的部分，我们的讨论主要聚焦在科学意义上的进化论。现在我们姑且放下作为科学理论的进化论，来看看当进化论的思想从科学领域和生物世界中"溢出"，进入人类世界的时候，会产生哪些有意思的洞察和争论。

这一节我们先来处理一个很微妙、也引起了很多争论的问题：到底应该用哪个词来描述生物进化的过程？

进化和演化

究其源头，中文里的"进化"这个词对应的英文单词是 evolution。19 世纪末，它首先被日本人翻译成了"進化"二字，然后被照搬到了中国。目前大多数国人，其中也包括大部分生物学家，已经习惯了使用"进化"这个词。但是近年来，也有很多人提到，应该用"演化"这个较为中性的词替代"进化"。

这可不单单是一个翻译的问题。它之所以出现，而且引起不少人的关注和争论，是因为背后隐含了一个真实的科学问题：进化到底有没有明确的方向？

在反对使用"进化"、支持使用"演化"的人看来，"进化"这个词隐含了某种"进步"的含义，似乎暗示了进化有一条明确的路径，而且总是从简单到复杂、从低等到高等，总是在变得越来越强大、越来越先进。但真实的生物进化过程显然并不总是如此，更不应该用"是不是进步"来作价值判断。既然如此，用听起来没有明确方向性和感情色彩的"演化"似乎更合适。

这种纠结还真不是中文世界里特有的。1859 年出版的第一版《物种起源》，被公认为是进化论的科学起点。有意思的是，《物种起源》的第一版里压根就没有出现"进化"，也就是英文 evolution 这个词。这个词是在《物种起源》的最后一个版本——第六版——里，才被达尔文正式引入的。在此之前的版本里，达尔文一直在使用"descent with modifications"这种听起来很模糊的表述来描述进化过程，直译过来就是"带有改变的后代传承"。

达尔文如此小心地用词，可能就是为了避免让人感觉进化带有某种方向性。evolution 这个词的拉丁词源 ēvolvere，意思是"把一卷东西慢慢展开"，比如把一幅卷起来的画慢慢摊开。可以想象，这个动作本身天然就带有某种方向性。

但是，达尔文最终还是在他去世前最后编订的那版《物种起源》里正式使用了 evolution 这个词；而在他身后，evolution 也完全取代了"descent with modifications"这个晦涩的表述。这可能也说明，至少在达尔文和他的很多同行心中，进化确实不可避免地带有某种方向性。

"进化"还是"演化"，这不光是个中文里的翻译技术问题；从进化论诞生起，它就已经是一个很严肃的问题了。值得补充的一点是，最近的网络热词"内卷"，英文对应的词是 involution，其实正好是 evolution 的反义词。它的拉丁词源和进化的意思相反，指的是把一个展开了的东西"卷起来"。从这个意义上看，如果你认同内卷或者 involution 天然带有方向性，那进化或者 evolution 当然也带有方向性的暗示。

进化的方向性

我们暂且抛开用词问题，看看进化本身是不是确实带有方向性。前文我们做过"进化本身是不是带有方向性"的讨论，主要得出了三点结论。

进化的根源是"可遗传的变异"，主要通过 DNA 序列的随机变异来实现，没有方向性可言。在这一步，进化体现出来的更多是随机性（randomness）。

　　在生存竞争和自然选择的层面，我们又可以认为进化是有方向的。毕竟只有能够生存和成功繁殖后代的生物才是胜利者。虽然它们生存和繁殖的方式不同，但在特定环境下，总是只有某些方式才可以保证生存繁殖。我们甚至推演出，在特定的环境下，进化不光有方向，还有终点。在这一步，进化体现出来的更多是规律性（lawfulness）。

　　由于生物所处环境的变化，胜利者的筛选标准、进化的方向也会随之发生变化。而在漫长的进化历史上，地球环境的变化是持久的、剧烈的、随机的，这也让进化的整体趋势"显得"漫无目的。在这一步，进化体现出来的，可以看成是被随机性影响甚至掩盖的规律性。

　　在生存竞争和自然选择的层面，进化过程是有明确方向的，就是更好地生存和繁殖。但因为内在进化路径的约束和外部环境条件的变化，这种方向性可能会显得很多样、很不直接，也时常会发生变化。

　　我们借由一个例子来进一步讨论进化的方向性问题。假设我们要举办一场汽车越野挑战赛，所有参赛汽车都聚集在起跑线，伴随着发令枪响，马达轰鸣，争先冲出起点。而终点设在 500 公里之外的某个地方，率先到达终点者就是冠军。

　　这时候，如果我们坐飞机，从高空俯瞰这些参赛车辆，会发现它们不是笔直、匀速地指向终点的。这很好理解，因为赛道可能修在高山上，汽车需要走弯弯曲曲的盘山公路；可能有沼泽，汽车必须小心翼翼地绕行；可能还有好多分岔路口，不同的赛车手会凭经验选择不同的道路；甚至可能在赛事进行中，主办方突然宣布更改终点位置，那么所有选手都得立刻调整方向。

如果我们只看这些车辆的行驶轨迹图，可能会认为路线如一团乱麻，毫无规律可言。但如果代入上面说的这些背景信息，我们就会意识到，这些看似杂乱的线路背后应该有一个清晰的指向，就是跑完全程、争取冠军。

还有，虽然车辆的行驶轨迹看起来乱七八糟，但并不是所有方向的可能性都会出现。我们应该不会看到有车辆背向终点方向一路狂奔，也不会看到有车辆突然变成火箭，飞往月球。

从上述例子中可以看到，在描述生物随着时间持续变化的过程时，用"进化"和"演化"这两个词其实都不是那么合适——"进化"有一种方向明确、单向变化的含义，更多地暗示了进化过程规律性的一面。但生物在进化过程中要的无非是更好地生存和繁殖，具体如何实现根本不重要。而"演化"隐含了一种毫无方向的趋势，更多地暗示了进化过程中随机性的一面，似乎在说一代代生物的变化完全是参不透的。这也不符合生物总是向着更大的生存和繁殖机会持续变化的事实。

既然都不合适，那我们再纠结用哪个词更好，意思就不大了。我个人会倾向于历史久远、也更为人熟知的"进化"一词，但两个词我们完全可以不加区分地混用。如果喜欢用"进化"，那就注意提醒自己，进化的"进"，指的是向着更大的生存和繁殖机会进军，和人类视角下的所谓"先进""进步"没有太大关系；如果倾向于用"演化"，那也要提醒自己，生物的变化趋势并非全然随心所欲，因为并不是所有变化方向都会带来生存和繁殖的机会。

进化和退化

除了"进化"和"演化"两个词之外，还有两个词的对比你可能也经常听到，那就是"进化"和"退化"。很多人默认，生物原有特性的增强、新特性的出现，就是进化；反之则为退化。比如，眼睛的出现和视力的提高是进化；而地下穴居动物几乎失去了全部视觉，就是一种退化。

如果说"进化"和"演化"这两个词可以不加区分地混用的话，那么"进化"和"退化"两个词的对立是根本错误，是完全不该出现的。既然进化的标准是更好地生存和繁殖，那么我们可以认为，所有还存在、还在繁殖的地球生物，都是此时此刻进化的胜利者。至于它们是如何取得的胜利，是通过增强或者新增某个特性，还是减弱或者破坏某个特性，都不重要。

而且你可能也意识到了，所谓"进化"和"退化"的说法，很大程度上带有人类中心主义的色彩——我们天然认为，一种生物出现和人类类似的特性就是进化，反之就是退化。

就拿裸鼹鼠来说，我们看到裸鼹鼠在黑暗的地下洞穴生活，眼睛很小、视力很差，对比咱们人类发达的视觉系统，我们就会觉得这是一种"损失"、一种"倒退"。

事实上，裸鼹鼠发展出了各种适应地下穴居生活的能力。比如，它们血红蛋白结合氧气的能力非常强，帮助它们适应了缺乏空气流通的地下环境；再比如，裸鼹鼠的触觉极其发达，它们可以通过几颗长长的门牙来感觉土壤的质地、寻找和咀嚼食物、与同伴交流。但是人类在观察分析裸鼹鼠的时候，第一时间注意到的还是它们的小眼睛，而不是它们发达的门牙和灵敏的触觉。这种第一反应的背后，可能仅仅是因为我们人类视觉发达，而牙齿的触觉感知相对不那么重要，我们习惯了从自身的角度看待生命现象。

再往深一层次讨论的话，"进化"和"退化"的对立还代表了一种常见的误解。我们一般认为，某种生物学特征的新增和增强是有好处的，能带来生存和繁殖优势；反之则是一件坏事。但现在我们应该知道，在不同的环境条件下，新的生物学特性的出现和增强，并不一定总会带来生存优势；某个生物学特性的减弱和消失，也不一定总会带来生存劣势。

我们可以用细菌的耐药性做一个简单的讨论。我们知道，在青霉素存在的环境里，细菌很快就会进化出耐药性。这是当下威胁人类健康的一大麻烦。当然，在系统学习了进化论之后，你肯定已经知道耐药性不是被青霉素诱导出来的，而是部分细菌天然就存在的遗传特性。青霉素是青霉这一类真菌合成和分泌、用来抵抗环境中的细菌威胁的。相应地，细菌也在漫长的进化历史上发展出了几种对抗青霉素的特性，有的可以加速青霉素的降解、有的可以抵抗青霉素进入细胞内、有的可以把细胞内的青霉素快速泵出体外，等等。在青霉素持续存在的环境里，携带这一类特征的细菌就被快速筛选了出来，成为细菌群体的主流。

要是这么说的话，新的问题就来了。既然抵抗青霉素这种特性是细菌群体里本来就存在的，而且确实在特定场合能给细菌带来巨大的生存优势，那为什么在人类大规模使用抗生素之前，这些耐药细菌不是人体内细菌的主流呢？

答案其实很简单，生物能够利用的资源总量是有限的，环境中的资源总是匮乏的，所以新特性并不是在任何条件下都是好的。

青霉素的耐药性，不管通过什么具体的生物学过程来实现，总需要消耗一部分资源，总可能会干扰细菌其他的生物学活动。结果可能就是，这些细菌的生存和繁殖速度受到了影响。在青霉素存在的环境里，耐药性当然有巨大的生存优势；但在没有青霉素的环境里，耐药性不再有价值，甚至大概率还会表现为巨大的生存劣势，导致这类细菌被自然选择所淘汰。这样一来，在青霉素大规模使用之前，耐药细菌从来就不是细菌群体的主流。

类似的例子还有很多。我们经常说人体肠道寄生虫的很多机能（视力、运动能力等）出现了退化。但这些机能的减弱或者消失在人体肠道黑暗密闭的环境里无伤大雅，反而能够节约有限的能量和资源用于支持对寄生虫更重要的能力——繁殖、抵抗人体免疫系统的攻击。那么，就像前文强调的，我们不应该用"退化"简单粗暴地总结寄生虫的这些变化。

社会达尔文主义：为何一定是错的

围绕进化和演化、进化和退化这两对名词的争议，其实不仅仅是名词使用的问题，它反映了人们对进化过程不同的理解方式。而这些理解方式，特别是错误的理解方式，比如社会达尔文主义，对整个人类世界都产生了深远的影响。

社会达尔文主义，简而言之，就是一种试图用达尔文的进化论来解释和干预人类世界的思想。

说起来很有意思：进化论是用来解释生物现象的，但它的诞生受到了人类世界的直接影响。

英国人口学家马尔萨斯在《人口原理》一书里提出了著名的"马尔萨斯陷阱"，我们在前文也介绍过这个理论——人口的增长是指数式的，而粮食产量的增加是线性的。天下太平一段时间，大家拼命生孩子，人口数量就可能突破粮食供应的天花板，导致饥荒、瘟疫和战争等灾难。达尔文本人正是从马尔萨斯的思想中得到了很多启发，才提出了生存竞争和自然选择的概念。

而反过来，达尔文的生物进化论思想，又很快被他的英国同乡斯宾塞（Herbert Spencer）用以解释人类世界。

在斯宾塞看来，人类世界的发展也同样（应该）遵循达尔文的进化理论。比如，人类个体之间存在天然的差异，这种差异可能会体现在体力、健康、智力、财富、权力各个方面，而且可以代代传承，恰如达尔文所说的"可遗传的变异"。这些人类个体在马尔萨斯陷阱的生存压力下，展开激烈竞争，带来了弱肉强食、适者生存的结果。最终，竞争会塑造"完美的人"，也会带来人类社会的整体进步。如果人们自觉地、制度性地应用这套方法论，对人类世界进行筛选和改造，就会更快地促进人类的整体提升。

这种理论在19世纪中叶到20世纪中叶100多年间风行世界，产生了非常深远的社会影响。欧美国家社会政策的制定者用它为原教旨资本主义张目：既然弱肉强食、优胜劣汰是人类进步使然，那当然没有必要为老弱病残等弱势群体提供特殊保护，更没有必要设置最低工资、完善社会福利。它还为世界范围内的殖民主义和种族歧视提供了思想基础：既然人类世界就是一个大号的生存竞争战场，那所谓的优等民族征服、奴役甚至是灭绝所谓的劣等民族，就成了天经地义的事情。此外，它还为臭名昭著的优生学提供了理论依据：要实现人类的整体进步，当然得鼓励竞争的胜出者多生孩子，禁止患有遗传疾病的人生育后代。

进化论思想在19世纪末进入中国，从一开始就带有强烈的社会达尔文主义色彩。彼时积贫积弱的中国饱受帝国主义欺凌，深陷生存危机。严复先生翻译赫胥黎的进化论著作《天演论》，正是为了警醒中国人与天争胜、强种自保，否则就有可能在弱肉强食的强国之林亡国灭种。为了凸显这个观点，严复先生还不惜删改和扭曲了赫胥黎著作的原意。

到了第二次世界大战时期，社会达尔文主义直接刺激了纳粹德国的扩张野心，也让它们心安理得地发起了面向犹太人、斯拉夫人等所谓"劣等民族"的系统性种族灭绝。所以在"二战"结束后，社会达尔文主义逐渐被各国知识界唾弃和批判，淡出了人类的思想世界。今天，社会达尔文主义基本变成了一个带有强烈负面色彩的词汇，除了在一些对它展开批判的场合，已经很少有人主动提到和应用这个概念了。

社会达尔文主义错在哪儿

从上面的描述里你可能也发现了一个问题：社会达尔文主义这套理论的死亡，主要是因为它对人类世界造成了深重的破坏。这么理解当然没有错，但如果只是就着结果去批判出发点，那么我们对社会达尔文主义的清算还是不够彻底。

因此我们会看到，在"二战"之后，总还是时不时有人冒出这样的念头：别管那些弱势群体了，让人类自由竞争、优胜劣汰，岂不是更能促进社会进步？2020年3月，当被问到为什么有资源、有人脉的人可以"加塞"提前做上新冠核酸检测的时候，时任美国总统特朗普（Donald Trump）的回答是，"可能这就是生活吧（But perhaps that's been the story of life）"。这种条件反射式回答的背后，体现的可能就是他某种弱肉强食的社会达尔文主义思想。

那么，我们是否能在科学上找到社会达尔文主义的漏洞，彻底消解它的理论基础呢？

我认为可以。在这里，我试着提供三个不同角度的思考。

第一，社会达尔文主义狭隘地理解了生存优势的范畴。

我在这本讲义里反复强调，自然选择是一个彻头彻尾的唯结果论者，它并不在乎生物是如何生存和繁殖的。换句话说，生物进化并不致力于也不可能创造出一个所谓完美和高级的生物。同一个环境中，会诞生利用各种方式适应环境并繁殖后代的生物。

但社会达尔文主义就倾向于把生存优势简化到几个非常简单的维度，而且这些维度的选择是非常狭隘和随意的。比如，在19世纪的欧美国家，人们所谓的优势带有强烈的欧洲主体民族的特征，无非是身材高大、皮肤白皙、没有遗传病、有很好的智力、受过良好的教育、家庭经济条件好……这样一来，内涵丰富的"适应"一词就被庸俗化成了人类世界里强与弱、优与劣的对比。

如果按照这些狭隘的标准对人类社会进行定向改造,我们马上会遇到这样的问题:这种标准能代表人类世界的长期利益吗?

做一个简单的类比:在过去数千年的时间里,人类对狗进行了一代代的定向改造,筛选出了上百种类型。但人类对狗的筛选标准是狭隘且随意的,可能关注的只是狗的体型、毛色、脸部褶皱的条纹、性格、运动能力等。利用这种方式筛选和培育出来的所谓"纯种狗",在被人关注的特定指标上,表现得确实符合人类的预期,但在人类没关注的地方,往往存在严重的问题。

比如著名的腊肠犬(Dachshund),人类筛选培育的标准是腿短、身体长,体型像一根长长的香肠。这种体型适合钻入洞穴、帮人类捕猎獾,对猎人而言是个有用的特性。经过一代代筛选培育后,人类倒是如愿以偿了。但这类狗却携带了一个影响骨骼发育的基因变异(FGF4),这个变异正是它们特殊体型的根源,但同时也会导致包括椎间盘退化在内的很多严重疾病。腊肠狗可不是例外,几乎所有的纯种动物身上,或多或少都带有先天遗传缺陷。

可想而知,如果我们用类似的逻辑对人类世界进行定向的筛选和改造,比如定向选择身材高大、智力超群的人,最终我们大概率会获得我们想要的这些特性——毕竟这些特性确实在很大程度上受到基因的影响。但基于生物系统的复杂性,这种做法不可避免地会在我们并不关注的地方带来巨大的风险。也许这些健康、强壮、聪明的个体,普遍患有严重的精神分裂症和反社会人格呢?也许他们的繁殖能力低下呢?也许他们对某种全新的病毒敏感,一波疫情就可能毁灭了整个人类物种呢?

前文也介绍过一个人类世界的例子:在疟疾肆虐的热带雨林

地区，血红蛋白的 HbS 基因变异提供了某种生存优势。因为携带一个拷贝的 HbS 基因变异的人拥有一定程度的抵抗疟疾的能力。而在现代社会，人类可以通过灭蚊预防疟疾、通过奎宁、青蒿素等药物治疗疟疾，这个基因变异的生存优势就变小了，反而造就了某种生存劣势。因为一个人如果携带两个拷贝的 HbS 基因变异，就容易引起致命的镰刀型细胞贫血症。如果我们在古代世界用"拥有 HbS 基因变异，即拥有疟疾抵抗力"作为筛选标准，培养优秀人类，那岂不是会把现代人类都导向镰刀型贫血症？反过来，如果我们按照现代社会的标准，把没有 HbS 基因变异作为筛选标准，那么筛选出来的人类是否会因此丧失在热带雨林地区的生存能力？

第二，社会达尔文主义把充满成长性的生存竞争，搞成了你死我活的零和游戏。

我们在前文讨论过物种内部、物种之间、生物和环境之间的生存竞争，也讨论过生物之间的相处方式，要比单纯的竞争和对抗丰富得多。而且，不管竞争的结果是什么，生物的总体生存空间都是在扩大的。在相同的地球环境中，伴随生物的不断进化，生物世界里出现了各种各样利用环境资源的方式、各种各样相互依存的方式。作为结果，环境中能够容纳的物种数量、生物个体数量、生物之间的相互关系数量都在持续增长。

但是在社会达尔文主义的理论中，人类的生存空间往往被看作一个大小固定的蛋糕。人类世界的唯一主题就是互相斗争，确认这块蛋糕到底应该属于谁。既然这块蛋糕的大小是基本固定的，那么这场生存竞争就注定是你死我活的零和游戏。

这种"蛋糕无法做大，只能再次分割"的假设，不仅不符合生物进化的事实，也不符合人类世界的发展现状。在人类诞生之后，虽然地球的陆地面积没有发生什么变化，但伴随着人类世界的发展，人类能够生存繁衍的空间在持续扩大、人类的食物供应也在快速增加。在杀虫剂、化学肥料、育种技术、农业机械技术出现之后，同一块耕地能够生产的粮食、能够养活的人口，相比农业时代有了几倍、几十倍的提高，人类世界实际上已经告别了绝对的粮食匮乏（当然，分配的不公平问题仍然很严重）。换句话说，当年启发了达尔文和斯宾塞的马尔萨斯陷阱，在整体上已经不存在了。

未来，新能源技术可能会让人类彻底告别能量匮乏，脑机接口和虚拟现实技术可能会让人类彻底告别生活空间的匮乏，宇宙空间的探索还能继续拓展人类的生存空间。蛋糕只要能做大，社会达尔文主义的零和游戏假设就站不住脚了。即便在今天，人类世界的资源也已经越来越多的以信息的形式呈现、复制和传递。这种边际成本极低的资源生产和扩展方式，其实等同于人类对蛋糕的总需求在降低。

我想特别提醒的一点是，新的生态位的探索、新的物种相处关系的建立在生物进化中往往需要漫长时间的积累。毕竟，生物特性的变化无法一蹴而就，它是代际之间随机变异和自然选择积累而成的。但人类的情况有所不同，我们能够通过知识的创造、传播、积累，以比生物进化快得多的速度进行文明的进化，达到拓展生存空间、做大蛋糕的效果。更重要的是，人类过去两三百年的飞速发展告诉我们，新知识的创造、传播和积累固然需要一定程度的竞争和对抗，但也同样需要开放心态、合作精神和长期主义。在零和游戏的预设之下，这一切更是无从谈起。

第三，社会达尔文主义还混淆了事实判断和价值判断。

科学意义上的进化论，描述的是生物进化过程的基本规律，只考虑"真相是什么"这样的事实判断问题，不涉及"这样对不对""这样好不好"的价值判断问题。

这也是所有科学的共同点之一。

比如在生存竞争中，只有一部分生物个体能够生存和繁殖，另一部分生物个体则被淘汰——这种现象导致了生物特性持续发生变化。进化论只会告诉你，此时此刻的自然选择青睐前者，并不会认定前者天然比后者"好"，更不会说前者"应该"活，后者"应该"死。

但社会达尔文主义关心的恰恰只是价值判断问题。比如，在19世纪末的不少社会达尔文主义者看来，身体强壮健康就是好的，虚弱多病就是坏的；性格直爽勇敢就是好的，懦弱友善就是坏的；白种人就是好的，黑人和黄种人就是坏的……好的就应该发扬光大，坏的就应该彻底消灭。他们试图用这些非常主观的价值判断标准来指导人类世界的发展方向。

但是，价值判断的标准是人为选定的，是从某时某地某一部分人的价值观里衍生出来的。在不同的时间地点、不同人的心中，世俗角度下优劣的判断标准实际上是不可能达成一致的。

比如，在古代世界，性格残忍好斗可能是一种优势，因为这样的人更容易通过争斗获得好处；但到了现代社会，人们普遍会认为性格友善、容易合作的人更有优势。再比如，在食物匮乏的年代，人们普遍认为肥胖是富足和美好的象征；而到了富足年代，人们又开始觉得好身材代表着自律和健康……

既然价值判断根本没有一个客观成立的标准，那么社会达尔文主义者到底打算按什么标准对人类做定向改造呢？

如果坚持自己喜欢的那一套，那只能说明他们的思想是极端自私的。而如果允许筛选标准经常变，允许各地的人设置不同的筛选标准，那就更说明利用社会达尔文主义改造世界的目标是根本无法实现的。

说得更直白一点，如果社会达尔文主义真的嵌入人类生活当中，我们就会面临极端风险——一方面，彼时彼刻的人类价值取向会被永久性地固定下来，成为成败判断的金科玉律；它还带有强烈的自我实现的特质，会一代代强化和固化，很难被逆转。另一方面，不同地域、文化、传统的人们，将会开启一场按照各自的价值取向进行定向筛选的人类社会改造计划，最终的结果将是彼此无法互相理解、视若仇雠。

这样的世界别说我们根本不想要，也是从根本上违反进化论的自然规律的。

进化论和伦理学：人性到底自私吗

在《自私的基因》一书中，道金斯提出了两个特别重要的概念。一个是"自私的基因"，另一个是"文化基因"（meme，也被译为模因、迷因、迷姆等）。它们从《自私的基因》这本书中"走"了出来，在人类世界引起了长久的回响，也带来了大量争议。这里我希望用两节的篇幅，深入讨论这两个概念。

这一节先说"自私的基因"。我们在本书开头的时候就说过，扩张性可以看成是生命现象最基本的特征之一，所有生物都有最大化自身生存和繁殖机会的本能欲望。但自私的主体到底是物种、同种生物构成的一个群体、生物个体，还是生物体内的基因呢？

通常生物个体是自然选择的基本单位，因为繁殖是以生物个体为最小单元进行的。但在蜜蜂、蚂蚁等真社会性昆虫的群体中，有一部分生物个体（工蜂和工蚁）自己通常不繁殖后代，而是通过照顾和自己基因层面高度类似的同伴，间接地帮助自己的基因获得传播的机会。在这些场合，自私的主体（或者说生存和繁殖的主体）就是生物体内的基因。

从生物个体的角度看，工蚁和工蜂放弃自身繁殖机会、全力帮助蚁穴和蜂巢的壮大，是一件无法理解的事情。但如果从这些生物个体携带的基因角度看，这种看似大公无私的行为其实完全是自私的，是工蜂、工蚁体内的基因驱动的。这些基因驱动着工蜂、工蚁做出看似不合理的行为，目标不是为了服务工蜂、工蚁自己，而只是为这些基因创造更多的拷贝。

以上就是道金斯的论证过程。它本身无懈可击，但真正的问题其实是如何理解"自私"这个词。

不管在中文还是英文的语境里，自私（selfish）指的都是这么一种状态：只考虑自身利益而忽视他人利益，或者说，把自身利益置于他人利益之上。这么看的话，自私这个词本身并不必然包含对别人利益的损害。我们完全可以想象，自私也能分成三种：双赢的利己又利人、中性的利己不损人，以及比较负面的损人利己。

在现实世界中，完全中性的利己不损人很难出现，因为一方的行为总是会或多或少地影响另一方，所以我们放下不表。但利己又利人和损人利己这两个情况确实是要单独讨论的。那具体到"自私的基因"这个词，在生物学的语境里，道金斯所说的"自私"到底是哪一种自私呢？

从蜜蜂和蚂蚁的例子看，他强调的是第一种，也就是利己又利人的自私。因为这些基因同时实现了两个目标：既增加了自身的拷贝数量，又帮助蜂后、蚁后繁殖了更多的后代。

但基因不会说话，也没有自己的思想和欲望。我们无法区分基因这种利己又利人的行为方式，是出于自私的目的，先求利己、顺带利人，还是在大公无私的同时，顺带帮助了自己。在这个意义上，用自私来描述基因其实很成问题。

如果说蜜蜂、蚂蚁的例子还不够有说服力，我们再来思考一下我们自己——人体的诞生、发育、成熟、繁殖，需要人体内数十万亿个细胞的密切配合，需要这些细胞内数万个基因的正常工作。很多基因对人体的生存繁殖至关重要，一旦出现变异，可能轻则致病，重则致命。我们可以说，所有这些人类基因都需要协同工作、彼此互助，才能实现人类个体的生存繁殖，同时帮助自己扩散新的基因拷贝。

那么，对任何一个基因来说，实现自身的复制、帮助其他基因复制、帮助人类个体繁殖，就成了根本无法分割的三个目标。

我们说基因是自私的，它们仅仅是为了自身的复制，才帮助其他基因的复制、帮助人类个体的繁殖；或者说基因是无私的，它们存在的目标是为了帮助其他基因和人类个体，只是顺带着实现了自身的复制。这两个说法其实是毫无区别的文字游戏，在科学上根本没有办法区分。

自私、无私这些拟人化的比喻，虽然可以启发我们的讨论和思考（比如自私的基因这个说法，能够很好地帮助我们理解广义适合度的概念），但它们本身都没有太大的科学价值。我们看到的结果就是，人类个体生育后代，人体生殖细胞精卵结合、发育成一个新的人体，细胞内部大量基因相互配合工作，这些都只是从不同视角描述同一个生物学过程。

顺着这个逻辑讨论下去，我们还会发现，真正能清晰定义出来的自私的基因，应该是那些有"损人利己"属性的：它们的复制会损害自己所在的生物个体，以及生物体内其他基因的复制机会。我们在前面介绍过人类基因组上的 LINE1 基因，它就有明确的自私属性，会在生殖细胞里启动自身的复制，而代价往往是人类基因组的正常 DNA 序列被破坏。这才是真正自私的基因。

相比之下，"利人又利己"的基因，根本就不应该用自私这个词来描述。

人类天生自私吗

在科学意义之外，"自私的基因"这个概念最大的问题在于，它成了很多人价值观和世界观的基点。

这些人是这么想的：既然人体是基因的载体和奴隶，是人类基因为了实现自我复制而制造出来的傀儡，那么我们的底层本能和欲望当然就是纯粹自私的，都是为了实现基因的自我复制。即便我们能表现出某种程度的集体主义和利他精神，也无非是为了间接的利己而已。这一点在本质上和工蜂、工蚁的选择没有区别。既然如此,我所有自私的念头和行为都是合理的,而且我应当假设别人也会按照类似的方式来对待我。

这个观点,在生物学和伦理学两个层面上都错得离谱。

先说生物学层面。前文我们已经用不少例子证明,生物体内的不同细胞之间、同种生物的不同个体之间,甚至是不同物种之间,可以形成相互帮助的合作关系,甚至形成把后背都交给对方、唇齿相依的共生关系。神经细胞之间的合作、相互帮助梳毛的狒狒、藻类和真菌共生形成的地衣……不外如是。

当然,我们也可以认为,这些合作和共生关系背后仍然是为了实现自身的生存和繁殖机会,仍然有一个自私的原点。但是,这里说的自私,更多地是指利己也利人、利己不损人类型的自私。而在日常生活中,当我们提到一个人很自私、一种行为很自私的时候,往往强调的是损人利己类型的自私。

这样一来,就产生了一个很有破坏力的误解:人们会用利己也利人的这种生物学层面的自私概念,来合理化自己损人利己类型的自私行为。甚至以此认定,人类世界的运行规律就是损人利己,就是人和人之间的斗争和算计。这是对生物学现象的误解,对"自私"这个词几种不同内涵的混用。

而在伦理学层面,"人生而自私"的观点还混淆了人类的本性到底怎样和人类的行为应该怎样的区别。而这种实然(即实际是什么)和应然(即应该是什么)的区分,本来应该是人类这个物种特有的能力。我们很容易想到,人类世界形成的道德观念、行为规范,确实有很大一部分是为了给我们本能的欲望和行为提供合理化解释的。

我们确实可以说,父母对孩子的爱、情侣之间的爱,在很大程度上是生物学本能的驱动,是大脑中某些化学物质和神经电信号作用的结果。而这种大脑活动的进化根源，也确实可以被看作为了更好地繁殖后代、传播基因。或者反过来说，是基因为了最大化自己复制繁殖的机会，才在进化过程中赋予了大脑特定的神经信号，让父母天然对孩子有关怀爱护的愿望，也让青年男女之间擦出火花。而在这一切之上，人类又发明了"爱"这个概念来给这些行为提供解释。人之外的哺乳动物并没有发明概念的能力，但也不影响它们求偶交配、抚育后代。

但是，我们也需要看到，人类大量的道德观念和行为规范，它们的出现恰恰是为了对抗人性中损人利己的、冷酷的、有破坏力的一面。

有一个被东西方先贤追问了千百年的问题：当你在没有人察觉、也绝不会遭受惩罚的场合做了一件坏事，比如拿走本不属于自己的财富、欺负比自己弱小的同类，你做不做、该不该做？我想，大部分人可能不一定抵抗得了诱惑，但大部分人应该会认为这种行为是错的。前者是利己本能，应该正视和尊重，并且积极地用法律等手段去管控；但正因为有了后者——认识到人性确实存在黑暗面，并去主动遏制和消解它——人类才能形成如此庞大的社会组织，发展出所有其他生物都无法企及的文明。

当然，可能会有人继续追问，既然道德观念是人类发明出来约束自己的，和我的生物学本能无关，也不像法律一样有强制力，我不遵从总是可以的吧？

我的反驳则是这样的：每个人都有不遵从道德观念的冲动和自由。但他需要明白，这样做要付出被排斥在人类社会生活之外的代价。前文我们讨论过，生物个体之间、物种之间的合作关系，不光要有共同的利益基础，还要有某种在重复博弈基础上开展的约束机制。伦理道德也好，法律也好，本质上都是维持人类社会生活中秩序和合作关系的约束机制。

说得更广泛一些，除了道德观念，科学技术和文学艺术也都是人类发明出来的东西，并不天然存在。而我们每个现代人，也都在享受科学技术和文学艺术进步的福祉。这本身就说明，天然的、进化而来的、符合生物学本能的东西，并不比人类自己发明出来的概念和规范更高级。人类发展到今天，后者的贡献早就大大超越了前者。我们无法想象，没有科学技术和文学艺术的世界会有多么黑暗和混乱。同样的道理，也适用于没有道德观念约束的人类世界。

文化基因：是不是一个多余的概念

　　"自私的基因"之后，我们再来看道金斯提出的另一个概念，"文化基因"。道金斯在定义这个概念时表示，人类世界的文化传播现象和基因的传播有很多相似之处。一首乐曲、一个发明、一个概念，它们一旦被人类创造出来，就有了和基因相似的特征，这就叫"文化基因"。

　　在自我复制、可遗传的变异、竞争和选择三个方面，文化基因和基因都有可类比的地方。如果说基因通过生物个体的繁殖实现自我复制和扩散，那么文化基因则是通过人类世界的各种交流方式实现传播和扩散的，比如口口相传、印刷成书籍、通过互联网传播，等等。和基因一样，文化基因在传播扩散过程中也会持续发生变异：前者主要通过 DNA 复制错误，后者则通过传播过程中每一位传播者对原有信息的添加、删除、修改，等等。二者最终都会经历自然选择：基因是通过在生存竞争中适者生存，而文化基因则是通过和其他文化基因的竞争，争夺人类的注意力和记忆力。

　　道金斯认为有必要创造一个新的词汇来描述这种现象——这就是文化基因（meme）的来历。他说，这个词在发音上不仅和基因（gene）类似，还和希腊语中的"mimeme"（指模仿），英语中的"memory"（指记忆）以及法语中的"même"（指同样的）很相像。

　　从这些背景信息中我们可以看到，道金斯发明"文化基因"这个词，和他试图从基因的角度解释进化论有着同样的思想基础。他认为，基因看似属于生物体的一部分、为生物体服务，但其实基因才是进化真正的主宰者，它只是借助生物体这个工具，实现自身的复制和传播罢了。以此类推，虽然文化现象看起来是人类的发明、为人类服务，但其实文化本身才是文化传播的主宰者，有它自己生存和繁殖的内在动力，只是借助了人类的大脑和交流工具实现自身的复制和传播。

举个文化基因的具体例子吧，表情包。

我猜你肯定用过某个"沙雕熊猫"的表情包——熊猫头像里有一张哭笑不得的人脸，下面配着一行怪模怪样的台词——这个表情包的出现和演变，就特别好地解释了何谓文化基因。

据网友考证，这种表情诞生于 2010 年前后的百度贴吧，很多痴迷于熬夜玩游戏"暗黑破坏神"的网友常用熊猫头像来表达自己打游戏打到眼圈乌黑、身体被掏空的状态。恰巧当时韩国电影《金馆长对金馆长对金馆长》正在流行，男主角崔成国哈哈大笑的魔性表情也被挖掘了出来。某天某位网友灵机一动，把金馆长大笑的表情编辑处理后填充在熊猫面部，做了一个充满喜感的新表情，"沙雕熊猫"这个文化基因正式诞生了（图 7-1）。

7-1　沙雕熊猫表情包

此后，沙雕熊猫在互联网世界快速传播。一代代网友对它进行了各种升级改造，制造出数以百计的沙雕熊猫表情。它们表达的意思千奇百怪，却总能快速迎合当下的热点话题和情绪。某种程度上，它们超过社交工具中自带的千篇一律的表情符号，成为网友们表达情绪观点的首选方式。

沙雕熊猫表情包的自我复制和扩散，它在扩散过程中持续性的变化，以及和其他文化现象的相互竞争，很好地说明了文化基因和生物学基因享有相似的特征。

当然，相比有着明确定义和物质基础的基因，文化基因这个概念从发明那天起，就主要是一个用于解释文化传播规律的概念，它的内涵和边界始终是相当模糊的。

生物学里的基因有具体的物质属性，就是 DNA 分子上的一段碱基序列。它一般负责指导蛋白质分子的生产，完成一项或者几项生物学功能。此外，基因是颗粒状的，无法无限细分；把一个基因切成两半，两段分开的 DNA 序列就无法独立完成原有的生物学功能。至于文化基因是不是颗粒状的、到底切到多细才能叫一个文化基因，人们没法给出一个清晰的界定。

比如，一首脍炙人口的歌曲，好像可以看成是一个文化基因。但在广泛传唱的过程里，人们记住的往往只是歌曲最吸引人的两三句。那岂不是说，只有这两三句才是文化基因？

再比如，爱因斯坦是全世界知名度最高的科学家，他的头像被用于各种场合，大量名言被附会在他的名下，他提出的相对论作为一种严肃的科学理论，也被广泛应用和误用于文学作品和流行段子当中。那么，到底什么是文化基因呢？是爱因斯坦的头像、爱因斯坦的名字，还是爱因斯坦的科学理论？或者它们都属于同一个名叫"爱因斯坦"的文化基因？

正因如此，不少人对这个概念提出了非议。很多学者甚至认为，文化基因纯粹是一个多余的伪概念。它所描述的，不就是人类的某种思想、某个行为、某个文化作品的传播现象吗？本着"如无必要，勿增实体"的奥卡姆剃刀原则，我们为何非要发明一个含义不明的新词汇，把事情搞得更复杂呢？

这个批评，我认为是有道理的。不过，和上一节讨论的"自私的基因"的概念不同，我倒是认为，虽然文化基因定义不清，还有多余的嫌疑，但它仍然是有一些启发性的。用不用这个词不要紧，重要的是，这个词本身确实能够提示一些新的文化传播规律。

我认为，文化基因的作用可能有这么三点。

第一，文化基因的概念能帮助我们思考，到底什么样的文化现象有最强的生命力和传播力。

过去我们认为，只有高质量的文化现象才能长久地生存和传播。莎士比亚（William Shakespeare）的戏剧语言优美、内涵深刻，所以传播数百年经久不衰，还成为英文向全世界输出的载体。莎士比亚同时代大概还有海量低俗作品，早就湮没在了历史中。

但这个观念在当下的世界似乎在反复遭受挑战。很多时候，一位艺人爆红、一首歌曲传唱大江南北、一句俏皮话成为年度热词……我们好像也搞不清楚这是为什么。

但把这种现象放在生物学的语境里就很容易理解了。我们可以把病毒基因的传播和它对比：病毒的基因组结构简单，往往只有几个、十几个基因，复制起来非常容易；病毒在生物之间传播时，会借助生物体之间本来就存在的某种"通道"，比如咳嗽打喷嚏产生的飞沫，扩散到更大范围。它还能精确地识别新的宿主生物，利用这些宿主生物细胞表面的某些标志进入细胞，开始新一轮的繁殖和扩散。

文化现象也是如此。以表情包为例：它的构图简单，一张新表情配一行新文字就可以轻松实现修改创新；在社交媒体时代，更是只需动动手指就可以完成表情包的传播；而它的内容往往契合当下流行的情绪、热词、热点事件，很容易得到传播者和被传播者的共鸣。这一切，无关表情包到底画得好不好看、图片编辑技术是不是高超。

第二，文化基因的概念提醒我们，文化在传播过程中的变形是无可避免的。

在这个信息泛滥、注意力稀缺的时代，我们获取的信息往往经历过很多轮的增删、扭曲、选择和再加工，可能早已远离了所谓的客观真相。人们常说，我们已经进入了"后真相时代"。现状当然很无奈，但从文化基因这个概念出发，我们至少能够理解这种现象出现的必然性。

文化现象在传播过程中，会在每一个传播节点发生再加工。这和 DNA 复制错误一样，是必然要发生的。传播的节点越多，再加工的程度越深，信息距离真相可能也就越远。而且，在不同的人群、不同的文化、不同的时间点，再加工的方式很可能大相径庭。从这个角度说，我们注定要生活在一个观念被扭曲的世界里。

对于这个问题，文化基因给了我们一部分的破题之道。

我们知道，基因的复制和传播固然会出现错误，但基因作为一个最小颗粒度的生物学单元，它的功能是不可继续拆分的。换句话说，虽然基因的复制错误会改变它原有的功能，但基因内部某些碱基位点的稳定性（生物学一般叫作"保守性"）还是很高。这大概是因为，一旦这些关键位点被改变，基因就会彻底失去其功能，也就失去了继续传播扩散的能力。

文化基因也是同理。如果我们希望一则信息能够保真无损地传播，我们要做的就是找到那些关键信息点。

举个例子，很多人把贝多芬（Ludwig Beethoven）的《c 小调第五交响曲》（又名"命运交响曲"）看成是一种文化基因。作为古典音乐中最受欢迎、也最常被演奏的交响曲之一，"命运交响曲"被广泛地应用于电影桥段、商业广告，甚至摇滚乐当中。对于大多数古典音乐的外行来说，"命运交响曲"的传播要素，其实就是开篇铿锵有力的八个音符（sol—sol—sol—mi，fa—fa—fa—re）。无论"命运交响曲"在传播过程中发生了什么变化，这八个音符作为它最显著的传播要素，从未被改变。

第三，文化基因这个概念，特别是和自私的基因这个概念放在一起看，会给我们一个重要的提示：文化现象的广泛传播，对宿主（也就是人类的大脑）来说，不一定总是好事。

从基因的视角看，生物体只是帮助基因传播扩散的载体；同样的，从文化基因的视角看，我们也可以把人类大脑看成是帮助文化传播扩散的载体。至于在传播过程中，这些大脑到底是得到了好处，还是受到了伤害，文化基因根本不在意。

在这方面，值得警惕的历史教训有很多。比如"二战"前，德国纳粹主义和日本军国主义广泛传播。"二战"结束后，很多德国人才如梦初醒。其实，纳粹党那一套理论非常粗浅和拙劣，但为什么偏偏就能让那么多德国人热血沸腾、深信不疑，拿起武器攻击自己的邻居、自己的国民呢？类似的故事并不罕见，它们还在人类历史上反复上演。

我们需要反思的是，人类大脑可能更容易接受某些类型的文化现象，也更容易二次加工和传播某些激发本能情绪、煽动仇恨的信息。我们大脑的天然弱点，为这类有害的文化基因的传播提供了温床。既然如此，可能就更需要我们主动用理性代替情绪、用冷静代替下意识反应，去应对文化基因的传播。

这当然是一件非常艰难的任务，因为它要求我们对抗自己的进化本能。人类世界中也许注定只有一小部分人能够成功。但至少，这是一件值得尝试、值得骄傲的事。

进化和文明：人类已经停止进化了吗

　　很多朋友咨询过我一个问题：人类是不是已经停止进化了？这个问题有点敏感，也确实迷惑了不少人。这一节我来试着回答这个问题。

　　在我看来，这个问题的出发点大概是这样的：进化依赖于可遗传的变异、生存竞争和自然选择。在今天的人类世界，可遗传的变异还是会出现，但因为现代科学和医学的进步，也因为人类道德标准的提高，我们会尽量保证每个孩子都活下来，保证每个人享有相对平等的生存权和生育权。这么看的话，生存竞争和自然选择的作用似乎就消失了。既然如此，人类是不是不再继续进化了？有害变异是不是会积累得越来越多，降低人类整体的生存能力？长此以往，人类的生存和繁荣会不会受到影响？

　　我相信很多人曾经真诚和充满忧虑地思考过这个问题，可能还怀疑自己的道德标准是不是阻碍了人类的整体进步。这一节我们试着把它拆解掉。

从生物学角度说，人类的进化仍在进行

　　可能和我们的直觉相悖的一点是，人类的进化一直在进行中，从未停止。

　　举一个非常直观的例子：人类乳糖酶基因在大约 7000 年前出现了一个微小变异。这个基因变异提高了乳糖酶的活性，让成年人可以消化和吸收牛奶——这在食物匮乏的古代世界当然是一种生存优势。于是在此后数千年的时间里，这个基因变异从欧洲开始，在整个人类世界快速扩散。今天的世界上，有 1/3 左右的

人携带乳糖酶基因变异，这个数字在北欧和西欧更是高达 90%。

我们很多人有一个天然的误会，总觉得生存竞争和自然选择总是在以一种你死我活的惨烈方式进行。事实并非如此。就拿乳糖酶变异这个例子来说，携带和不携带乳糖酶基因的人并不需要彼此站队和斗争，也不存在后者惨烈地死去、前者耀武扬威地生存下来的局面。按照我们在前文做过的一个计算：一个基因变异只要能提高 1% 的适合度（也就是它能让携带该基因变异的人类个体繁殖后代的数量提高 1%），那么只需要近千代时间，这种基因变异的比例就会快速席卷整个人类世界。

乳糖酶变异之外，类似的例子还有不少。在过去的 150 年里，荷兰人的平均身高增长了足足 20 厘米。这种增长程度远不能用经济的发展来解释。因为其他发达国家的人均身高也在增加，但远没有如此显著。科学家们认为它背后一定还有进化因素的影响。还有，人群中长智齿的人的比例正在快速降低；越来越多人的上臂中多出了一条本来只应该存在于胎儿时期的动脉血管，被称为"遗存正中动脉"（persistent median artery）。这些都是现代人类正在发生的进化趋势。

同理，荷兰人身高的快速提升，并不需要高个子和矮个子打个你死我活；只要高个子在寻找配偶、组建家庭、生育后代的过程里，稍微有那么一丁点儿微弱的优势，就足以实现。事实上，研究也证实了这一点：相对来说，高个子荷兰男性更容易找到对象，生孩子的数量也略多于其他人。

可想而知，只要不是所有的人类受精卵都能顺利长大成人、繁育后代；只要不是强迫每个人都结婚生子，而且规定每个人一定生同样数量的孩子，那么这种温和的生存竞争和自然选择就总是会发生，人类就不会停止生物学意义上的进化。

另外，我在前文中也提到，并非所有的进化都一定需要生存竞争和自然选择。意外因素导致的遗传漂变也能左右进化的方向，而且在某些时候，它的作用可能比自然选择更强烈。因此，我可以很有把握地说：10万年后的人类，甚至是1万年后的人类，肯定和今天的人类大不一样。

未来人类怎么变：基因检测和基因编辑

在生物学层面上，人类的进化正在持续进行。但我想强调的是，这种意义的进化，在人类世界正在变得越来越不重要。

依靠随机发生的基因变异来实现生物学特征的进化，是一个非常低效和漫长的过程。绝大多数随机发生的基因变异都是有害的或者无用的，只有极少数能改善生物体的生存和繁殖能力。换句话说，这是一种以牺牲大量无用或者有害变异为代价，为生存和繁殖蹚出一条险路的策略。

在过去的40亿年时间里，地球生命只能依靠这个方法探索各种可能的生存方式和进化路径。但是，伴随科学技术的发明，这种办法变得不那么重要。

具体来说，在人类发明了各种疫苗和抗生素之后，抵抗细菌感染的基因变异的生存价值越来越低了；在人类发明了化肥、农药和育种技术，大大提高了粮食产量之后，帮助人体储存营养、抵抗饥饿的基因变异就失去了价值，甚至还会因为更容易让人发胖，转变成一种生存劣势；在人类发明了眼镜和激光矫正手术之后，近视眼基因的生存劣势也越来越微不足道了。

人类用科技的力量，让很多基因变异变得无关紧要，不再事关生死。这一点我们都深有体悟。而我想补充的一点是，坊间近几年流传着一个叫作"递弱代偿"的理论。大致是说，人类进化得越来越复杂，同时人体也变得越来越脆弱，所以才需要发明科技等工具来帮助自己活下去。这就是所谓的"代偿"。

这个看法很有迷惑性，因为符合很多人的直觉：现代社会正在变得越来越脆弱，我们的祖先还能茹毛饮血，今天的我们一遇到停电、停网就感觉要活不下去了。

但它实际上错得离谱。因为在红皇后效应和马太效应的约束下，没有哪一种生物会在进化过程中变"弱"，主动输掉生存竞争。诚然，人类建立文明和科技，并凭借这些科技成果，让很多本来生死攸关的基因差异——比如近视眼基因、抗感染基因、促进能量储存的节俭基因——变得无关紧要，因此为更多的人类个体创造了更多的生存和繁殖机会。这是一种力量的展示，而非脆弱。

在未来，基因科学的发展会让我们看到一种更终极的可能：人类可以直接操纵基因、直接主导自身的进化。

一般来说，人体的很多基因都有非常重要的生物学功能，这些基因的变异会影响人体的功能。比如，ABO基因的变异决定了人的血型、FTO基因的变异会影响我们是不是肥胖、ALDH2基因的变异决定了我们喝酒会不会脸红，等等。实际上，人类的许多特性，比如身高、体重、智商、性格、健康状况，甚至投票的时候倾向于哪个党派、婚姻中是不是容易出轨，在很大程度上都受到基因变异的影响。

既然如此，如果有一天我们能找到基因变异和人类特征之间的具体关联，就可以通过检测基因的方法，提前预测可能的健康风险，采取一些预防性的措施；甚至动用基因编辑工具，直接修改这些基因变异。比如，一旦发现孩子携带了某种威胁健康乃至生命的基因变异，直接在胎儿阶段修改，那就可以把许多遗传疾病连根拔起、彻底消灭。

还有，人类自身的遗传物质毕竟是一代代积累和缓慢变异而来的，带有强烈的路径依赖和得过且过的特征。如果基因科学能深刻理解我们体内每一段 DNA 代码的含义，也许我们还能重新编写出更好的 DNA 序列，删除一些多余和有害的序列，把重要的序列改编得更加简洁高效。

这样一来，人类甚至可以实现自己对自己的定向改造，根本不再需要借助于随机而盲目的变异和残酷的自然选择。

人类的进化将主要发生在文明层面

没错，基因科学会是解决人类自身生活和发展问题的重要工具。但上述关于科技的讨论，还只是人类生物学层面的进步。我想强调的一点是，在我们建立了文明之后，生物学层面的进步的价值其实在越变越小。套用道金斯的说法，人类这个物种今天携带了两套基因，生物学意义上的基因和文化基因。两者都是我们生存之必需，而后者的价值正在快速超越前者。

人类文明层面的进步又是怎么实现的呢？

从上一节文化基因的讨论里，我们能看到，人类思想武器的进化速度要比生物学意义上的进化快得多。生物学意义上的进化，需要二三十年的时间才能完成一轮，而且每一轮进化发生显著改善的概率极低。但思想在一颗大脑中，可以完成一轮又一轮的快速变化和升级；还能从一颗大脑传给另外很多颗大脑，在传播中持续变化和改进。

就拿新冠病毒的大流行来说吧，如果单靠生物学意义上的进化，人类无论如何都跟不上病毒变异的节奏；但全世界科学工作者可以联起手来，用基因测序技术、用人群的大数据追踪技术、用快捷的疫苗开发和测试技术，紧跟病毒变异的脚步，开发有针对性的疫苗，为人群提供保护。这种史无前例的科技进化速度，才是现代人类真正的优势所在。

如果说人类生物学层面的进步最终将依靠基因科学，那么人类文明层面的进步也有一个终极版本——脑机接口技术。

　　我们知道，人类大脑是一个由大约860亿个神经细胞组成的器官。这么多神经细胞，彼此之间建立了差不多100万亿个连接。所以，我们完全可以把人类大脑想象成一个由860亿个晶体管组成的、拥有100万亿个节点的CPU。

　　理论上说，如果我们能精确采集这860亿个晶体管、100万亿个节点上每时每刻发生的活动，应该能够从中解读出人类智慧，解读出我们大脑此时此刻正在想什么、做什么；也应该能直接向大脑输入电信号，改变大脑的工作状态；甚至还可以实现大脑和电脑的联网，甚至大脑和大脑的联网。

　　等这一切实现之后，人类文明的进化速度将提高到一个无法想象的水平，甚至可以让人类脱离生物学意义上的生存，直接定居于虚拟数字世界。

　　回到这一节开始提到的大家普遍的担忧：现代人类似乎在变得越来越脆弱，一场大雨、一天断网停电、几天缺乏生活物资供应，好像都会立刻威胁我们的生存。再加上人类正在越来越远离残酷的生存竞争，自然选择的力量好像也渐趋式微。人类的生存能力似乎一直在退化。

　　但现在我们知道：一万年以来，人类一直在发展自己文明层面的生存技能，与生物学层面的生存压力相抗衡。这个过程中，人类取得了巨大的成功——我们今天实现的现代生活，其实就是人类用文明为自己创造的生存空间。作为旁证，人类的物种个体数量早就远远超过了其他任何一种灵长类亲戚。

　　虽然在这个全新生存空间当中，还有很多环境波动我们无法克服、很多挑战我们只能认输，但我们首先要看到的是，能让如此多的人类个体有秩序地组织在一起，开设工厂、修建城市、成立国家，还能利用科学技术和社会动员的方法抚平各种自然灾害的影响，这种能力在进化历史上已经是前无古人的了。

更重要的是，如果基因科学和脑机接口的技术真正形成突破，那么我们人类甚至还可能彻底摆脱生物学层面的生存压力，把生物进化带到一个全新的世界里。到那个时候，人类将成为地球上第一个融合了生物学属性和文明属性的物种，生存空间将被大大拓宽，进化速度将会大大加快。这也会对人类的生存技能提出新要求。

当然，要是把这种"超级"人类重新放到我们起源的非洲草原，大概率他们会很快成为狮子和猎豹的盘中餐。只是，我们为什么要把生存能力的定义局限在那个原始的场景中呢？

第八部分

进化论与商业

竞争方法论：如何在不同类型的商业竞争中取胜

从这一节开始，我们讨论进化论思想在人类商业世界中的"外溢"。

你可能已经注意到了，不少商业领袖很喜欢谈进化论，也习惯用进化论的思想来解释和指导商业行为。就连那句特别著名的、传闻是达尔文名言的"生存下来的物种，不是最强壮，也非最聪明的，而是最能适应改变的"，其实都出自一位名叫莱昂·麦金森（Leon Megginson）的商科教授。他用这句充满进化论色彩的话，告诉商业领袖们要重视环境变化的影响，适应变化、拥抱变化。

这些现象本身倒是不足为奇。正如我们反复强调的，进化论的影响力自达尔文以来就远远超越了生物学学科本身，对人类现代思想和现代生活产生了深远影响。我的看法是，进化论对商业世界的影响才刚刚开始。在未来的商业世界里，无论在深度还是广度上，进化论的"外溢"都还有很大的想象空间。

这一节先来讨论竞争。严复说"物竞天择，适者生存"，商业领袖们说"商场如战场"。在进化论中，竞争是一个能够同时贯穿生物世界、人类世界和商业世界的概念。

任何组织都要解决自身生存和发展的问题，生物如此，人类的社会组织和商业组织也不例外。当我们提到生存发展问题时，往往会下意识地联想到"生存竞争"；而我们脑海里的生存竞争，往往又是一种弱肉强食的竞争格局。这种认知在潜移默化中塑造了我们的思想和行动。但它是不是哪里出问题了呢？

我们不妨从思想的源头出发来看看。

事实上，作为生存竞争概念的提出者，达尔文在《物种起源》一书中明确提出：所谓生存竞争，并不仅仅是同类两个生物个体赤裸裸的斗争。它至少包含了种内竞争、种间竞争和环境竞争这三个层次。在拆解这三层生存竞争的过程中，我们会发现，它们对于今天的商业活动也有很强的指导性。

种内竞争就是我们最熟悉的、同类生物个体之间赤裸裸的斗争。这种竞争解决的是每顿饭的来源问题、每次交配的成败问题、每个个体的存亡问题。它的紧迫性最强，因此也表现得最为残酷激烈。

种内竞争的残酷性，根源还在于不同个体的生存空间高度重叠、能力储备高度一致、争夺的资源也完全一样。因此，生物的扩张性本能、过剩的数量和环境中匮乏的资源形成了尖锐的矛盾，必须通过竞争得到解决。也正因如此，种内竞争的竞争对象，就是同一物种的其他个体。

我们前面介绍种内竞争时，提过一个两个人在非洲草原上被狮子追赶的笑话，就是典型的种内竞争场景。它持续时间很短，却往往以你死我活为结局。既然同类个体之间各方面的特征都高度相似，短时间内也不可能进化出独特的生存技能，那么种内竞争的制胜因素，就是效率、狼性、紧盯对手，并不需要顾及大环境。

在商业世界中，一种全新商业业态出现的早期，参赛选手同质化程度很高的时候，最容易出现商业意义上的种内竞争。镀金时代（Gilded Age, 约 1870—1900 年）美国石油巨头之间和铁路巨头之间的激烈竞争和相互吞并就是典型的案例。

在互联网时代，这种商业意义上的种内竞争表现得更加明显。这可能是因为互联网用户和服务规模扩张的边际成本一般很低，而规模带来的网络效应又异乎寻常的大，所以互联网公司就更有意愿扩大规模，和对手在战场上短兵相接。在中国互联网的发展史上，三大门户网站（新浪、网易和搜狐）、三大社交工具（来往、米聊和微信）、三大长视频网站（爱奇艺、优酷和腾讯视频）的竞争，其实都是商业意义上的种内竞争。在线团购领域曾经出现过的"千团大战"，还有直播领域、打车软件领域、共享单车领域、社区团购领域、短视频领域此起彼伏的白热化竞争里，也都能看到这样的例子。在这些案例中，不同公司提供的产品和服务大同小异，争夺的用户群体也是同一群人，因此资源、效率和狼性就成了关键制胜要素。

毫无疑问，赢得种内竞争是生物个体和商业组织生存和发展的基础，毕竟和生物个体一样，企业只有先赢得种内竞争，获得生存繁衍的机会，才谈得上在更长的时间尺度上创造更多可能性。甚至对于绝大多数商业组织来说，如果不求成为百年老店，唯一需要掌握的技能就是种内竞争。

但对于一家想要基业长青的公司来说，赢得种内竞争还远远不够。相反，有很多事例证明，如果商业组织过度迷恋种内竞争的逻辑，反而会出大问题。

一个很有意思的观察角度是商家之间"刺刀见红"的价格战。价格战能打起来，往往就是基于种内竞争的逻辑：不同商家提供的商品和服务同质化程度高，唯一可被用户感知、从而影响用户选择的因素就是价格。因此，处于高强度竞争环境中的商家就有动力主动降价，用"杀敌一千自损八百"的方式打击竞争对手，赢得种内竞争的胜利。

对于规模更大、成本更低的商家来说，价格战似乎是一种顺理成章的竞争手段。从逻辑上讲，企业只需要把价格定在自身盈亏平衡线之上、对手盈亏平衡线之下，那么价格战就是一个对自己有利的选择。但从实际效果来看，价格战固然有不少成功的商业案例，比如 20 世纪 90 年代长虹在彩电行业、21 世纪初格兰仕在微波炉行业掀起的价格战。但也有很多惨痛的失败教训。比如千团大战和打车软件大战主要的竞争手段就是消费者和商家补贴，其实也是价格战的一种形式。结局是，千团大战一地鸡毛，反而是避免参战的美团异军突起成了胜利者；打车软件大战则让几方筋疲力尽，只能坐下来讨论并购。

而更重要的问题在于，即便是价格战的胜利者也不能高枕无忧，从此独享广阔的生存空间。这里面的道理，要到达尔文说的第二种竞争，也就是种间竞争里去找。

所谓种间竞争，指的是物种与物种之间的生存竞争。竞争的单元不再是生物个体，而是两个物种本身。在很多时候，它不像种内竞争那样攸关生死，但它持续的时间要远长于种内竞争，可以是成千上万年。

从直觉上看，种内竞争已经如此残酷了，种间竞争似乎应该更加残酷才合理。毕竟非我族类，其心必异。但在自然界能够观察到的情况却不是这样的；人们在自然界观察到的种间竞争的案例其实很有限。

这可能是因为，既然是两个物种之间的竞争，那么两者的生存空间、能力范围、资源禀赋当然就不是完全重叠的，否则它们就是同一物种了。而在彼此生存空间并不重叠的那部分，两个物种就都可以享受较低的竞争压力和更大的生存机会。于是在漫长的时间尺度上，就出现了竞争排除和生态位分离这两种生物学现象。

一方面，在两个物种的生存空间高度重叠的部分，双方的竞争模式类似种内竞争，不管谁胜谁负，激烈的竞争都会导致双方生存和繁殖的效率降低。就算分出了胜负，也无非是胜者受到的影响比败者小一点而已。另一方面，在两个物种的生存空间并不重叠的部分，因为竞争相对不那么剧烈，双方都能更好地生存和发展，进一步拓展生存空间。

于是结果就是，在自然界我们见到更多的现象是，哪怕是生活在同一个环境中的两个物种，也能通过某种巧妙的区分避免直接竞争，占据独特的生存空间。

我们可以把物种占据的"生态位"理解为一个复杂的多维空间，它包括独特的食物来源、生存空间、天敌、生活习惯等。科学家们发现，哪怕是共享同一片草原的食草动物，也会通过分别进食叶子和草根，或者分别在上午和傍晚活动等方式消解潜在的竞争关系，彼此相安无事。

回到商业案例：如果三大门户、三大社交软件、三大长视频网站的竞争是种内竞争的话，那么我们可以认为，电商平台淘宝、京东和拼多多的竞争其实达到了种间竞争的层次。它们在赖以起家的商品品类、定价策略、购物体验和目标用户群体上已经分化出了显著的差异。它们之间固然还存在重叠的商品和用户，也固然存在激烈的竞争（这些竞争往往发生在公司重叠的"生态位"上），但已经不太可能、也不太需要出现你死我活的局面了。

在种间竞争的层次，种内竞争那种单单强调效率、狼性和紧盯对手的手段将不再有效；利用自身原有的优势，寻找全新的生存空间，并且在新的生存空间内进一步强化优势，才是制胜法宝。

我们说回价格战。价格战的逻辑除了靠成本优势和降价压垮对手之外，还有一层隐含的假设，就是本行业所能提供的产品和服务是一定的，本行业的用户群体是一定的，蛋糕不会变大，因此需要下手争抢蛋糕。但顺着种间竞争的逻辑我们会看到，伴随着新技术的发展、新需求的挖掘、新用户群体的出现，商业组织是有能力开发出新的生存空间、新的市场机会的。新的蛋糕能持续做大，原有的蛋糕可能就会逐渐被边缘化甚至是被消灭。到这个时候，习惯于种内竞争的胜利者，可能就要遇到麻烦了。

比如，长虹电视固然可以靠价格战在传统电视领域取得优势，但到了 21 世纪，智能电视造就了全新的市场空间，市场格局一次次被重新洗牌。再比如，在传统手机市场，诺基亚曾经是当之无愧的王者，但在苹果公司的 iPhone 诞生以后，智能手机这块前所未有的生存空间被开辟了出来，竞争格局在一夜之间发生剧变。

在中国互联网领域也有一个相当有趣的案例：阿里旗下的社交工具"来往"和腾讯的微信正面作战，进行熟人社交领域的种内竞争，输得明明白白；但阿里转而投入偏工作场景下的社交工具"钉钉"，和微信错位竞争，发挥自己在企业级服务方面的优势，满足了企业员工在工作场合中交流和合作的需求，取得了巨大的成功。阿里巴巴在社交软件的战场上，就是通过寻找全新的生态位，把种内竞争转换为种间竞争，并因此成功地生存下来的。相反，互联网领域许多失败的故事也可以用"在该考虑种间竞争的时候，用了种内竞争的思路"来解释，这里不再展开了。

我们接着说第三层竞争，就是生物体和外部环境之间的竞争。这种竞争似乎是"最没存在感"的：因为对于大多数生物个体短暂的一生来说，甚至对于一个物种大约以百万年计算的存续时间来说，我们可以认为环境的承载力是近乎无限的，环境变化几乎不存在，生物并不需要特别为环境做些什么改变。同理，一家打算过把瘾、赚到钱就"死"的公司根本不需要考虑环境竞争。只有那些希望基业长青的商业组织，应该而且必须考虑外部环境的约束条件——特别是人类世界政治、经济、政策等方面的外部环境变化，它们的变化速度要远远超过自然环境的变化。

有一个重要的生物学洞察是，环境竞争的胜负很可能和种内以及种间竞争的胜负是不一致的、甚至是矛盾的。

在生物世界里，有一个例子特别有警示意义。1859年，居住在澳大利亚的农场主托马斯·奥斯汀（Thomas Austin）出于思乡之情，在自家农场里放养了24只来自英格兰老家的野兔。这些兔子在新大陆上迅速赢得了种内和种间竞争的胜利——因为没有天敌，它们肆意繁殖，数量曾经高达10亿只，从短期看是妥妥的竞争胜利者。

但在环境竞争的层面，这些兔子遭受了惨痛的惩罚。缺乏制衡的兔子种群啃光了青草和灌木，陷入了经常性的大饥荒，动辄饿死数百万只。到20世纪中期，忍无可忍的澳大利亚政府修建了上万公里的围栏限制兔子的活动，还释放了一种专门杀死兔子的病毒，90%的兔子被迅速消灭。在和自然环境的终极对决中，兔子一败涂地。

当然，在考虑环境竞争的时候，我们会遇到一个悖论：环境变化在很大程度上具有随机性，无法被准确预测。对地球生物圈的成员来说，环境危机可能从任何方向、在任何时间逼近。如此说来，生物面对环境竞争好像根本无法提前预备，也谈不上有什么方法论。

但只要我们再深思一层，会意识到生物固然无法面面俱到的提前准备环境危机，但却有一些办法能提高它们的"韧性"（或者叫鲁棒性，robustness），使得它们更容易在各种危机之中存活下来。这些方法论，应该对商业组织也有启发。

在我看来，环境竞争的制胜因素有这么三条：建立连接，保持克制，甚至主动参与到生态系统的建设中去。

"连接"指的是一个物种能在多大程度上嵌入身处的生态系统里，和尽可能多的物种建立紧密关系。请注意，生物建立连接的形式有很多种，可能意味着有更多的食物来源，也可能意味着被更多的生物当作食物，和更多的生物形成合作、共生乃至寄生的关系。一个深度嵌入生态系统、和很多物种形成连接的生物，抵抗环境变化的能力当然是更强的。因为从本质上说，环境变化具有不可预测的成分，但连接更多的生物，就像拥有八条腿的章鱼那样，即便在环境变化中损失了几条腿，也仍然有生存机会。

而连接数量的增加，本身会带来一个意义深远的结果："克制"，这也是一个商业世界里不时会提到、但仍然较为小众的名词。某种生物在原生地，因为深度嵌入了当地的生态系统——它有吃的，也有东西吃它，还有微生物寄生在它体内定期发作——它的个体数量和生存空间通常不会爆炸性的增长。而如果这个物种突然获得了机会进入一个全新的环境，变成所谓的"入侵物种"，因为缺少连接、缺少天敌，它的数量可能会疯狂增长（前文提到的澳大利亚的兔子就是如此）；最终还会因为数量太多、环境承载不了，给自己带来灭顶之灾。

当然，这两条制胜因素——主动建立连接，还是保持心态克制——都是拟人化的描述，人类之外的地球生物是没有这个主动性的。但在人类商业世界，二者都是商业组织应对环境的可能动作。

在中国互联网历史上，发生在 2010 年的"3Q 大战"可谓影响深远。腾讯事后主动进行了反思，为什么自己在司法领域和商业领域大获全胜，却输掉了舆论支持？"为什么腾讯没有朋友"？2011 年，腾讯通过密集的诊断会和内部战略会，主动选择了克制和连接的方向：一方面，从不少战场上主动退出。另一方面，和更多的商业伙伴建立了更密切的合作关系。比如，在电商战场上将自身电商业务出售给曾经的对手京东，并对京东开放微信入口；在搜索领域将自身业务并入曾经的对手搜狗。

"把半条命交给合作伙伴"，打造开放平台战略。站在 10 年后的当下回望，腾讯的战略其实很像生物世界里环境竞争的取胜之道。这么做固然在某种程度上牺牲了效率，但可能为腾讯走出了一条更能长期生存发展的道路。

如果说连接和克制还是被动适应环境，那么第三条制胜因素，主动参与生态系统建设，能让一个物种具备更多的生存机会。在这方面，生物世界里的成功案例来自蚂蚁。

蚂蚁的成功，一般不是建立在毁灭和掠夺的基础上的。在地球上很多地方，蚂蚁除了可以很好地照顾自己之外，还是整个生态系统的奠基人，是协助其他物种繁盛的"基础设施"。一块蛮荒之地，如果拥有了一群蚂蚁，也许就能慢慢建立起一套生机勃勃的生态系统。

比如，蚂蚁通过挖掘土壤、修筑巢穴，让雨水渗入土壤深处，影响了土壤的质地，改变了土壤的化学性质。这些变化都能促进植物和微生物的生长，（间接地）为动物提供足够的食物。在原本贫瘠的土地上，一张食物网或许会因此铺展开来。还有，蚂蚁在寻找和收集食物的活动中，也在无意间帮助植物的种子扩散开来，让它可以在更广阔的土地上开枝散叶。有些蚂蚁甚至能主动"饲养"真菌、"放牧"蚜虫，在自己获得食物的同时，帮助这些生物的繁衍。

作为结果，诞生于1亿年前的蚂蚁家族，虽然体型微不足道，但可能是地球陆地上最成功的动物。今天地球上生活着的12000种蚂蚁，它们的领地覆盖了所有大陆和主要岛屿。除了南、北极之外，不管你身在何处，你都可以在脚下的土地里找到蚂蚁的踪迹。一只蚂蚁的体重可能只有一粒大米重量的1%；但是所有蚂蚁加起来，贡献了地球陆地生物总重量的15%~20%。

商业世界里同样能看到公司主动改善环境的案例。

1914年，福特汽车发起了著名的"日薪5美元"运动，大幅提高了旗下工人的工资。这一举措大大激发了员工的工作热情，提高了他们的忠诚度，帮助了公司自身更好地发展。更重要的是，它也可以被看作福特汽车主动应对环境竞争、主动建设生态系统的手段。

通过提高工人的工资，让自己的工人拥有更有尊严的生活，买得起自己生产的 T 型车（作为对比，1924 年一辆 T 型车的价格是 240 美元），福特不仅收获了素质和干劲俱佳的工人、广泛的社会赞誉，还主动改善了美国的社会生态，让自己成为美国整个社会生态的关键组成部分。因为对于任何企业来说，只有社会持续繁荣、人民安居乐业，自己的产品和服务才会持续有人购买。

在今天的世界上，越来越多的大企业强调自身的社会影响力，强调自己在环境、社会和企业治理（environmental，social and governance，ESG）方面的价值。这当中固然有维护公共形象的需要，但更重要的是，这些大企业作为人类商业世界中重要的组成部分，越来越清晰地认识到，只有主动成为商业生态系统的维护者，才能促进这个系统的长期繁荣，为自己、为商业伙伴，也为整个人类世界带来福祉。

这一点对于今天的中国企业可能有更特殊的意义。

我们已经看到，整个中国的商业逻辑正在经历一次巨大的变革。改革开放 40 年的思想起点是"贫穷不是社会主义"，用繁荣和发展证明社会主义制度和共产党领导的优越性；在治理理念上强调"效率优先，兼顾公平""允许一部分人先富起来"，重视繁荣超过重视公平；在治理技术上则坚持"摸石头过河""抓到老鼠的就是好猫"，强调灵活性胜于遵守传统规则。中国商业活动 40 年的蓬勃发展，大量优秀企业的快速崛起，也是这种理念的直接受益者。

但在经济增速换挡、社会公平问题逐渐凸显、国际环境出现"百年未有之大变局"的背景之下，政府也好，社会各阶层也好，对中国企业的定位和期待都在发生深刻的变化。人们除了把这些企业继续看成是经济增长的发动机，社会繁荣的促进剂，也期待它们能够更好地促进社会公平，促进人类世界的可持续发展，成为现代化社会治理体系中的有机组成部分。

在今天的商业世界，中国企业需要经历一次深刻的竞争方式转型，从专注于效率和狼性、致力于真刀真枪地消灭竞争对手的种内竞争思路，转向强调新生存空间和独特竞争力的种间竞争思路，以及适应环境变化、主动营造和改善环境的环境竞争思路。在这方面，我相信进化论思想会对它们有所启示。

从细菌到蚂蚁：人类组织发展史

在地球生命诞生之初，直径为微米尺度的单细胞生物可能是唯一存在的生命形态。它们完全独立生活，觅食、繁殖、躲避危险，除了竞争有限的空间和资源之外，它们彼此之间应该不存在什么合作关系。此后，在 40 亿年的进化史中，地球生命逐渐演化出了丰富多彩的组织形态，也包括人类形成的各种复杂组织，比如社群、公司、国家。

这一节我们就从组织的角度来看进化论。

和人类的各种组织形态一样，生物型组织的目标也是为了完成个体无法独立完成的规模较大或复杂程度较高的任务。前文我们讨论过生物体的三类组织方式，分别是细菌型组织、大象型组织和蚂蚁型组织；这里我们会把它们和人类世界的组织做更进一步的比较和讨论。

细菌型组织和农业组织

我把单细胞生物之间形成的松散的组织形式叫作细菌型组织。今天地球上绝大多数单细胞生物，在其生命的绝大多数时间，仍然是独立生活，独自完成觅食、繁殖、躲避危险等任务。但在少数特定场合，单细胞生物之间可以通过"群体感应"机制形成粗糙和简单的组织，完成单个细菌个体难以完成的任务。比如，形成生物膜以抵抗环境危机，比如集体发光来协助宿主的捕食。

我们也讨论过，细菌型组织有以下几大核心特征。

有限度：只在特定场合下完成特定任务时才起作用；

松散：即便在群体感应过程中，单个生物个体也可以随时脱离组织且不会受到惩罚；

去中心化：每个生物个体都在独立感知并响应环境；

不存在分工：每个生物个体完全平等，地位和功能上没有任何差异。

人类在农业社会中采取的组织形式符合细菌型组织的特征。具体来说，古代中国的中央政府往往倾向于通过抑制豪强、打击贵族、均分土地、奖励科举等手段，打破传统的宗族组织形式，中央政府从而可以自上而下地统一领导原子化的民众。农民们绝大多数时候过的仍然是男耕女织、自给自足的生活，只有在需要完成特定任务的极少数情况下（比如建设水利设施、组织大型祭祀活动、发动战争等），他们才会被短暂地组织起来。

可以想见，即便有中央政府的存在，农业社会民众的组织形式仍然非常松散；老百姓往往缺乏对政权甚至是皇帝的认同感（"不知有汉，无论魏晋""保国者，其君其臣肉食者谋之"），而中央政府的治理能力也往往无法直接触及基层民众（"皇权不下县"）。

在这个背景下，商鞅变法后的秦国可以看成是农业组织的一个极端案例。在商鞅的政治规划中，秦国成年男子一生只应该有两种状态：平时独立耕种、缴纳赋税，战时被组织起来攻城略地。根据最新考古学研究，秦国士兵在战时仍然需要负担自己的兵器、服装、口粮。这种极端的组织形态特别能体现细菌型组织的特点。

细菌型组织最大的短板在于效率低下——因为这种组织形式仅仅在极其有限的特定场合才会起作用，因为它只是用来应付非常单一的任务需要，更因为它没有形成细致的分工和合作。

反过来，这种组织形式最大的好处在于生命力极其顽强，很难被彻底摧毁。这是由其去中心化、松散、开放程度高的特性决定的。我们在前文中提到过，这可能也解释了为什么人类进入工业社会之后，细菌型组织固然越来越式微，但仍然在某些场合被保留了下来。比如，现代宗教组织在很大程度上可以被看成是细菌型组织。它的组织形态比较松散，绝大多数成员仅仅会在特定场合参加宗教组织的活动，往往可以自由选择加入或离开，组织内的分工也不太严格。

大象型组织和工业组织

效率低下的人类农业组织和农业时代人类低下的生产效率是相匹配的——很显然，农业社会的人均产出决定了它无法供养一个完全脱离粮食生产的庞大组织。当人类进入工业时代之后，大幅提升的生产力让人类组织的进化得以成为现实。而人类组织的进化反过来又进一步推动了生产力的提升，工业时代的人类组织因此出现。我们常说工业革命催生了工厂这一组织形式，原因正在于此。

类似的现象也出现在生物型组织的进化当中。20亿年前，当单细胞生物完成了"能量革命"，得以通过线粒体获得充足的能量供应之后，多细胞生物出现了——这可以看作是一种更加高效的组织模式。

多细胞生物的出现本身并不复杂。单细胞生物在繁殖时，一枚细胞分裂成两个细胞，分离开来各自独立生活。而对于多细胞生物来说，一个细胞（比如一个受精卵）可以反复分裂，产生大量后代细胞，这些后代细胞彼此并不分开，而是粘连在一起共同生活，这样就形成了多细胞生物。

大象就是一种典型的多细胞生物，它的体内含有数百万亿个源自同一个受精卵的身体细胞。这些细胞彼此紧密连接在一起，构成了大象的躯体；它们也形成了高度的分工和配合，让大象能够完成各种复杂的生存和繁殖任务。

换句话说，大象型组织实际上是把细菌型组织中分散和独立的组织单元——单个细胞——凝聚到同一个生命体内部。很显然，这是一种更严密、更高效、分工配合更细致的组织形态。

类比细菌型组织，可以归纳出以下几个大象型组织的基本特征。

利益共同体：大象体内的所有身体细胞都来源于同一个受精卵的持续分裂，共享几乎完全相同的遗传物质，这就保证了它们彼此之间的利益是高度一致的。有任何一个细胞能够繁殖后代，就意味着其他细胞也获得了传递遗传物质的机会。在这种利益设计下，我们可以通过"数以百万亿计的身体细胞努力工作，支持了体内几个生殖细胞（精子或者卵子）获得繁殖机会"的方式来理解一头大象。

角色极致分工：大象的受精卵被认为是"全能性"的——可以分裂产生大象体内所需的任何细胞类型。但在受精卵持续分裂的过程中，后代细胞逐步失去了这种潜能，并被最终锁定在一个非常狭小的功能空间内发挥功能——比如在皮肤表面负责清除灰尘、在小肠内部负责吸收营养、在大脑中传递神经信号，等等。在这种极致分工之下，一个单独的身体细胞实际上无法完成任何一个哪怕是非常简单的生物学使命，它必须和大量同类或不同类的细胞相互配合才能工作。比如，在皮肤表面负责清除灰尘的细胞需要和附近大量同类细胞一起工作才能抵抗灰尘的入侵，此外还需要附近毛发细胞、神经细胞等的配合。

组织极端紧密：在大象的整个生存期内，所有身体细胞都必须在规定的位置严格执行组织赋予的任务，不得越雷池一步。任何试图离开给定位置或者试图摆脱指定功能的身体细胞，都会被大象组织的监察系统——免疫系统——在第一时间识别并杀死。

高度中心化：大象的身体细胞失去了独立感知并响应环境的能力。它们的行动依赖于大象体内高度中心化的几个系统——特别是大脑——的控制。举例来说，身体细胞感觉能量缺乏（也就是饥饿）的时候，并没有能力自主获取食物，它们只能通过一些手段通知大象的大脑，并由大脑给出身体是否需要补充能量、到哪里去寻找合适的食物、吃什么以及吃多少的指令。

这种组织和工业时代的人类组织共享着高度相似的特征。卓别林的电影《摩登时代》里，在工厂流水线上每日工作十几个小时、机械地完成一道非常简单的工序的工人，扮演的就是类似大象型组织里一个身体细胞的角色。工人与工人之间密切配合，也是为了保证工作效率，服务于组织的利益。我们也因此可以理解，二者对纪律性都有非常严苛的要求——不遵守指令的大象身体细胞会被当作癌细胞清除，而不遵守指令的流水线工人则会被无情地惩罚或开除。这本质上都是为了保证分工和合作的顺利进行。此外，人类还通过各种科学管理手段（比如著名的泰勒制），进一步提高了工厂分工和合作的效率。

还有一点是，和大象体内的身体细胞一样，工厂和企业里的员工是不被允许独立感知和响应环境的。生产什么货物、生产速度多快、精度要求多高……所有指令都必须来自领导层。

工业组织面临的严峻挑战

我们必须承认，工业组织至今仍然是人类各种组织（政府、军队、公司等）的主要形态。这很大程度上要归功于这种严密的组织形态大大提高了生产效率、降低了不确定性。同理，这可能也解释了为什么多细胞生物能够广泛占据地球多样的生态环境，甚至还演化出了人类这样具备高度智慧的物种。

但是，我们也要用发展的眼光来看，工业组织未来可能会越来越不适应人类世界的各种新变化。这主要体现在以下三个方面：

首先，工业组织将更难找到合适的员工。

工业组织的成功，在某种意义上依赖于它能够"驯化"大量的工人，让他们以高度的忠诚和顺从执行命令、参与生产。但这从来不是一件容易的事——不同于大象体内的身体细胞，每一个工人都有独立的利益诉求、多样化的家庭和教育背景。在过去的一两百年里，工业组织通过发放丰厚的薪酬、建立内部行为规范和奖惩制度、开展企业文化培训等方式，实现了对员工思想和行为的有效管理。但伴随经济的持续发展，个人自由和个人权利思想的深入人心，我们可以预测，越来越多的年轻人的生存焦虑和奋斗冲动将不再如以往强烈，薪酬和价值观培训对他们的影响日渐式微。他们可能愿意为自我实现而努力、为理想而努力，甚至为了"爽"和"嗨"而努力，但他们可能不再会单纯为钱、为一个组织的利益而努力。

至少，我们可以认为，一个以金钱主导的激励方案，它的成本会越来越高，效果会越来越差。有位企业家曾经说过，员工离职主要是两个理由：钱没给到位；心委屈了。未来，后者的权重只会越来越大。

对工业组织的制度设计来说，一个不服从组织纪律的工人，可能只是组织的负资产。因为他可能不会甘于服从组织赋予的身份和岗位，不愿意按照组织的要求参与分工和合作，还会按照自己的兴趣和想法频繁地寻求改变。对于大象来说，这可能意味着全身都是癌细胞！

其次，工业组织适应不了快速变化的环境。

大象型组织对环境的感知和响应是高度中心化的，能且仅能通过大脑这个中心化指令系统完成。工业组织也有非常类似的特点——战略战术由顶层管理者制定；流水线上的工人无从了解外部商业环境的变化，更无从对工厂的商业计划提出建议。在变化相对缓慢和可预测的商业环境中，这种中心化的反应机制更多地表现出纪律性强、效率高、内部沟通成本低的一面。但在快速变化的环境中，这种反应机制的问题是显而易见的。一个现成的难题就是：如果领导者习惯于过去的战略战术和成功经验，从思想到行动都无法快速调整，那么他作为"大脑"，就有可能把整个组织快速带向深渊。我们常说让大象跳舞是一项艰巨的任务；但当大象的大脑指挥着它朝向深渊一路狂奔时，它却能爆发出势不可当的能量。

最后，工业组织在效率上固然有了巨大的提升，但它本质上仍然是一个低效组织。因为在工业组织严密的分工下，员工只能在特定的岗位发挥特定功能，并在日复一日的工作过程中，表现得越来越适应和熟练。这种方式本质上是把完整的人降格为单调的工具来使用，初看起来当然很高效，管理成本也很低。但在人力成本快速上升的时代里，这种组织方式的弊端就凸显出来了——组织付出了高昂的人力成本，却仅仅获得了某名员工的某项特定技能、他可能拥有的潜能的微小部分；这名员工在特定岗位工作之外的其他能力都被组织忽略，甚至被有意压制了。我们可以推测，当人力成本上升到一定程度时，工业组织将无法在法律允许的范围内从员工身上取得正回报。从某种程度上说，国内很多公司越来越频繁的加班现象，可能根源在此。

对于工业组织暴露出的这些问题，我们至今没有找到解决方案。因为在它之后，人类社会还没有发展出一种革命性的、具有普适价值的组织形态。但在生物学范畴里，有一个现成的组织模式可供参考——蚂蚁型组织。在我看来，它为人类组织的最终演化提供了一个有参考价值的样本。

蚂蚁型组织：why small is powerful

关于蚂蚁型组织构成的基本要点，我们可以和前文介绍的两类组织比较来看：细菌型组织是单细胞生物之间的松散联合，而大象型组织则是多细胞生物体内大量细胞之间的紧密联盟。蚂蚁型组织的形态则恰好介于两者之间，可能还兼具了两者的优势。

蚂蚁这类生物的特征是数量庞大的个体生活在一起，通过分工合作来修建巢穴、照顾后代、抵御外敌。其中最引人注目的是，蚂蚁群体内部还出现了繁殖的分工，由少量个体（蚁后）承担繁殖的任务，而其他绝大多数个体（工蚁）都失去了繁殖能力，专心致志地辅助蚁后繁殖后代。

考虑到生存和繁殖是地球所有生物最基本的需要，这种"毫不利己、专门利人"的利他行为曾经长期困扰着包括达尔文在内的生物学家们。一个简便的解释是蚂蚁发展出了某种集体主义行为，为了整个集体（蚁穴）的长远利益甘愿自我牺牲。但这种解释有一个明显的逻辑问题：如何防止自私的成员偷偷繁殖自己的后代呢？

现在我们知道，蚂蚁型组织结构的形成，有几个基本的要点。这些要点让它们有别于细菌型组织和大象型组织。

利益共同体的形成：我们说过，细菌型组织的成员之间谈不上共同利益；它们仅仅出于生存的需要，在特定场合展开短暂和粗糙的合作。而大象型组织的成员，也就是大象体内的身体细胞，则是 100% 共享遗传物质的利益共同体。相比之下，蚂蚁型组织的成员都是独立生活的动物个体，那如何保证成员的共同利益基础呢？

如前文所述，因为进化的特殊安排，在一个蚂蚁窝内部，工蚁和工蚁之间、工蚁和蚁后之间，遗传物质的相似程度达到了75%。要知道，对于有性生殖的绝大多数物种而言——包括人类在内——父母和孩子之间仅仅共享 50% 的遗传物质。如此深刻的共同利益基础，从根本上保证了蚂蚁个体之间的互相帮助和扶持，不光对集体有好处，也对自己有好处。比如，对于任何一只工蚁而言，帮助自己的"战友"生存、帮助蚁后繁殖后代，本质上就是在高效保存和传递自己的基因。换句话说，一窝蚂蚁构成了一个基因层面的利益共同体，在这种共同利益机制的保护下，利己就是利他，自私也是无私。

行为自组织：细菌型组织中实际上并不存在成员之间的协作，费氏弧菌只是响应了同样的环境信号，同步发光而已；大象型组织则有着高度中心化的指令系统。相比之下，蚂蚁型组织的成员能够自下而上地形成分工合作，在没有指挥官的条件下完成复杂而精巧的配合。看蚂蚁搬家、打架，甚至聚集成团躲避水火，是很多人童年乐此不疲的游戏。

但这一切又是如何实现的呢？小小的蚂蚁们没有上帝视角纵览全局，也没有司令官发号施令，它们是如何知道哪里有食物、哪里的食物值得集体出动、走哪条路径能够最快返回蚂蚁窝呢？

简单的答案是，单兵作战和局部协同。

每一只外出觅食的工蚁都有强大的单兵作战能力。它们会利用类似二叉树搜索的方式对环境展开地毯式的随机搜寻，一旦发现美味可口的食物，就会搬运一块回家。这些蚂蚁在搜寻的路上能够利用阳光定位自己爬行的方向，利用体内的"计步器"了解爬行的距离，从而实时掌握自己所处的位置。因此，它们一旦找到食物，就能够沿着最短路径——直线——返回巢穴。

更重要的是，在返回巢穴的路上，搬运食物的蚂蚁会主动用腹部接触地面，留下一点点身体分泌的气味，也就是所谓的"追踪信息素"。这一丁点气味当然不足以影响全局，但是它有可能吸引到邻近的几只蚂蚁靠近过来，沿着这条路找到同样的食物。

如果这几只新加入的蚂蚁也同样认可食物的质量，它们就会继续搬运一部分食物回家，并且在回家的路上继续留下一些新的"追踪信息素"。我们可以想象，一块体积够大、味道够好的食物会逐渐吸引大批蚂蚁前来搬运；相应地，也会有一条回家的通道被越来越清晰的标识出来，形成我们看到的蚂蚁搬家大军。

在这种模式下，蚂蚁可以自发形成配合，完成个体无法承担的重大任务。即便蚂蚁遇到的任务要比上述任务更复杂，比如在回家路上遇到了障碍，再比如食物体积过大难以搬运，也都可以用这种办法顺利解决。

充分发挥个体潜能：在细菌型组织里，每一个单细胞生物都是全能且独立的，仅在特定场合、根据特定需要形成组织，类似农业时代的农民。而在大象型组织里，每一个细胞都是严密组织中的一颗螺丝钉。如同在工业化时代，人类形成了极其精密的组织形态；工厂流水线上专注于拧同一颗螺丝的工人、军队队列里听号令冲锋的士兵，是这种组织形态最生动的体现。大象型组织能够自上而下地把一个复杂任务拆解到最简单的小任务，从而大大提升效率。但是这种效率的提升有其代价，那就是把自带多种潜能的人简化成了只掌握最小工艺的"工具"。效率提升的背后，是对人类个体丰富潜能的浪费。

蚂蚁的做法有所不同。乍看起来，每一只工蚁的能力要比人类个体弱小得多。但是，组织中的工蚁的能力会得到更全面的发掘——爬行能力弱的幼年工蚁往往被留在蚂蚁窝内部，负责照看幼虫、维护蚁穴的日常运作；更年长、行动力更强的工蚁则可以离开蚁穴，外出觅食。如果需要，工蚁还可以长出巨大的上颚，变身兵蚁，撕扯攻击入侵的敌人。甚至在蚁后突然死去的时候，工蚁还能蜕皮成为补充生殖蚁，接替蚂蚁窝中繁殖后代的使命。作为蚂蚁窝中最基础的成员，一只工蚁在任何一个特定的时间都只能完成一项任务；但在不同的生命周期中、在不同的外部需求下，它同样可以拥抱变化，充分发挥自己的多种潜能。

请注意，除了上述特征之外，蚂蚁型组织还有两个长处值得人类借鉴。

第一，如何在严密的组织中允许新的可能性、新的增长点的出现？从逻辑上说，严密的组织和强纪律性，天然和可能性、多样性相矛盾。在大象型组织里，任何不听话的细胞都会破坏细胞之间严密的组织结构，需要在第一时间被清除。但在漫长的进化历史上，一个密不透风的组织其实很难适应环境可能出现的剧烈变迁。已经在地球生存了一亿年的蚂蚁，有什么值得我们学习的地方呢？

简单来说，蚂蚁型组织在纪律的基础上，主动给新的增长点留出了空间。

在每年的特定季节，蚂蚁窝内部会主动创造一个环境（释放化学信号），让一部分后代长出翅膀和性器官，具备离开蚁穴、到外部世界继续繁衍后代的能力。在某个温暖潮湿的日子，大批长着翅膀的"未来蚁后"就会集体飞出蚁穴，在空中和雄蚁交配后，带着一堆受精卵寻找新的落脚点。没有现成的蚁穴、丰富的食物，只有陌生而危机四伏的环境，这些未来蚁后往往只能选择在树根下和石缝里暂时安家，生出第一批后代，并且派它们去挖掘蚁穴、寻觅食物、抵抗外敌。在这个过程里，可能99%的未来蚁后都会死于非命。但是也会有少数幸运儿能够在全新的环境里安顿下来，最终创造出一个新蚁穴。

蚂蚁正是靠这种办法，在严格的纪律之上撕开微小的缝隙，创造全新的增长点，为环境变化储备足够的多样性。

第二，如何构建群体的身份认同？身份认同，也就是搞清楚"我"是谁、"我"属于什么样的组织、"我"所在的组织和其他组织有何不同，这些问题对于任何一个组织的生存和发展都至关重要。

蚂蚁当然也不例外。但对于拥有大量成员的蚂蚁窝来说，如何拥有稳定的身份标签，让内部成员可以彼此熟悉，也让外来者能够被轻松识别，并不是一个容易的任务。对此，蚂蚁制订了"众创"的策略。简单来说，每个蚂蚁窝都拥有自己独一无二的气味，这种气味并非某一个成员（比如地位尊崇的蚁后）独自生成，而是一锅"气味杂烩汤"。这锅汤里有来自每一个蚂蚁成员合成并释放的气味分子，也有来自周围环境（食物、土壤）的气味分子。

这种身份识别标签由"共创"而来，反过来也会赋予每一个长期浸泡在组织内部的蚂蚁个体，让它们彼此熟悉，也让它们能够敏锐地发现气味不同的外来者。此外，它的同化作用也相当强悍。科学家们早就发现，如果在一个蚂蚁窝中引入外来的、气味标签尚不强烈的幼年蚂蚁，它不仅不会被驱逐和攻击，反而会慢慢成为这锅气味杂烩汤中的一分子。

特别值得注意的是，这种"共创"而来的身份识别系统并非任何单一力量可以决定，所以天然具有稳定传承的特质。任何一个成员加入或者离去所带来的影响，都会被稀释在这锅汤里；而汤本身的气味并不会发生剧烈的改变。

以蚂蚁型组织为蓝本，推演未来人类组织的新形态

对于今天的人类世界，蚂蚁型组织正好提供了一套如何将具备独立意识的人类个体凝聚在一起，完成复杂任务的参考模式。它将是一个去中心化的、鼓励成员自我实现的、强调自下而上的协同合作的、充满开放性的组织形态。

当然我们也必须承认，这是一种偏理想化的制度设计，在今天的人类世界也没有先例可循。常识告诉我们，不管口号和理想多么吸引人，一个人类组织的正常运转仍然离不开必要的指令、约束和惩罚。但是我认为，蚂蚁型组织还是一套有现实可能性、

值得向之努力靠拢的未来组织形态。这是因为下面三个原因：

第一，对新时代的个人来说，每个人都有自我成长和自我实现的驱动力，如果能够被激发出来，它有可能让员工迸发出超越金钱激励和制度惩罚所带来的生产力。请注意，这种自我成长和实现，仍然需要借助某个平台才能实现——因此组织仍然很重要。

第二，想要在环境剧烈变动的时代生存，最好的策略是在强调组织和纪律的同时，有意识地允许各种可能性的出现。没有一个组织能够天然适应所有的生存空间，但一个组织如果允许其成员在某些场合变异求存，则有可能广泛地开枝散叶。

第三，如果组织在这个寻求新机会、新增长点的过程里，能够为员工提供"卵翼"而不是限制，那么组织就会真正变成一个生态系统，享有长久的多样性红利。就如同通过婚飞建立的新蚁穴，仍然是旧蚁穴开枝散叶的后代。

实际上我们也能看到，一些新兴业态的公司正在向这种未来组织形态靠近。在这些公司内部，员工的工作自由度变得更高、公司的战略开放性也变得更大了。我们可以把这些组织看成是未来人类组织的雏形。在此基础上，我认为我们也许可以以蚂蚁型组织为蓝本，有意识地创造机会，将这类组织推向更适合员工个人价值实现、更适应商业环境、更利于挖掘全新商业机会的未来形态。

我将从下面四个方面展开讨论，提供可能的思考方向。

构建共同利益：如何构建在财富之上和之外的、更持久的利益共同体？这种共同利益必须具备"bigger than oneself"的特征。它也许是关于未来世界的愿景，也许是某种颠覆性的技术被实现，也许是更大群体的共同利益。

"气味"形成：如何用共创，而非自上而下的方式构建组织的价值观？在人类工业组织里，价值观往往来自创始人的个人理念。而对于未来组织而言，我们是否应该摆脱组织价值观一元化的问题，保留员工充分的多样性，防止在商业环境出现剧烈变动时，带有同样思想烙印的人无法快速做出反应？

可塑性和开放性：如何在自上而下的指令系统之外，允许个人之间形成小范围的协作？如何将这种自下而上的自发合作真正制度化，平衡自由和产出？如何发掘个体的多种潜能，特别是在被分配角色之外的能力？是否允许和支持个人借用组织的资源开展内部创业？在特定场合，是否允许员工带走内部孵化的结果，"婚飞"创业并给够干粮，从而构建外部丰富的生态系统？

感知环境：如何允许个人独立地感知和思考组织面对的商业环境，发现新业务机会，并且有传达渠道？是否应该让每个员工都应该有直接接触真正的客户、用户、竞争者的机会，理解自己所处的商业环境？

创新者的窘境：组织为何会掉入局部最优陷阱

创新是我们这个时代的主题。

过去我们习惯地认为，创新可遇而不可求，它的出现有赖于天才人物的灵光一闪。但到了今天，市场环境瞬息万变，消费者的心思难以捉摸，再天才的创意也难保一定受欢迎。与此同时，创新的门槛也越来越高，动辄需要大队人马集中攻关，再也不是个人单打独斗就能完成的。因此，很多商业组织转而借用某些类似进化的方法来寻找创新点。

腾讯长期执行"内部赛马"机制。同一个类型的产品，具体怎么做不依赖于顶层设计，而是多个内部团队独立自主开发，谁的产品获得市场认可，公司再倾注更多资源进行支持。还有很多公司推行"AB"测试，如果不能确定一个产品改动是否可行，就干脆做两个版本的产品，同时把它们推向市场；哪个版本数据好就用哪个版本，并在它的基础上快速迭代。

这些做法确实和进化论思想（比如生存竞争和自然选择）有暗合之处。在我看来，进化可能是地球上最全面和最终极的创新方法论。在 40 亿年的进化历程上，我们有理由想象，所有理论上能够实现的生存技巧，都已经被各种生物反复尝试过；所有能够为生物体带来生存和繁殖机会的生物学特征，都已经被进化筛选出来，历经千锤百炼。想要创新，学习进化的智慧当然是个好办法。

但即便在进化论的视角下，创新仍然是一项代价高昂、风险巨大、很容易进入僵局和死路的任务。这一节我们来看看进化到底面临着什么样的"创新者的窘境"，以及进化有哪些破局之道。

进化的窘境：局部最优陷阱

我们在前面讨论进化的基本面貌时就说过，在环境因素保持不变的情况下，我们不仅可以认为进化是有方向的，还可以认为它有终点。在自然选择的压力下，生物会越来越适应所处的环境，直到适应的边际收益越来越小，基因变异带来的好处和坏处基本平衡为止。

沿着这条方向明晰的道路，在一代又一代生物之间，红皇后效应会驱动它们持续发生微小的改善。同时，因为遗传物质的高度稳定性，一代代生物之间不太可能发生剧烈的变化，往往只能在现有的历史积累上做微小的调整，这也就是我们说的路径依赖效应。

这种存在明确方向性和传承性的进化带来了一个很棘手的问题：一旦进化方向已经确定，生物的子孙后代就只能沿着这条祖先指定的路线，在红皇后效应和路径依赖效应的裹挟下朝着终点一路狂奔。即便这个终点不一定是最适应所处环境的方式，生物也没有多少改弦更张、闪转腾挪的余地。

这就是所谓局部最优陷阱的概念——每一次创新、每一次变化都在让生物体变得更好；但所有这些变化叠加在一起，却无法给出一个在整体上最好的生存策略。从进化的视角看，生物的进化过程永远"活在当下"，它只关注此时此刻什么样的特征能保证生存和繁殖机会，并不会做长远的规划。但每一次对当下最有利的选择累积下来，却不一定总能导向最理想的最终结果。

我们可以以猎豹为例，把这个概念展开讨论。猎豹的竞争对象不光有逃跑能力一直在进化的羚羊，还有同为肉食动物的狮子、鬣狗等。于是，猎豹的祖先专门挑选狮子和鬣狗正在休息的炎热中午捕猎，凭借出众的短跑能力找到了一条生存夹缝。这条生存路径被选定后，猎豹的后代们就会在生存竞争的压力下，一代代继续积累更快的短跑速度。同时，它们也为这种能力付出了重大牺牲——猎豹的耐力很弱，猎物只需要坚持大约 3 分钟，猎豹往往就已经气喘吁吁，无法继续追逐了。还有，猎豹的格斗能力和咬合力远不如狮子和鬣狗，它们捕获的猎物会有超过一半被后二者抢走。

更大的问题在于，猎豹的遗传多样性也可能因此持续降低。进化的力量会驱使猎豹越来越适应自身所处的环境，越来越强化短跑冲刺的能力，任何一个可能影响这种能力的基因变异可能都会被迅速淘汰掉。今天我们大致可以认为，猎豹已经走向了这条独特的进化路径——靠冲刺能力获得食物和生存机会——的尽头。猎豹种群的遗传多样性极低；在任意两只猎豹之间做器官移植，都不太会发生排异反应。

出色的短跑能力的确是猎豹赖以生存的创新点。然而，一旦猎豹选定这条创新路径，结果可能是它的生存技能越来越单一、生存空间越来越狭窄、越来越难承受环境的微小波动。甚至我们可以假设：即便我们告诉猎豹，非洲草原的气候将要发生剧变，光靠短跑将会很难抓到猎物，应该采用其他办法获取食物。比如，像狮子一样悄悄逼近猎物再发动攻击、像某些鬣狗一样吃腐烂的尸体、像狼一样学会夜晚捕猎等，猎豹可能还是无法改变自己的进化方向。

尽管改变意味着找到新出路，但这对猎豹来说只是虚无缥缈的愿景；相比之下，改变的坏处倒是立竿见影，它可能意味着立刻丧失局部最优的解决方案，立刻在惨烈的生存竞争中被淘汰出局。

在商业世界里，类似的问题也同样普遍。柯达固然可以把胶片相机的创新做到极致，但最终淘汰它的是它自己发明、但未加重视的数码相机；数码相机的巨头们固然可以在这个战场上持续创新，但它们可能从未想到，彻底改变战局的不是哪一款更先进的数码相机，而是能够拍照的手机。在这些案例里，掉进局部最优陷阱的企业并不是没有注意到新机遇的出现，只是激烈的生存竞争、高昂的转型成本、过往成功带来的惯性和傲慢让它们行动迟缓，在创新的竞争中步履维艰。

分级创新：突破局部最优陷阱

著名的创新研究者、哈佛大学教授克里斯坦森（Clayton Christensen）在其著作《创新者的窘境》中非常准确地描述商业世界的局部最优陷阱：

> 就算我们把每件事情都做对了，仍有可能错失城池……面对新技术和新市场，往往导致失败的恰恰是完美无瑕的管理。

在克里斯坦森看来，企业在自身价值观、资源禀赋和组织管理上也有路径依赖。它们塑造了一家企业前进的方向和手段，过去可以帮助企业走向成功，未来也可能限制企业的转型。正因如此，成功企业的转型也许是一件比白手起家创业更困难的事。

面对局部最优陷阱，克里斯坦森给出的解题之道是"颠覆性创新"——要打破传统束缚，开启全新的技术路线；要突破企业原有的价值网络，脱离原有的合作伙伴，寻找新的商业机会。换句话说，就是自己革自己的命，甚至要在自己还活得好好的时候，就率先发起自我革命。

这话说起来容易，做起来难。怎样才能找到颠覆性创新的机会呢？

进化论倒是给了我们一些商业之外的提示：分级创新。它指的是生物体在进化历程中使用过的几类频率不同、颠覆程度也不同的创新模式。它们结合在一起，塑造了丰富多彩、充满新意的地球生命现象。

第一级创新是"微创新"。繁殖过程中的随机基因变异就是微创新，它发生的频率最高，在每一次繁殖过程中都会出现。相应地，通常它只能带来局部的、渐进式的改善。比如某个蛋白质分子的工作效率得到了提高、某个蛋白质分子获得了一个新的功能，等等。前文提到的商业组织中的内部赛马机制，就是类似性质的微创新。这种微创新的意义在于，企业能在一个给定的方向上持续优化、保持竞争优势、解决眼下的生存问题。这是每一家成功的企业都在持续做的事情。

第二级创新是"组合式创新"，一个特别典型的例子就是我们讨论过的有性生殖过程。有性生殖本身是一个烦琐低效的过程。相比无性生殖，它多了寻找配偶的步骤，无法稳定地保持优良性状。但是，有性生殖通过基因重组，为后代生命提供了更大的可能性。在繁殖过程中，父母双方的遗传物质各有 50% 进入后代体内，因此有了随机分配和重新组合的过程。这会大大丰富后代的遗传多样性。在自然界，很多能够进行两种繁殖方式的生物，会在生存条件恶劣的情况下选择烦琐低效的有性生殖。这个反直觉的选择可能就是出于创新的可能性。

商业世界里组合创新的案例也比比皆是。蒸汽机和马车的结合诞生了汽车，多点触控屏幕、智能操作系统和手机的结合诞生了 iPhone……和微创新相比，组合创新虽然也沿用了许多旧时代的经验积累，但往往能产生改变未来发展方向的新思路。

第三级"生存空间创新"，是最有颠覆性的创新。在生物界，这种创新发生的次数也是凤毛麟角。最广为人知的案例就是两次"内共生"事件。10 亿～20 亿年前，真核生物的祖先先后吞噬了一个细菌和一个蓝细菌作为食物，但因为某种未知的原因，这两个细菌没有被消化分解，反而定居在单细胞生物体内，和它形成了紧密的共生关系，化身成为线粒体和叶绿体——前者为细胞生命提供了强劲的能量来源，后者则通过光合作用为宿主细胞提供营养物质。

我们以后者为例：叶绿体的出现赋予了细胞生命一种全新的生存方式和生存空间。它们不再需要主动觅食，只需要晒晒太阳就能自己制造食物。今天遍及地球陆地和海洋表面的所有植物，都是这次生存空间创新的产物。

在商业世界里，生存空间创新也有类似的意义深远的影响。这种创新往往发生在技术爆炸的时期。比如，汽车、火车和飞机的发明彻底地改变了人类的交通方式和生活方式，在此基础上大量全新的行业得以孕育而生。未来，无人驾驶技术的成熟应该也会有类似的颠覆性。和生物世界类似的是，这种爆炸性的技术创新，可能来自商业组织自身的长期积累，但更有可能来自外部——特别是考虑到内部创新困难本就是克里斯坦森所说"创新者的窘境"之一。生物世界的吞噬和内共生，某种程度上也和商业世界的战略兼并有异曲同工之妙。

可以想见，这种创新带来的影响极其深远。如果说，微创新和组合式创新是在给定的进化方向上做出一些具体的优化和调整，那么生存空间创新则是创造前所未有的进化方向。它们在进化历程中的发生频率由高到低，影响力则由小到大。这三者的组合，帮助生物体突破了局部最优陷阱，在各个可能的方向上都进行了生存和繁殖的探索。

来自生命世界的经验，值得商业世界思考和借鉴。

创新者的解答：哪些场景更能孕育创新

在介绍完创新者的窘境和进化的破题之道以后，我们再来看进化论视角下孕育创新的几条经验，分别是储备冗余、远离热点和保持灵活性。

储备冗余

生物世界的创新通常源自繁殖过程中的基因变异，但这绝不是一件轻而易举的事情。如我们反复所言，绝大多数基因的变异都是有害的，真正能带来价值的变异凤毛麟角。而且这种价值还是边际递减的——越是成功的生物体，基因变异带来改善的可能性就越低。从这个意义上看，生物体是以大量有害创新为必须承受的代价，为极少数真正能够带来改善的创新创造条件。

那我们也可以很自然地追问：有没有可能只保留好创新、避免坏创新，或者至少改变两者出现的比例？

还真不行。首先因为基因变异的来源是复制过程中产生的错误，它本质上是随机的、不可控的。举个例子：在 DNA 复制过程中，有一类错误能把原本距离很遥远、独立工作的基因 A 和基因 B 拼接到一起，制造出可以使用 A 和 B 部分基因片段的"融合基因" C。这个新基因 C 就有可能出现完全出乎意料的新功能。果蝇体内两个基因片段融合形成的新基因斯芬克斯（sphinx）对于果蝇的交配行为非常重要，说明它带来了好的功能。但在一些白血病患者体内，ABL 和 BCR 这两个对人体正常功能很重要的基因被拼接在一起，就会制造出一个能够引发细胞疯狂复制繁殖的新基因 BCR–ABL。

新基因或好或坏的新功能，生物体只有真正尝试过后才知道。即便我们把创新主体换成有头脑、有智慧的人类，结果也不会有什么变化。发明了福特 T 型车，将汽车带进千家万户的亨利·福特（Henry Ford）有句名言，"如果当初我去问顾客需要什么，他们会说要一匹跑得更快的马"。许多真正意义上的创新，比如从马车到汽车，是我们事先根本无法想象的，当然也不可能计划。

如何让创新更容易、以更低的风险发生呢？对此，进化给了我们一个宝贵经验——储备冗余。

我们在前文说过，如果某种生物体内，某个重要基因有超过一个拷贝，几个基因拷贝行使完全一样的功能，那么即便其中一个拷贝上出现了复制错误，基因的功能受到破坏或者干扰，也不会影响生物的生存和繁殖。而冗余的基因拷贝很容易在进化过程中逐渐被破坏和丢失；因为留着它们没什么价值，反而还得耗费生物体宝贵的资源去复制和维护它们。

但恰恰也是因为无足轻重，这些基因的冗余拷贝反而成了新功能涌现的土壤。如果一个冗余拷贝因为基因变异出现了一个新功能，而且这个新功能恰好能对生物体提供全新的价值，它就会被保留下来。比如前文提到的，对人类意义重大的创新——分辨红光和绿光的能力——就是这么来的。可想而知，色彩感受器基因的冗余拷贝，就是这种全新色彩感知能力出现的基础。

总而言之，既然创新是一件高风险的奢侈品，那么想要给创新更多的机会，就需要适度地"浪费"资源，储备看似可有可无的冗余。对于这一点，从事基础研究的科学工作者们应该是最感同身受的。科学史上大量的发现和发明来自意外，比如 X 射线、原子核、宇宙微波背景辐射、青霉素、伟哥，等等。但恰恰因为原始创新无法提前规划，支持科学探索最好的办法就不是重点盯住几个众望所归的人并期待他们产生突破，而是支持一定规模的科学家在相对自由的条件下开展研究工作。

在商业世界里，类似的逻辑也同样成立。不少商业领袖常说"要趁着晴天修屋顶"，我想也可以类似地说一句"要趁着还有家底的时候多创新"。

远离热点

关于创新，进化论给我们的第二条经验是远离热点，远离那些竞争最激烈的地方。

生存竞争推动了生物进化，但特别激烈的竞争往往会干扰创新。这是因为，激烈竞争和储备冗余是矛盾的。在激烈的竞争中，差之毫厘可能就是生死之别，任何一点累赘可能都会干扰生物体在竞争中的表现，从而损害它们的生存和繁殖机会。猎豹为了最大化短跑冲刺能力，在耐力、格斗能力、咬合力等方面付出了巨大牺牲；鸟类为了飞上天空，甚至连稍微有点分量的牙齿都可以放弃。

甚至在最极端的情况下，储备一个多余的基因拷贝这种看起来毫不费力的事情都可能变成巨大的生存劣势。因为这意味着生物体要付出额外的能量用于这段 DNA 序列的复制和错误修复，它们要找到更多的食物，也更有可能暴露在天敌的视野之中。结果是，它们可能会在生存竞争中败下阵来。

竞争损害创新这种现象，也解释了种内竞争和种间竞争的差异。对于生态位重叠、存在直接竞争的两个物种而言，在两个物种的生态位高度重叠的部分，竞争总会降低两者生存和繁殖的效率。相反，两个物种都有机会在生态位并不重叠的部分更好地生存发展，拓展新的生存空间。结果就是，在自然界里，我们见到更多的现象是，哪怕是生活在同一个环境中的两个物种，也能够通过某种巧妙的区分避免直接竞争，占据独特的生存空间。

新物种的形成更是如此。前文提到过新物种形成的热点是"边疆"，即原物种生存繁衍核心区域的边缘地带。边疆可以是地理意义上的，比如人们发现新物种形成速度最快的地方，并不是热带雨林这样物种已经非常丰富的环境，反而是沙漠、高山这样贫瘠危险的地方。这可能就是因为这些地区生存竞争的激烈程度相对较低，新生的物种更容易存活下来。边疆也可以是时间意义上的，比如在进化历史上，生物大灭绝之后经常伴随着新物种数量的快速扩张，著名的寒武纪大爆发就是如此，这可能也是因为大灭绝给新生物种腾出了广阔的生存空间。

远离热度，到边疆去——这个道理在人类世界同样成立。曾国藩有句名言："久利之事勿为，众争之地勿往。"久利之事大概率会引起众争，我们能做的就是避免扎堆前往那些诱惑巨大、存在高强度竞争的地方。

前文我们介绍过《创新者的窘境》。这本书的作者克里斯坦森其实还有一部相对没那么有名的作品叫作《创新者的解答》，试图给出商业世界对于创新的破题之道。他在书中提到的很多经验，比如寻找用户需求的缺口、开发出差异化的产品以满足这些需求，本质上也是在建议远离"众争之地"，寻找商业活动的新边疆。

灵活组织

进化论视角下关于创新的第三条经验则是保持组织的灵活性，在不同的环境中快速发展出新的生存技能。

我们在前面把商业世界的大公司和大象型组织做了类比，它们的内部都形成了紧密的利益共同体，形成了明确的分工和合作机制，在发展方向明确的时候，效率优势是很明显的。我们经常说发展中国家和小企业想要突围，需要"弯道超车"，这其实是因为在"直道"上，也就是那些路径清晰的赛道上，大公司往往可以充分发挥效率优势，后起之秀很难超越。

但创新就不是大象型组织的特长了。我们之前也讨论过，大象型组织通过一种高度中心化的方式感知环境，应对环境变化的能力有明显的短板。当环境确实发生剧变的时候，大象型组织在原有环境中的高效率，反而可能成为它主动变化的障碍。一家商业组织和一个生物体一样，也有诞生、成熟和衰退的生命周期。大公司的衰退，最重要的原因也许不是竞争对手，也不是自废武功，而是环境改变导致的不适应。

与之相较，蚂蚁型组织中的每一个个体都可以独立感知外部环境变化、完成工作任务、不需要事事请示汇报。在不同的场合，蚂蚁还可以切换工作角色，完成修筑巢穴、抵抗外敌、寻找食物等不同任务。它们之间还可以形成局部协作，共同完成诸如搬家等的大工程。这种去中心化的组织模式决定了蚂蚁在面对环境条件的剧变时，依旧可以自发完成状态切换，迎接新的挑战。

在这个意义上，大象型组织转型和蜕变的方法之一也许是化整为零，从一个高度整合的单一组织变成蚂蚁型的去中心化组织，让不同的业务单元单独面对环境变化，寻找自己的发展方向。在这个过程中，可能就会有某个或者某几个业务单元从这种"内部竞争"的环境中成长出来，帮助组织整体找到新的战略方向。比如在中国，家用电器巨头海尔就在2014年启动了内部创业计划，先后支持了数百个小型创业项目。在允许这些创业项目自由探索的同时，海尔也利用自身的研发、供应链、销售渠道等资源扶植这些创业项目的发展。这不失为一种兼具大象型组织和蚂蚁型组织优点的组织模式变革。

在美国，我们也能找到类似的案例。2015年，谷歌公司宣布调整企业架构——通过创办一家名为Alphabet的"伞形"母公司，把旗下较为成熟的搜索业务与其他较为早期的业务单元分拆，分别作为独立子公司运营。独立后的子公司除了谷歌之外，还包括专攻生命科学领域的公司 Calico 和 Verily、智能家居公司 Nest、深度学习公司 DeepMind、投资公司 CapitalG、无人驾驶汽车公司 Waymo 等。

通过这种方式，谷歌试图清楚区隔自身的成熟业务和新兴业务，允许两者拥有不同的财务指标、战略方向、激励机制，从而绕过创新者的窘境，为成熟企业内的创新业务单元提供更自由的成长环境。

至此，我想你已经看到，在竞争、组织和创新三个方面，商业世界似乎都能从生物世界的经验中找到一些可资借鉴的东西。

当然我必须要提醒你，生物进化的历程固然隐含着不少有启发性的道理，但过度的简化和类比却不见得是一件好事。我们说过，More is different，作为代表人类智慧巅峰的复杂系统，商业世界也一定有自己独特的运行规律。因此，人类世界的商业领袖能从进化思维中得到多少启发，又是否能反哺他们的智慧和经验给生物世界的研究者，都是值得我们长期关注的问题。

后 记

这本讨论进化论的书，其实有一个很不"科学"的缘起。

2019 年初，著名经济学家何帆邀请我到深圳给他的企业家学生们讲讲生物学。何帆老师是我非常钦佩的经济学家，因此我马上接受了邀请，并认真准备了课程。说实话，当时我讲的内容，现在已经完全回想不起来了。但讲学结束后，何帆老师和我一道乘飞机回杭州，我对途中我们的讨论倒是记忆犹新。

当时正值中美贸易战进入白热化状态，我们二人讨论的主题是，人类世界看起来又到了一个范式转移的关键时期，传统的经验和路径正在快速失效，而新经验和新路径还没有建立起来。很多默认有标准答案和现成解题思路的问题，比如和平与发展、全球化、公共危机的统一行动，似乎需要重新检讨。这注定会是一段充满希望，也充满混乱和迷茫的探索期。

时至今日，在新冠肺炎疫情两年多的推波助澜之下，这种变局的影响愈加深远。《纽约时报》的专栏作家托马斯·弗里德曼（Thomas Friedman）曾在疫情刚开始在美国蔓延时表示，人类历史将被彻底分割成"新冠前时代"（B.C., Before Corona）和"新冠后时代"（A.C., After Corona）。我们三年前在飞机上的那次讨论，以一种意想不到的方式更快速地展开了。

当然，如果仅仅是讨论时局，那我作为一名生物学家实在没有太多的发言权。但我们在那次讨论中达成了一个共识：去人类经验之外的地方寻找灵感和洞察，将是这个范式转移关键期的破题之道。

我脑海里立刻浮现出的一个词是：进化论。

在本书前言，我分享了这么一句话，"进化论可能是地球上唯一可靠的成功学"。从生命起源至今，在漫长的进化历程中，生命应该遭遇过我们能设想和不能设想的所有类型的挑战；一代代生命前赴后继，进行了可能是天文数字的路径选择，也应该遍历了所有解决方案。更重要的是，生命现象在众多挑战之下，依旧可以 40 亿年延绵不绝，这足以证明进化力量的坚韧不拔。

从进化的方法论当中，我们可以找到眼下需要的成功案例和失败教训，找到通往未来的指路明灯和交通工具。

这是这本书的原点——我从那次讨论之后，开始构思《进化论讲义》的内容与架构。从达尔文的时代至今，进化论的建立、完善其实也遵循了生物进化的基本规律——除了影响生物学的各个分支之外，它还进入了医学、心理学、社会学、语言学、伦理学等学科的底层。在过去近两年的时间里，我花了大量时间，试图从进化论的"溢出"中抽提出一条线索，并将各个学科的洞见穿在这条线索之上。在这个过程中不可避免地会发生海量知识的杂糅和再处理。

为了保证这本讲义的严谨性，我特别邀请了两位进化领域的专家——中国科学院遗传与发育生物学研究所的钱文峰研究员和中国科学院动物研究所的邹征廷研究员，作为科学顾问。他们为书稿做了科学内容的把关，还提出了很多专业的建议，我在这里要向他们表示感谢。当然，对于书稿里仍然出现的内容性错误，我个人负完全责任，也欢迎读者们提出建议并进行探讨。

我还希望这本书能承接那次飞机上的讨论和思考——为正处于探索期的人类世界提供一点来自人类世界之外的经验和教训。带着这个愿望，我和许多不同行业的思想者和从业者持续不断地讨论、碰撞，将他们的大量思考也融会在这本书中。我要特别感谢经济学家何帆、金融学家香帅、商业顾问刘润、哲学家刘擎、历史和国际政治学家施展、军事战略学家徐弃郁带给我的思想输入。此外，在过去这一年多的时间里，我兼职担任某大型互联网平台型企业的顾问，借此深入了解了这个行业的业务运行、组织规律和变化趋势。这段经历对于我完成这本书也有重要的启发和帮助。

这本书的前身——音频课程《王立铭·进化论50讲》自2021年秋天在得到App上线以后，很快获得了上万名用户的订阅。截至本书完稿时，课程一共收到了接近5000条留言，总计几十万字，其中真知灼见俯拾皆是，也帮我指出了不少错误。大家的反馈有相当一部分已经被整理到了本书中，在这里也要向这些勤于思考的用户致以我最高的敬意。

感谢"得到"的罗振宇、脱不花、宣明栋、耿利杰几位同事。你们的支持、耐心和帮助是我的课程和书籍得以问世的前提。感谢这本书的几位非常可爱和睿智的编辑——白丽丽、翁慕涵、吴婕，你们的陪伴是这本书的内容告别粗糙，一步步走向精细和规范的关键。

感谢我亲爱的妻子沈玥、两个女儿洛薇和洛菲，还有我的爸爸妈妈。三年来，这本《进化论讲义》占据了我生活中的大部分闲暇时间，头脑中时不时会浮现出有关进化论的问题，然后开始疯狂"输出"，在生活中走神游离都是常态。是你们的陪伴、支持、理解和鼓励，让我能顺利完成这本我自己非常满意的作品。

读完这本讲义的你，如果对进化论本身产生了兴趣，那么下面的10本书是我个人非常推荐的（排名不分先后）。

1. [英]达尔文：《物种起源》，译林出版社2016年版。

推荐理由：正如牛顿之于经典力学，达尔文几乎以一己之力建造了进化论恢宏的理论大厦。更重要的是，达尔文的文风和牛顿截然不同，多年博物学家的职业习惯塑造了他平静、通俗、细致的文笔。欢迎你钻进达尔文的大脑，理解进化论思想到底从何而来、如何逐步成形。

2. [美] 托马斯·库恩：《科学革命的结构》，北京大学出版社2012年版。

推荐理由：库恩在这本书中提出了"范式转移"的概念——人类科学发展并不是匀速前进的；科学史上有几次重大突破，包括日心说的出现，经典力学、光学和电学的建立，相对论和量子力学的提出等，它们都提供了一套与之前完全不同的看待客观世界的方式。进化论当然也属于科学史上伟大的突破。这本书会帮助你更好地理解这种"范式转移"对于我们理解和改造世界的价值。

3. [美] 恩斯特·迈尔：《生物学思想发展的历史》，四川教育出版社2010年版。

推荐理由：你可以把这本书看成是《科学革命的结构》的反面。如果说库恩是进化意义上的"突变论"者，强调重大变化的深远影响，那么这本书的作者——进化生物学家迈尔更像一位"渐变论"者，更在意持续积累的微小变革。生物学思想（当然包括进化论）的发展，应该是上述二者的结合。

4. [美] 霍勒斯·贾德森：《创世纪的第八天：20世纪分子生物学革命》，上海科学技术出版社2005年版。

推荐理由：生物学历史上有两座高峰，一座是达尔文的进化论，另一座则是分子生物学革命。20世纪中期，一群年轻人深入生命现象的内核，找到了DNA双螺旋，提出了信息传递的中心法则，解析了生命现象各个关键节点上的普遍规律，也为达尔文的进化论找到了最可靠的物质基础。本书是通俗版本的分子生物学革命史。作者深入访谈了大量亲身参与这场生物学革命的科学家，还原了这场革命的来龙去脉。

5.［奥］埃尔温·薛定谔：《生命是什么？》，商务印书馆 2018 年版。

推荐理由：著名物理学家、量子力学奠基人之一的薛定谔试图在这本书中回答一个命题：复杂的生命现象能否被基本的物理和化学定律所解释？这本书视野宏大、富有逻辑、文字简洁，在当年吸引了许多年轻科学家转行投身生命科学研究，并且其中很多人成为了推动分子生物学革命的主力军，也就是上一本推荐书籍中的主人公。

6. 王立铭：《生命是什么》，人民邮电出版社 2018 年版。

推荐理由：我的这本书可以看作向薛定谔的致敬之作。这本书的发心很简单，就是想总结生命科学在过去几十年的进展，从而回应薛定谔关于"复杂生命现象也仍然可以被基本的物理和化学现象解释"这个天才论断。我在书里把复杂生命现象拆解为如下 10 个要素：物质、能量、信息、细胞、分工、感觉、学习、社交、自我意识、自由意志，并分别讨论了它们的生物学基础和进化意义。

7.［美］贾雷德·戴蒙德：《枪炮、病菌与钢铁：人类社会的命运》，中信出版集团 2022 年版。

推荐理由：这本书在某种程度上以进化论的视角，阐释了人类世界在农业革命之后、工业革命爆发之前的历史。关于人类的族群和国家的发展阶段差异，有很多似是而非的解释，包括地理气候决定论、文化传统的作用、宗教的影响，等等。而这本书的作者戴蒙德独辟蹊径，从各大陆独特的资源禀赋（比如可驯化的动物、可开采的金属矿藏、可能会遭遇的病原微生物等）出发，描绘了一幅进化理论驱动下的人类社会发展图景。

8.［希腊］尼古拉斯·克里斯塔基斯：《蓝图：好社会的八大特征》，四川人民出版社 2020 年版。

推荐理由：这是一部用进化论理解人类心智和社会结构的优秀作

后 记

品，也可以看成是《枪炮、病菌与钢铁：人类社会的命运》的"续集"。在作者看来，人类个体的心智和情感、人类求偶和繁殖后代过程中表现出的传统习俗、人际交往的基本行为模式、人类社群的形成规律等，都受到我们生物学特性的深刻影响；古来如此，未来可能还会如此。平心而论，我并不完全同意作者的分析，特别是关于现代人类在多大程度上仍然是从属于生物学，而非文明属性，我的观点更倾向于后者。但无论如何，这是一本从进化视角理解人类社会的好书。

9.［英］理查德·道金斯：《自私的基因》，中信出版集团 2012 年版。

10.［英］理查德·道金斯：《盲眼钟表匠：生命自然选择的秘密》，中信出版集团 2014 年版。

推荐理由：这两本书都是道金斯的作品，可以一并阅读。前者更为有名，道金斯在书中提出了至今影响深远的"自私的基因"和"文化基因"的概念。我们在前文对此已经做了很多讨论，这里不再重复。后者的书名来自佩利的"钟表匠比喻"，道金斯反其道而用之，借由大量进化生物学的证据来驳斥"生命存在设计者"这个假设。这两本书也恰成一体两面：前者高屋建瓴，试图用几条定律解释一切（至于是否正确则另当别论）；后者充满了细节和例外，恰证生命现象的复杂多元。

读完这本讲义的你，如果对进化论在人类世界的"溢出"产生了更大的兴趣，那么下面的这 10 本书是我个人非常推荐的（排名不分先后）。

1.［美］凯文·凯利：《失控：全人类的最终命运和结局》，新星出版社 2010 年版。

推荐理由：这本书被互联网创业者圈子誉为"神书"。凯文·凯利可能是最早有意识地用进化论分解人类世界和商业世界的变化规律的思想者。这本书给我最大的启发是，当我们真正意识到人类世界是一个复杂系统时，我们就不得不放弃自上而下的顶层设计和严密控制，要尊重复杂系统本身的变化规律，在设置好边界条件之后轻轻一推，让进化自然而然地发生。

2.［美］克莱顿·克里斯坦森：《创新者的窘境》，中信出版集团2014年版。

3.［美］克莱顿·克里斯坦森、［加］迈克尔·雷纳：《创新者的解答》，中信出版集团2020年版。

推荐理由：这两本书来自著名的商业思想家克里斯坦森。前者更加有名，但后者也非常值得一读。克里斯坦森本人并没有在书中强调进化论思想，但如果我们把这两本书和本书对照着看，马上会意识到：克里斯坦森所谓的"创新者的窘境"，和进化过程中的局部最优陷阱如出一辙；二者的成因也非常相似——分别是红皇后效应、马太效应、路径依赖和得过且过。更有意思的是，克里斯坦森在《创新者的解答》中给出的解决方案，也和生物世界里突破局部最优陷阱的思路有很多可以相互参照的地方。

4.［美］纳西姆·尼古拉斯·塔勒布：《黑天鹅：如何应对不可预知的未来》，中信出版集团2019年版。

5.［美］纳西姆·尼古拉斯·塔勒布：《反脆弱：从不确定性中获益》，中信出版集团2020年版。

推荐理由：关于塔勒布的理念，我在本书中已经略有涉及。简言之，这两本书讨论的都是复杂系统应对风险的策略。《黑天鹅》讨论的是那些重大且罕见的风险，而《反脆弱》讨论的是相对更常见的风险（和另一本以这种常见风险为主题的书《灰犀牛》比较，我个人更推荐《反脆弱》）。这两本书中提供的社会、政治、军事和商业案例，也不妨拿来和生物世界中的案例作对比。

6.［美］曼昆：《经济学原理（第8版）》（微观经济学分册＋宏

观经济学分册），北京大学出版社 2020 年版。

推荐理由：从某种程度上说，进化过程中的生物才是真正的"理性经济人"——它们在每一次生存竞争、每一次自然选择时，都会不带感情地精密计算；它们永远只为当下的选择下注，不沉迷于过往，也不好高骛远地展望未来。我特别推荐对进化论感兴趣的读者也系统地学习一下经济学，看看能否从两者的对比中获得更多的启迪。对经济学初学者来说，曼昆的这套教材是最友好的（至少我是这么觉得的）。

7. [美]Ray Kurzweil：《奇点临近：2045 年，当计算机智能超越人类》，机械工业出版社 2011 年版。

推荐理由：进化论的一大命题是展望人类自身的未来发展，我在本书中也有所涉及。以未来预测为主题的书虽然非常多，但大部分都令人失望。我推测其中的原因也很简单——预测人类未来的关键是理解科学技术的走向；既不过度纠结于当下科技发展的细节难题，也不毫无克制地把技术想象成科幻世界里的魔法。这本书做了不错的平衡，虽然书中的很多预测从目前看来大概要落空，但它作出预测的方式应该还是对路的。

8. 刘擎：《刘擎现代西方思想讲义》，新星出版社 2021 年版。

推荐理由：我在前文提到，现代人之所以成为现代人，进化论可能是最重要的思想发动机。请注意，现代人并不是一个简单的时间概念。现代人之所以有别于我们的祖先，并不仅仅因为我们生活在当下，更重要的是我们看待世界、看待历史、看待自己、看待人生意义、看待社群关系、看待善恶的方式等，在过去的一二百年间发生了深刻的变化。从文明意义上，我们和我们的祖先已经泾渭分明，不再是一个"物种"了。理解这件事很重要，而刘擎老师的这本书是最好的起点。

9. 张笑宇：《技术与文明：我们的时代和未来》，广西师范大学出版社 2021 年版。

10. 张笑宇：《商贸与文明：现代世界的诞生》，广西师范大学出版社 2021 年版。

推荐理由：这两本书来自我非常尊敬的青年学者张笑宇老师。他在这两本书中分别讨论了技术和贸易这两个要素在人类文明进步和各国文明分流的过程中起到的作用。把它们结合在一起，你可能会获得"文化基因"式的顿悟：人类创造了技术和商业，二者的结合塑造了生机勃勃的现代文明。反过来看，我们也可以认为技术进步有其自然规律，好的技术会借由商业活动进行自我复制和进化，人类或许只是这场由技术和商业主导的历史大戏中的提线木偶。张老师正在创作他"文明三部曲"的最后一本《产业与文明》，我非常期待。

2022 年 1 月于杭州家中

图书在版编目（CIP）数据

王立铭进化论讲义 / 王立铭著 . -- 北京：新星出版社，2022.3（2022.7 重印）
ISBN 978-7-5133-4767-9

Ⅰ . ①王… Ⅱ . ①王… Ⅲ . ①进化论—研究 Ⅳ . ① Q111

中国版本图书馆 CIP 数据核字（2022）第 018612 号

王立铭进化论讲义

王立铭 著

责任编辑：白华召
策划编辑：翁慕涵 吴 婕
营销编辑：吴思 wusi1@luojilab.com
装帧设计：祁晓茵
内文制作：吴 九
责任印制：李珊珊

出版发行：新星出版社
出 版 人：马汝军
社　　址：北京市西城区车公庄大街丙 3 号楼　100044
网　　址：www.newstarpress.com
电　　话：010-88310888
传　　真：010-65270449
法律顾问：北京市岳成律师事务所

读者服务：400-0526000 service@luojilab.com
邮购地址：北京市朝阳区华贸商务楼 20 号楼 100025

印　　刷：北京盛通印刷股份有限公司
开　　本：787mm×1092mm　1/32
印　　张：13
字　　数：300 千字
版　　次：2022 年 3 月第一版　2022 年 7 月第二次印刷
书　　号：ISBN 978-7-5133-4767-9
定　　价：79.00 元